项目驱动零起点学Java

马士兵　赵珊珊 ◎ 著

清華大學出版社
北 京

内容简介

Java 是一种优秀的跨平台、面向对象的编程语言，具有诸多优良特性，应用十分广泛。本书共分 13 章，围绕 6 个项目和 258 个代码示例，分别介绍了走进 Java 的世界、变量与数据类型、运算符、流程控制、方法、数组、面向对象、异常、常用类、集合、I/O 流、多线程、网络编程相关内容。

本书总结了马士兵老师从事 Java 培训十余年来经受了市场检验的教研成果，通过 6 个项目以及每章的示例和习题，可以帮助读者快速掌握 Java 编程的语法以及算法实现。扫描每章提供的二维码可观看相应章节内容的视频讲解。

本书适合初入编程世界的 Java 零起点读者、大中专院校的老师和学生、培训机构的老师和学员、初中级程序员阅读学习。

图书在版编目（CIP）数据

项目驱动零起点学 Java / 马士兵，赵珊珊著. —北京：清华大学出版社，2022.1
ISBN 978-7-302-59808-4

I. ①项… II. ①马… ②赵… III. ①JAVA 语言—程序设计 IV. ①TP312.8

中国版本图书馆 CIP 数据核字（2021）第 279765 号

责任编辑：贾小红
封面设计：姜 龙
版式设计：楠竹文化
责任校对：马军令
责任印制：杨 艳

出版发行：清华大学出版社
网 址：http://www.tup.com.cn，http://www.wqbook.com
地 址：北京清华大学学研大厦 A 座 邮 编：100084
社 总 机：010-62770175 邮 购：010-62786544
投稿与读者服务：010-62776969，c-service@tup.tsinghua.edu.cn
质量反馈：010-62772015，zhiliang@tup.tsinghua.edu.cn
印 装 者：北京同文印刷有限责任公司
经 销：全国新华书店
开 本：203mm×260mm 印 张：21 字 数：650 千字
版 次：2022 年 1 月第 1 版 印 次：2022 年 1 月第 1 次印刷
定 价：69.80 元

产品编号：092541-01

前　言

Preface

马士兵教育一直致力于将 Java 生根于中国，向社会输送更多优质编程人才，自展开业务以来始终秉承“不忘初心，精耕细作”的教研精神，立志成为中国 IT 互联网教育培训行业的领创者。

本人作为马士兵教育的创始人，一路披荆斩棘、兢兢业业奋斗 20 余年，积累了丰富的“培”“训”经验，形成了很多优质独特的教学理论和方法。在追求稳步发展的前提下，一直不断创新，努力追求更优质的教学方案、更完善的培养机制、更良好的学习环境、更可靠的就业保障，始终保持与时俱进的精神，培养更符合现代互联网产业需求的专业技术人才。马士兵教育将陆续推出系列丛书，为广大编程爱好者提供更多更好的素材资源。

我们深知学员的学习诉求，本书不同于市面上偏重理论的书籍，而是利用通俗易懂的语言由浅入深地讲解，由项目驱动学习 Java 编程。本书综合 6 个完整项目、258 个代码示例，配合每章练习题，并辅助全套知识点讲解视频，方便读者学习、提升。

学习资源获取方式

我们在“清大文森学堂”打造了本书官网，读者扫码即可获得所有项目代码和讲解视频，同时我们的老师也会随时为大家答疑解惑。

本书内容

本书提供了从 Java 入门到编程高手必备的各类知识，共分 13 章，整体结构如下。

第 1 章：介绍 Java 的由来，Java 开发环境的搭建，带领读者编写第一个 Java 程序，介绍集成开发环境 IDEA 的使用。

第 2 章：介绍 Java 语法中的标识符、关键字、变量与数据类型、数据类型之间的转换，以及如何获取用户输入数据和常量。

第 3 章：介绍 Java 中的运算符和运算符的优先级别。

第 4 章：介绍 Java 代码如何通过分支结构、循环结构实现对流程的控制，以及小鲨鱼收支记账软件项目的案例演示。

第 5 章：介绍如何在 Java 中定义方法，实现对方法的调用、方法的参数传递、方法的重载及递归。

第 6 章：数组是 Java 中的重要数据结构，本章主要介绍数组的创建方法和数组的常用操作，以及双色球彩票系统项目的案例演示。

第 7 章：介绍如何在 Java 中创建类，讲解面向对象的三大特性，即封装、继承、多态，以及比萨自助点餐系统和坦克大战之分解 1 项目的案例演示。

第 8 章：介绍 Java 中的异常，包括异常的捕获、异常的分类、throws 和 throw 关键字，以及两个关键字的区别，最后介绍了自定义异常。

第 9 章：介绍 Java 中的 File 类、包装类、Math 类、Random 类、枚举类、日期时间相关类、字符串相关类。

第 10 章：集合是 Java 中另一类常用的容器，介绍了使用集合的原因、集合的体系结构、Collection 接口、List 接口、泛型、Set 接口、Map 接口、Collections 类的使用，以及坦克大战之分解 2 项目的案例演示。

第 11 章：介绍 Java 中的多种 I/O 流，包括字节流、字符流、转换流、打印流、数据流、对象流，以及序列化和反序列化。

第 12 章：介绍进程与线程的区别、创建线程的三种方式、线程的生命周期、线程的常用方法、线程安全问题、线程池，以及生产者消费者模型和坦克大战之分解 3 项目的案例演示。

第 13 章：介绍网络编程之网络通信三要素、TCP 和 UDP 两种通信方式，以及模拟网站登录项目的案例演示。

本书特色

- 项目、示例、知识点穿插讲解。

本书中贯穿 6 个完整项目，经过作者多年教学经验提炼而成，项目从小到大、从短到长，可以让读者在练习项目的过程中，快速掌握系列知识点。

- 内容由浅入深，适合读者快速掌握 Java，学以致用。

Java 语言经过数十年的发展，体系逐渐变得庞大而复杂，本书芟繁就简，提炼最为重要的知识点，可以让读者轻松上手。

- 配套独立视频课程。

本书配套有独立课程，独立课程中提供了扩展内容。

本书使用说明

本书的 6 个项目，其中“坦克大战”是最大的项目，分布在 3 章进行讲解，其余 5 个项目分别在不同章中讲解。

对所有项目的理解需要掌握前面已经讲解的知识，建议读者边看书、边编写代码，可以达到事半功倍的效果。

如果遇到问题，扫描学习资源获取二维码，即可获得老师的帮助。

- 项目驱动——小鲨鱼收支记账软件（4.2 节）。

编写一款简单的记账软件，可掌握 Java 类、变量、打印和流程控制。

- 项目驱动——双色球彩票系统（6.3 节、6.4.2 小节）。

编写一个彩票系统，使用数组存储号码。

- 项目驱动——比萨自助点餐系统（7.10.6 小节）。

使用面向对象的编程方法，利用封装和继承编写一个比萨自助点餐系统。

- 项目驱动——坦克大战（7.16 节、10.9 节、12.7 节）。

坦克大战项目融合了流程控制、数组、面向对象、集合、多线程等多个知识点，整个项目实现比较复杂。坦克大战游戏中需要 GUI 技术，读者可边学边用，不必花费专门的时间学习研究 GUI 知识。

- 项目驱动——生产者消费者模型（12.6 节）。

利用面向对象、线程通信的知识，定义商品类，创建生产者和消费者，解决数据错乱问题。

- 项目驱动——模拟网站登录（13.3 节）。

创建客户端和服务器端，客户端向服务器端发送数据，服务器端接收数据后进行回复。

读者对象

- 从零开始学习 Java 的读者。
- 编程爱好者。
- 互联网、IT 公司从业人员。
- 大中专院校的老师和学生。
- 相关培训机构的老师和学员。
- 初、中级程序开发人员。

本书由马士兵教育联合清华大学出版社出品。本人马士兵担任主审和主编，主要参与人员还有来自马士兵教育的赵珊珊。历时一年，我们在编写本书的过程中付出了很多努力，得到了很多帮助，在此一并表达感谢！由于水平有限，书中难免存在疏漏，恳请大家批评指正。

马士兵

目　录

Contents

第 13 章 网络编程 306

第1章

走进 Java 的世界

本章学习目标

- 了解 Java 简史。
- 理解跨平台原理。
- Java 开发环境的搭建。
- 编写第一个 Java 程序。
- IDEA 使用入门。

Java 是目前最流行的编程语言之一，拥有“一次编译，到处运行”的特点。本章将带领大家初识 Java，搭建 JDK 环境，编写 Java 代码，并安装市面最常用的集成开发工具——IDEA。

1.1 Java 简史

要说 Java 语言，先从计算机语言说起。计算机语言，就是人与计算机之间通信的语言。计算机语言经历了机器语言、汇编语言和高级语言三个时期。机器语言是机器指令的集合，这些机器指令可以被计算机正确执行，但由于这些指令是由最原始的0和1组成的二进制编码集合，编写程序过程中非常容易出现错误，难以排查，为了编程更加方便，过渡到了汇编语言。汇编语言改进了机器语言，增加了一些助记符，便于记忆和识别，但是汇编语言的学习和使用仍然不是易事，并且很难调试，混乱的语句使程序的可读性很差，所以汇编语言也没有大面积被应用，只是应用在一些软件加密、计算机病毒分析等特定场合。随着科技的发展，计算机应用已经渗透到了生活的方方面面，随之一些更复杂的需求就出现了，那么对计算机语言的要求就更高，急需一类可读性高、易于调试、能让更多人参与、尽量使用日常英语指令进行开发编程的语言，于是高级语言随之出现。高级语言有很多，如C、C++、Java、Python 语言等，被越来越多的人学习和关注，Java 语言只是其中的一种。

Java 语言是SUN（Stanford University network）公司于1955年推出的一种高级语言，一问世就受到了前所未有的关注。目前Java 已经成为最受欢迎的编程语言之一，Java 的发明人 James Gosling 的重大贡献，必将被载入史册。

提示：

SUN 公司于 2009 年 4 月被甲骨文（Oracle）公司收购，交易价格高达 74 亿美元。

由于开发场景不同，设计者将Java 分为三个体系结构：JavaSE，JavaEE和JavaME。三大体系结构如图1-1 所示。

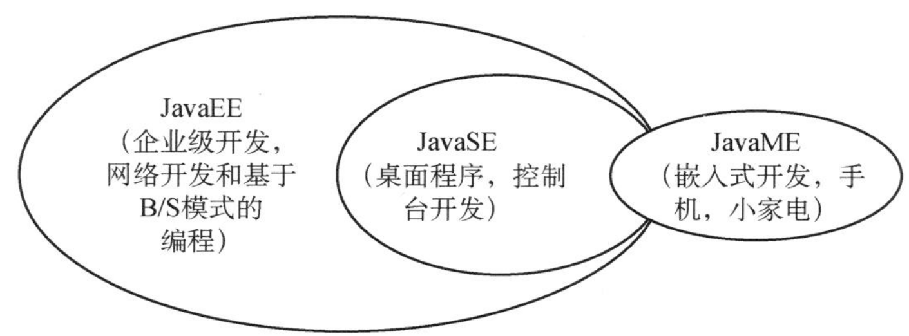

图 1-1　Java 三大体系结构

从图1-1 中可以看出，JavaSE 是其中最重要、最核心、最基础的部分，所以这部分也是Java 初学者的重中之重。

1.2　Java 的特点

Java 之所以能一问世就受到追捧，是因为它在设计之初注重了跨平台特性（可移植性），这也成为了Java 的核心优势。除此之外，Java 还具备安全性、面向对象、简单性、高性能、分布式、多线程、健壮性等特点。因为初学Java，对这些特性不一一赘述，随着学习深入将慢慢渗入这些特点。毋庸置疑，Java 拥有众多突出的优点，让它长期立于不败之地。然而，众多高级语言平分秋色，各自有适合的应用领域，千万不要说那句惹人笑的话："Java 是世界上最好的语言！"

2021 年2 月，Java 在TIOBE编程语言排名中稳居前三的位置，如图1-2 所示。

Feb 2021	Feb 2020	Change	Programming Language	Ratings	Change
1	2	^	C	16.34%	-0.43%
2	1	⌄	Java	11.29%	-6.07%
3	3		Python	10.86%	+1.52%
4	4		C++	6.88%	+0.71%
5	5		C#	4.44%	-1.48%
6	6		Visual Basic	4.33%	-1.53%
7	7		JavaScript	2.27%	+0.21%
8	8		PHP	1.75%	-0.27%
9	9		SQL	1.72%	+0.20%
10	12	^	Assembly language	1.65%	+0.54%

图1-2　最新 TIOBE 编程语言排名

其中 C 语言历史悠久，共享库也多，但 C 语言更适合底层开发，在应用层上的开发，Java 语言在中国市场的占有率持续保持第一名。

提示：

TIOBE 排行榜查询网址为 https://tiobe.com/tiobe-index/，可自行查阅排名。

1.3　Java 跨平台原理

Java 最核心的优势就是跨平台特性，那么到底什么是跨平台特性呢？这就要从 Java 的运行原理说起，先看图 1-3，Java 代码要经历编写、编译、运行三步操作才能出现我们想看到的结果。

图 1-3　Java 代码运行原理

第一步：编写源程序。利用记事本或者高级开发工具编写源程序，Java 源程序的后缀是.java。

第二步：编译源程序。第一步编写好的源程序是没有办法直接在平台运行的，需要将源程序编译为与平台无关的.class 字节码文件，那么如何进行编译呢？要借助 javac.exe 命令。

第三步：运行字节码文件。通过 java.exe 命令运行字节码文件，就可以看到对应的运行结果。

在第二步中，编译后产生.class 字节码文件，这个字节码文件不仅可以在 Windows 平台上运行，而且还可以在 Linux 等其他平台上运行，做到“一次编译，到处运行”（Write once, run everywhere），这就是我们所说的跨平台特性。之所以能达到跨平台的效果，全靠一个重要角色——虚拟机（Java virtual machine，JVM），JVM 就是由软件或者硬件模拟的计算机，只要将 JVM 安装在不同的平台上，就能读取并处理.class 字节码文件，从图 1-4 可以看出 JVM 的作用。

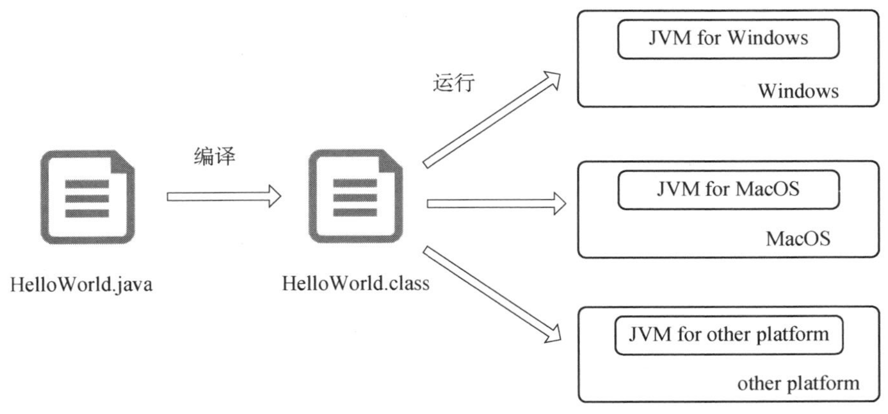

图 1-4　JVM 的作用

1.4 Java 开发环境的搭建

1.4.1 什么是 JDK

在了解跨平台特性后，我们知道了 Java 的整个执行流程，现在的问题是：其中的编译工具、执行工具、JVM 等都在哪里呢？SUN 公司为开发者提供了一整套的 Java 开发环境——Java development kit，简称 JDK，我们所需的编译工具、运行工具、文档生成工具、JVM 等，全部包含在 JDK 中，所以要具备 Java 开发环境，一定要在当前的平台上安装 JDK。

1996 年 1 月，SUN 公司发布了第一版 JDK，为了满足开发者的新需求，JDK 逐代更新，每一个版本都增加了新特性，截止 2021 年 3 月，JDK 已经更新到第 16 个版本。其中的 JDK8 和 JDK11 是 LTS（长期支持）版本（2021 年 9 月推出的 JDK17 版本也将是 LTS 版本），所以本书使用较稳定的 JDK11 版本进行讲解。

提示：

如果想下载最新的 JDK，到官网 http://www.oracle.com/technetwork/java/javase/downloads/index.html 进行下载即可。

1.4.2 JDK 的安装

JDK11 版本号为 11.0.10，下载后就可以正常安装了。JDK 的安装步骤非常简单，依次单击“下一步”按钮即可完成，安装路径选择默认路径，如图 1-5～图 1-7 所示。

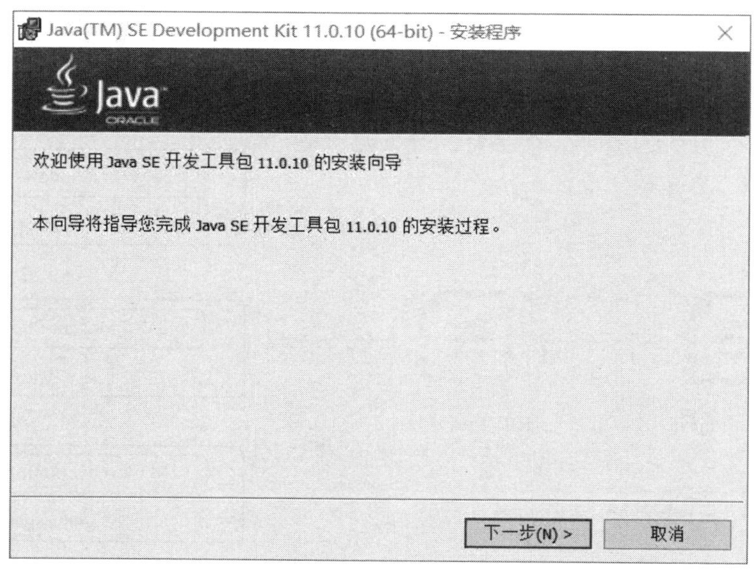

图 1-5 运行 JDK11.0.10 安装程序

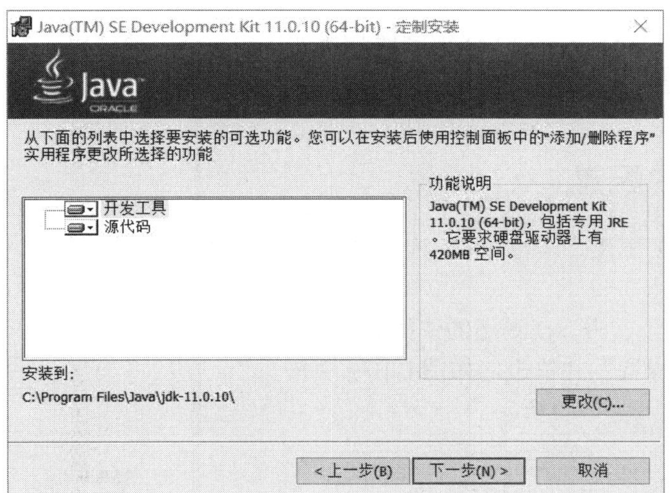

图 1-6　选择 JDK 安装路径

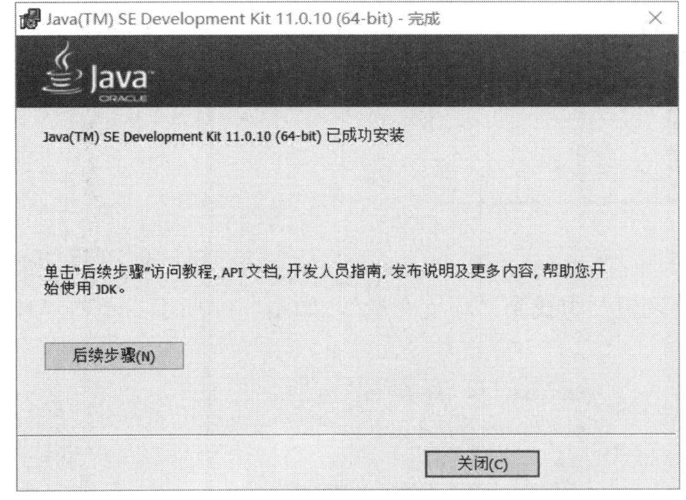

图 1-7　JDK 安装完成

安装 JDK11 后，编译命令 javac.exe 和执行命令 java.exe 可在 JDK 的 bin 目录中找到，如图 1-8 所示。

此电脑 › Windows-SSD (C:) › Program Files › Java › jdk-11.0.10 › bin

名称	类型	大小	修改日期
jarsigner.exe	应用程序	20 KB	2021/2/16 21:36
java.dll	应用程序扩展	150 KB	2021/2/16 21:36
java.exe	应用程序	50 KB	2021/2/16 21:36
javaaccessbridge.dll	应用程序扩展	151 KB	2021/2/16 21:36
javac.exe	应用程序	20 KB	2021/2/16 21:36
javadoc.exe	应用程序	20 KB	2021/2/16 21:36
javajpeg.dll	应用程序扩展	170 KB	2021/2/16 21:36
javap.exe	应用程序	20 KB	2021/2/16 21:36

图 1-8　bin 目录下常用命令

编译命令javac.exe 和执行命令java.exe 暂时还不能使用，因为这些命令本身没有在 Windows 环境之中，那么怎样才能使用这些命令呢？这就需要手动在Windows 系统中将命令进行“注册”，“注册”的过程称为配置环境变量。

1.4.3 环境变量的配置

下面介绍环境变量的配置，本书中演示环境为Windows 10 操作系统，具体过程如图1-9～图1-13所示。

（1）找到“此电脑”右击，在弹出的快捷菜单中单击“属性”，如图1-9 所示。在弹出的“系统”窗口中找到“高级系统设置”并单击，如图1-10 所示。

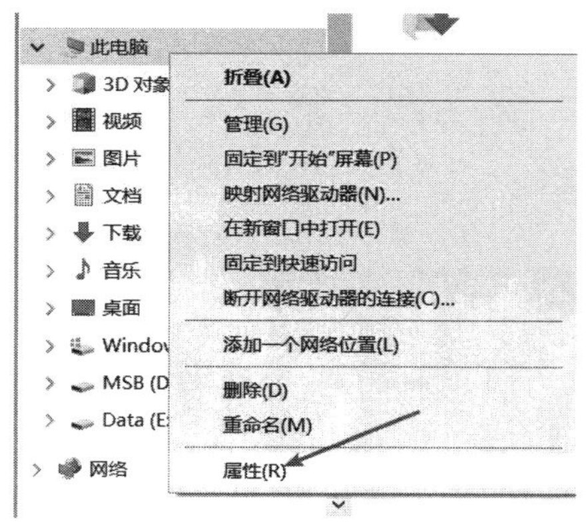

图1-9　单击“属性”

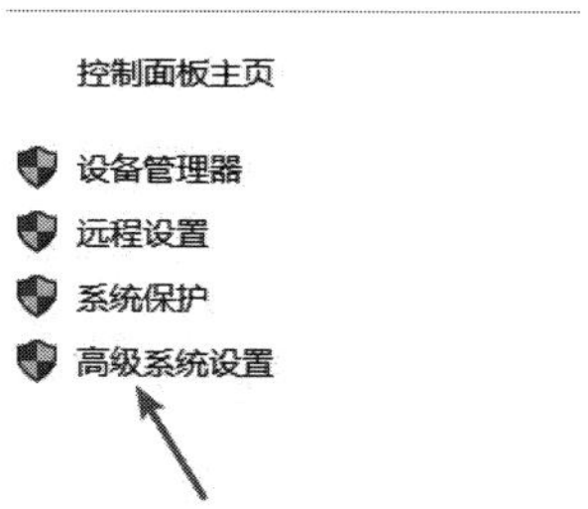

图1-10　单击“高级系统设置”

（2）在“高级系统设置”中找到“环境变量”，如图1-11 所示。单击“环境变量”。

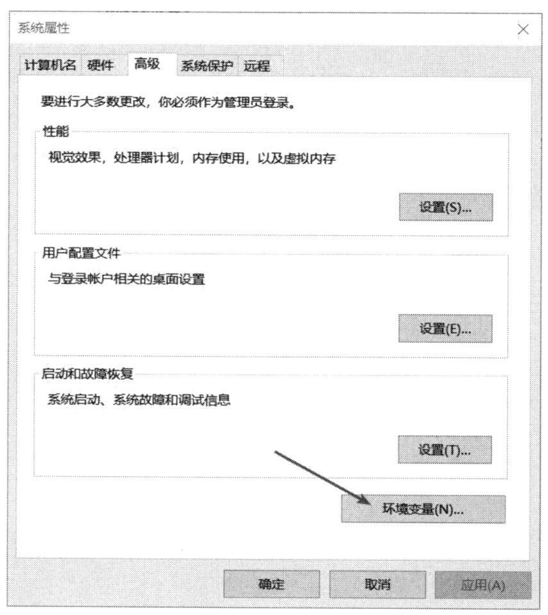

图 1-11　找到“环境变量”

（3）在“系统变量”中找到 Path 环境变量，如图 1-12 所示，单击“编辑”按钮。

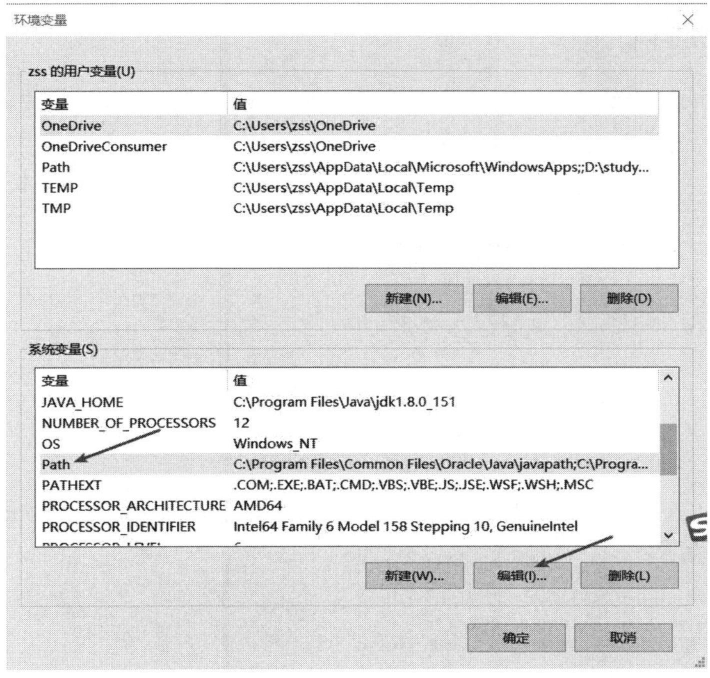

图 1-12　找到 Path 环境变量并编辑

（4）打开“编辑环境变量”对话框，单击“新建”按钮，如图 1-13 所示，将 bin 目录所在的路径 C:\Program Files\Java\jdk-11.0.10\bin 粘贴进去。

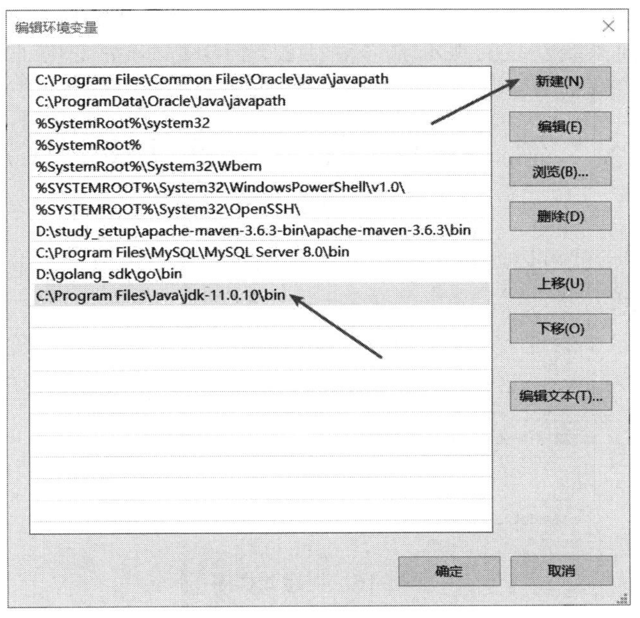

图 1-13　“编辑环境变量”对话框

（5）单击“确定”按钮，Path 环境变量配置成功。

1.4.4 开发环境测试

JDK 已经安装完毕，环境变量也配置完毕，现在进行开发环境的测试，按 win+R 键启动“运行”窗口，输入 cmd 启动命令行，如图 1-14 所示。

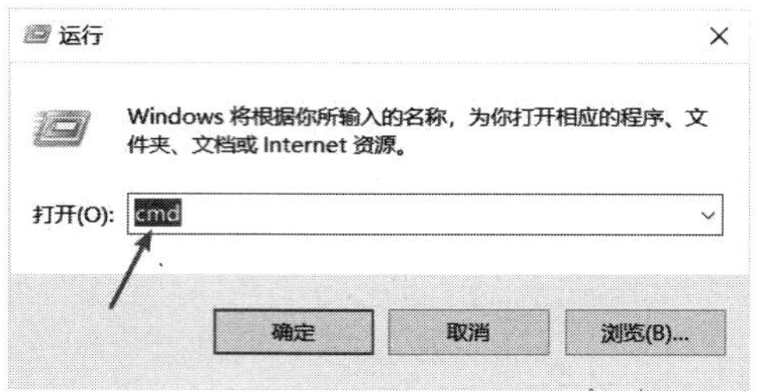

图 1-14 “运行”窗口

输入 cmd 后按 Enter 键，启动控制命令台，在控制命令台中输入 java -version 命令测试 JDK 是否安装成功，如图 1-15 所示。

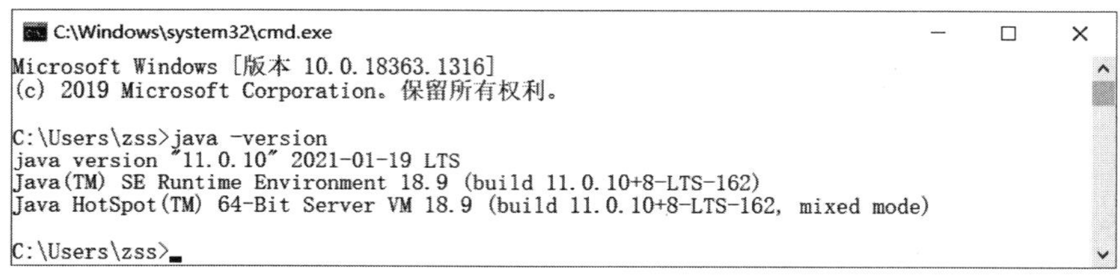

图 1-15 测试 JDK 是否安装成功

图 1-15 显示出了当前系统安装的 JDK 版本，当出现 JDK 版本信息时证明开发环境测试通过。

1.5 编写和运行第一个 Java 程序

Java 开发环境搭建好后就可以编写代码了。第一个 Java 程序用记事本编写即可，无论多高级的语言都是从第一段代码开始的。

（1）在 D 盘的根目录下新建一个名为 msb_code 的文件夹，在此文件夹下新建文本文档并命名为 HelloWorld，文档后缀改为.java，这个 HelloWorld.java 就是我们编写的源程序，如图 1-16 所示。

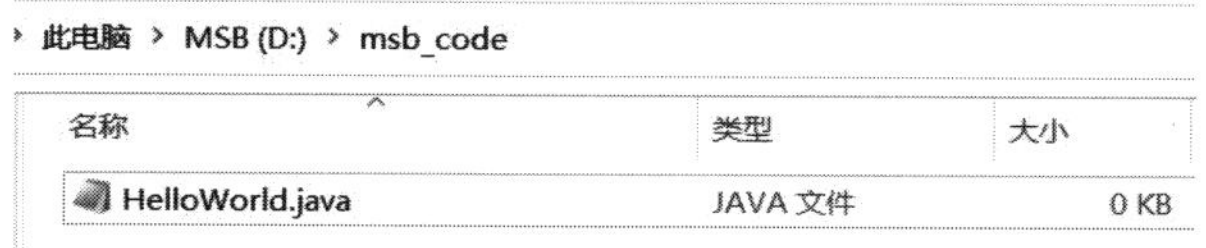

图 1-16 新建源程序

（2）打开 HelloWorld.java 编写源程序，在控制台输出“我爱 Java”。

【示例 1-1】编写源程序，输出“我爱 Java”。

```
public class HelloWorld{
    public static void main(String[ ] args){
            System.out.println("我爱 Java");
     }
}
```

提示：

对于初学者，还不明白上面代码中的每一个单词的作用，此时不用一一求解，在后面的学习中我们会慢慢讲解，先做一个大致的了解即可。

我们定义了一个类，类的名字是HelloWorld，在Java中可以把类当作程序的一个基本单元，在类中定义了一个main方法，作为程序的入口，底层就是从main方法开始运行编写的代码，System.out.println("我爱 Java");这句代码的作用就是将双引号中的内容原样输出在控制台上。

（3）将源程序编译为 HelloWorld.class 字节码文件，打开控制命令台，通过编译命令javac.exe 完成操作，如图 1-17 所示。

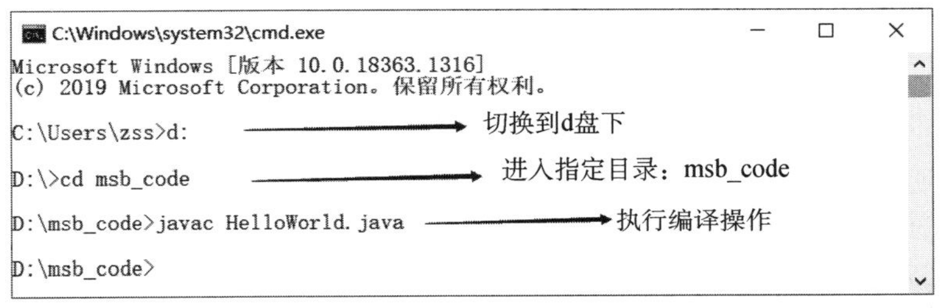

图 1-17　编译 HelloWorld.java 源程序

提示：

输入命令的时候，后缀.exe 可以省略。

源程序编译好以后，在msb_code 目录下就会生成 HelloWorld.class 字节码文件，如图 1-18 所示。

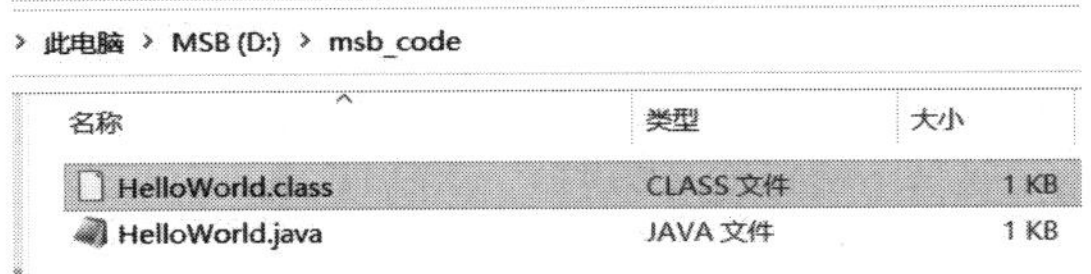

图 1-18　生成字节码文件

（4）运行 HelloWorld.class 字节码文件，在控制台通过执行命令java.exe 操作，完成“我爱 Java”的输出，如图 1-19 所示。

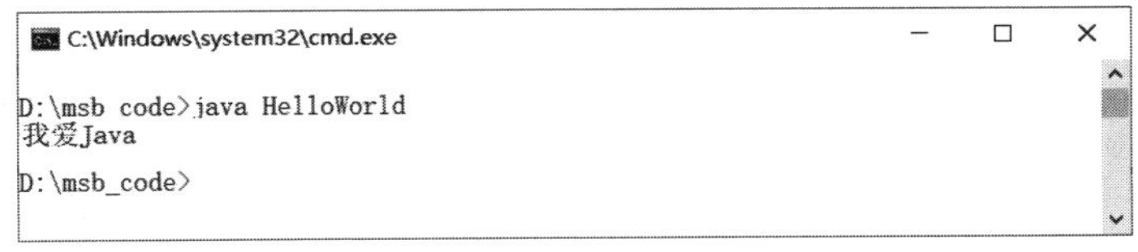

图 1-19　运行源程序

提示：

在运行源程序时 HelloWorld 的后缀.class 一定不能写，否则会出现错误哦！

在控制台上，我们看到了最终想要实现的效果——我爱 Java。一共 4 个步骤，演示了 Java 从编写到编译再到运行的过程。至此，第一个 Java 程序就编写成功了。

通过上述步骤，我们了解到 Java 的运行机制，Java 代码要经历编写、编译、运行才能实现想要的结果，此时再看图 1-3，理解深度又加深了一层。

1.6 注释

第一个 Java 程序中的代码量很少，只有 5 行，但是以后在实际开发中，代码量动辄成千上万行，为了增加程序的可读性，方便代码的阅读，可以在程序中加入一些解释性的文字，或将程序中无用的语句屏蔽，此时就需要一个很关键的功能——注释。

Java 中的注释可以分为三类：单行注释、多行注释和文档注释。

1.6.1 单行注释

当解释性文字很少，一行即可说明清楚时，可以使用单行注释。单行注释使用双斜线“//”开头，“//”后就是解释说明的内容。

【示例 1-2】在 HelloWorld.java 中加入单行注释。

```
public class HelloWorld{
  //main 方法是程序的入口
    public static void main(String[ ] args){
     //在控制台上输出"我爱 Java"
            System.out.println("我爱 Java");
    }
}
```

1.6.2 多行注释

解释性文字一行说不清楚，需要多行来说明时，可以使用多行注释。多行注释以“/*”开头，以“*/”结尾。

【示例 1-3】在 HelloWorld.java 中加入多行注释。

```
/*
*   这是我们的第一段 Java 程序
*   源文件以.java 为后缀
*   实现功能：在控制台输出"我爱 Java"
*/
public class HelloWorld{
    public static void main(String[ ] args){
            System.out.println("我爱 Java");
    }
}
```

1.6.3　文档注释

文档注释多数用来说明程序的层次结构及方法等。文档注释以“/**”开头，以“**/”结尾。

【示例 1-4】在 HelloWorld.java 中加入文档注释。

```
/**
* @author: mashibing
* @version: 1.0
**/
public class HelloWorld{
    public static void main(String[ ] args){
            System.out.println("我爱 Java");
    }
}
```

提示：

多行注释又称为 JavaDoc 注释，可以结合 JavaDoc 标签一起使用，JavaDoc 标签一般以“@”符号作为前缀，后面添加一些特定单词用来表示开发该功能的作者、版本号、日期、功能描述等。

1.7　使用 IDEA 开发 Java 程序

在 1.5 节中我们已经用文本文档写了一段 Java 程序，但是在实际开发中，为了让开发更加快捷方便，帮助开发者组织资源，减少失误，提高效率，市面上出现了越来越多的集成开发环境（integrated development environment，IDE）。IDE 集成了代码编写功能、分析功能、编译功能、调试功能等于一身，大大方便了开发者。目前在 Java 开发者中最流行、使用最多的就是 JetBrains 公司的一款集成开发环境——IntelliJ IDEA。

1.7.1　IDEA 的下载

首先在官网下载 IDEA 的安装包，IDEA 分为旗舰版和社区版，本书主要针对 JavaSE 进行讲解，使用社区版就足够了，但如果要使用更多、更完善的功能，可选择旗舰版，IDEA 版本如图 1-20 所示。

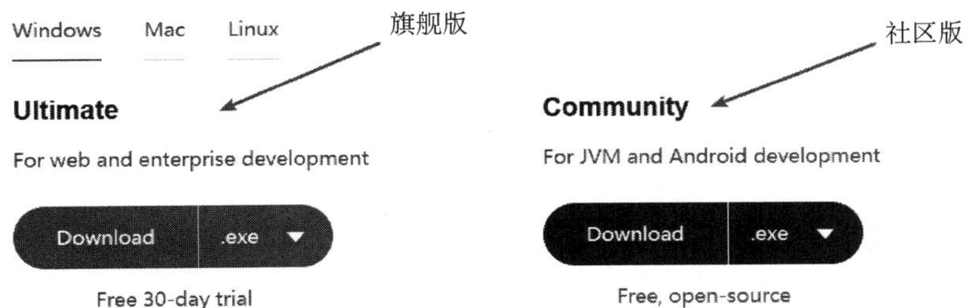

图 1-20　IDEA 版本选择

提示：

IDEA 下载网址为 https://www.jetbrains.com/idea/download/#section=windows。其中旗舰版是收费的，收费标准：第一年$499，第二年$399，第三年开始$299；旗舰版可以免费试用 30 天。

1.7.2 IDEA 的安装

在官网下载IDEA的安装包后就可以安装（本书中IDEA使用的是编写阶段的最新社区版：ideaIC-2020.3.2 版本），安装步骤非常简单，一直单击Next 按钮即可，如图1-21～图1-29 所示。

（1）首先进入欢迎安装界面，单击Next 按钮，如图1-21 所示。

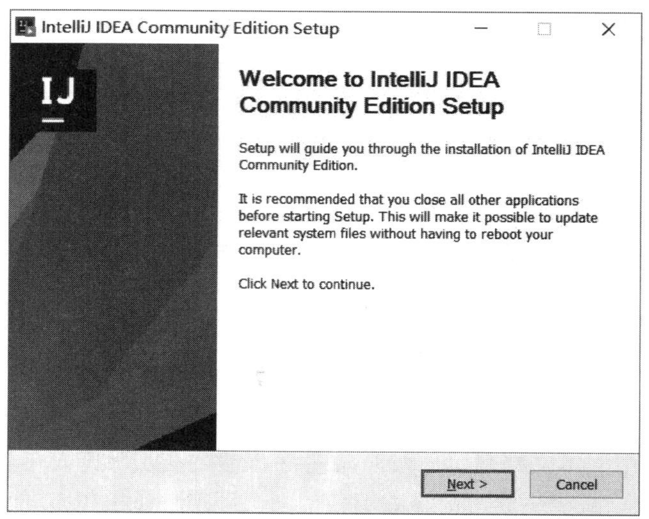

图 1-21　IDEA 安装界面

（2）选择 IDEA 的安装路径，单击Next 按钮，如图1-22 所示。

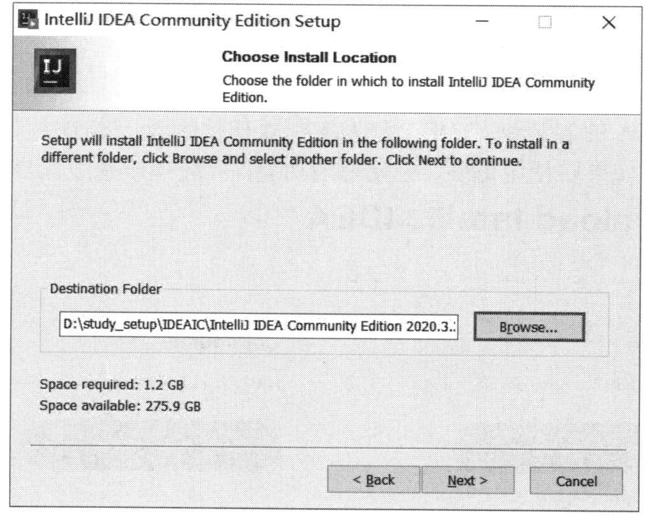

图 1-22　选择安装路径

（3）选择适合安装在 64 位操作系统上的 IDEA，单击 Next 按钮（本书使用机器为 64 位系统），如图 1-23 所示。

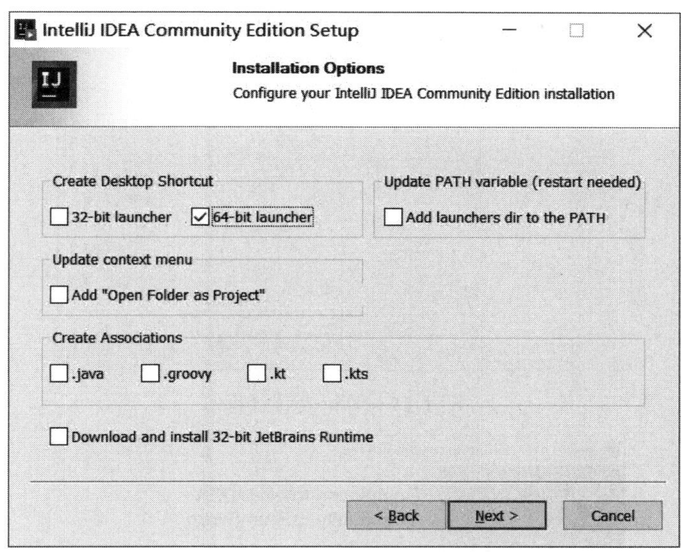

图 1-23　选择配置

（4）选择"开始"菜单中 IDEA 的文件夹名，可以自定义，但一般默认为 JetBrains，单击 Install 按钮开始安装，如图 1-24 所示。

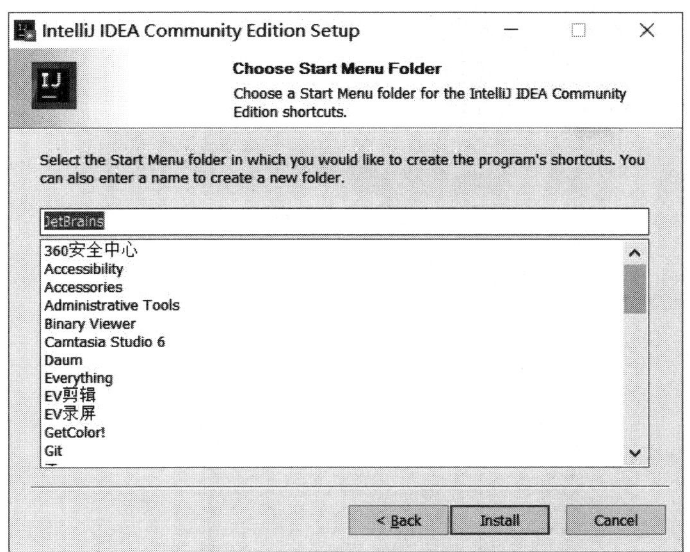

图 1-24　定义 IDEA 的文件夹名

（5）显示安装进度，等待即可，如图 1-25 所示。

（6）安装完成后，选中 Run IntelliJ IDEA Community Edition 复选框，单击 Finish 按钮启动 IDEA，如图 1-26 所示。

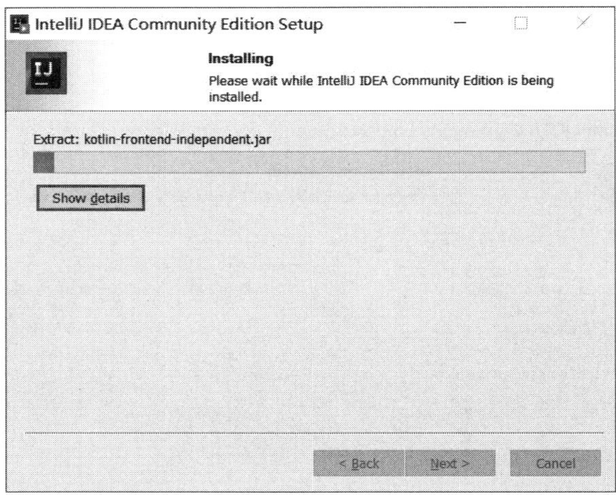

图 1-25　等待安装过程

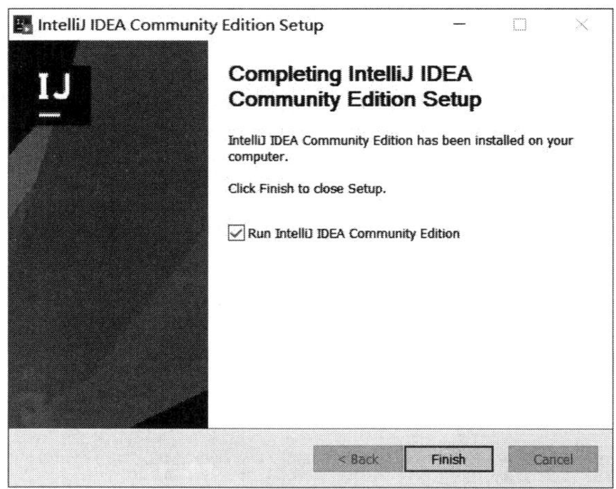

图 1-26　启动 IDEA

（7）进入 IDEA 后，首先接受相关协议，如图 1-27 所示。

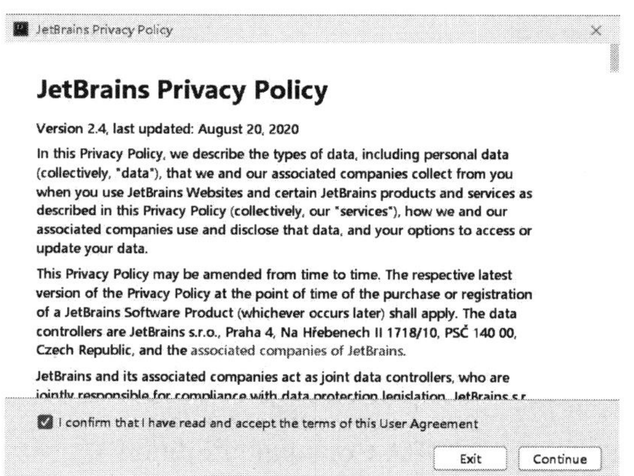

图 1-27　接受协议

（8）接受协议后，单击 Continue 按钮，进入 IDEA 首页，如图1-28 所示。

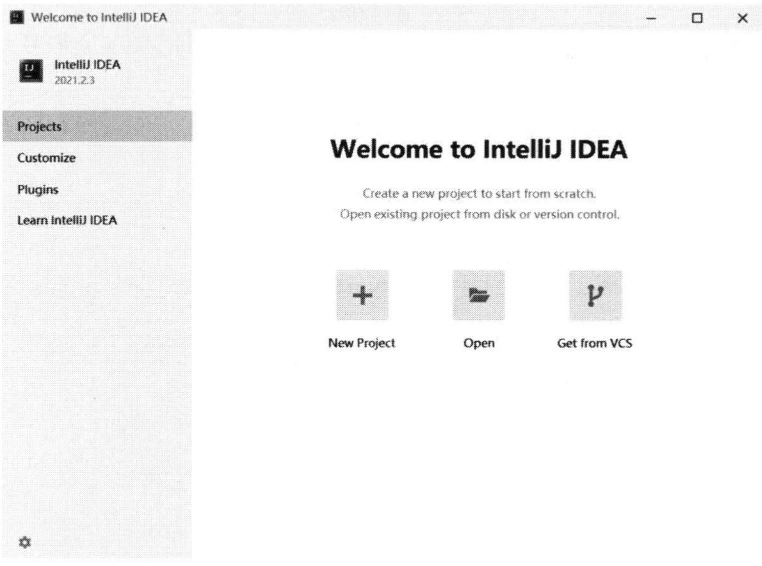

图1-28　IDEA 首页

提示：

如果要 IDEA 的使用更加流畅，建议如下配置。

硬件环境：内存 8GB 以上，CPU i5 以上。由于 IDEA 对内存消耗大，建议安装在固态硬盘中。

软件环境：建议安装想要使用版本的 JDK。

（9）IDEA 默认的主题效果是暗黑色调的，可以将主题调节为明亮色调：在主页左侧选择 Customize，在 Color theme 中选择 IntelliJ Light 主题，主题颜色将切换为明亮色调，如图1-29 所示。

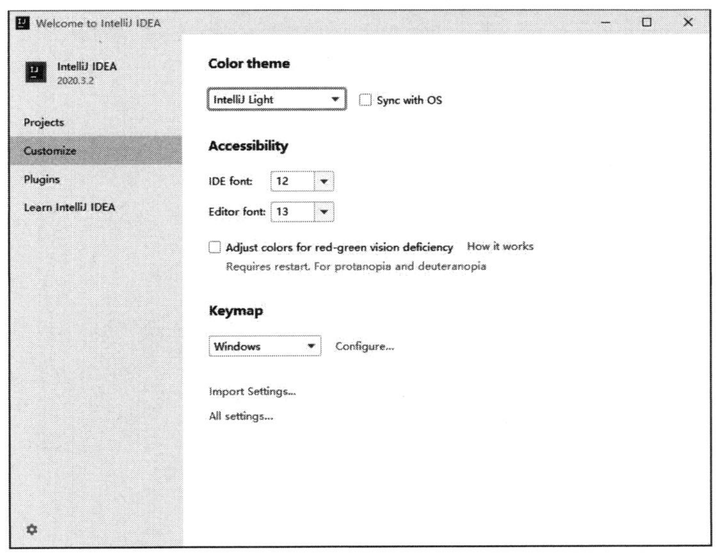

图1-29　切换主题色调

1.7.3　使用 IDEA 开发 Java 程序

现在利用这款 IDE 开发Java 程序。对初学者，这个过程相比用记事本更加复杂，但熟能生巧，具体步骤如图1-30～图1-45 所示。

（1）在启动 IDEA 后，首先展示欢迎页面，如图1-30 所示。

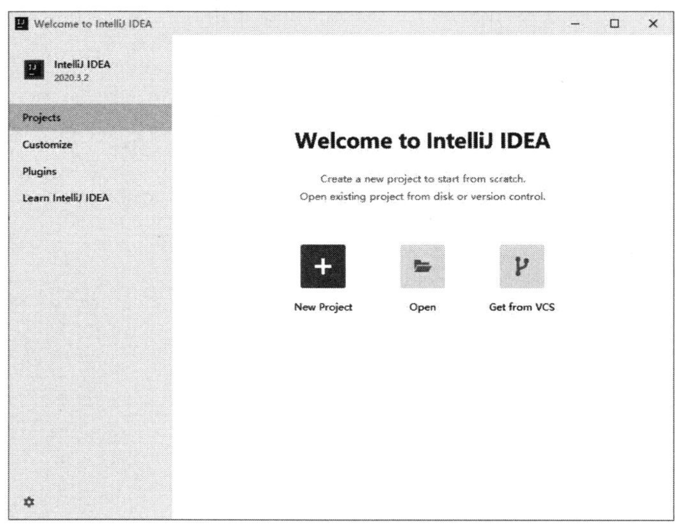

图 1-30　IDEA 欢迎页面

（2）在这个页面单击New Project 创建新的项目，并为项目选择对应的JDK，IDEA 可自动识别当前平台安装的 JDK，如图1-31 所示，选择当前平台的 JDK，单击 Next 按钮进入下一页面。

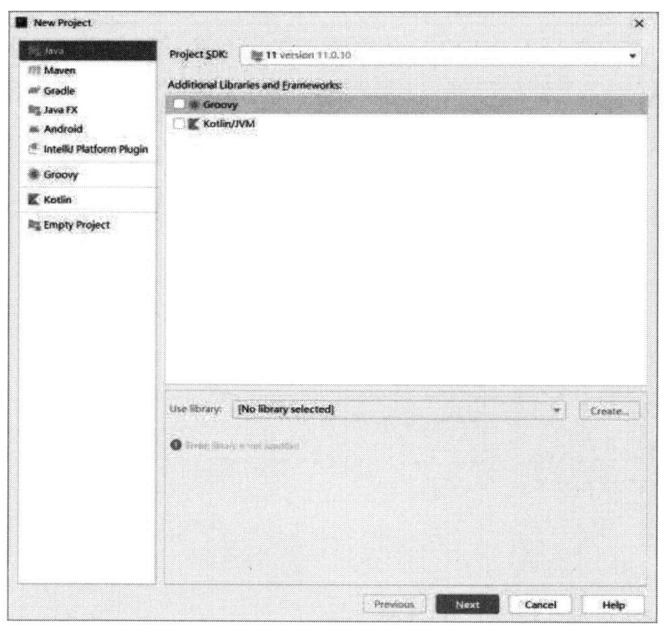

图1-31　选择 JDK

（3）要求选择模板，此时一般不选择用默认模板，直接单击 Next 按钮即可，如图 1-32 所示。

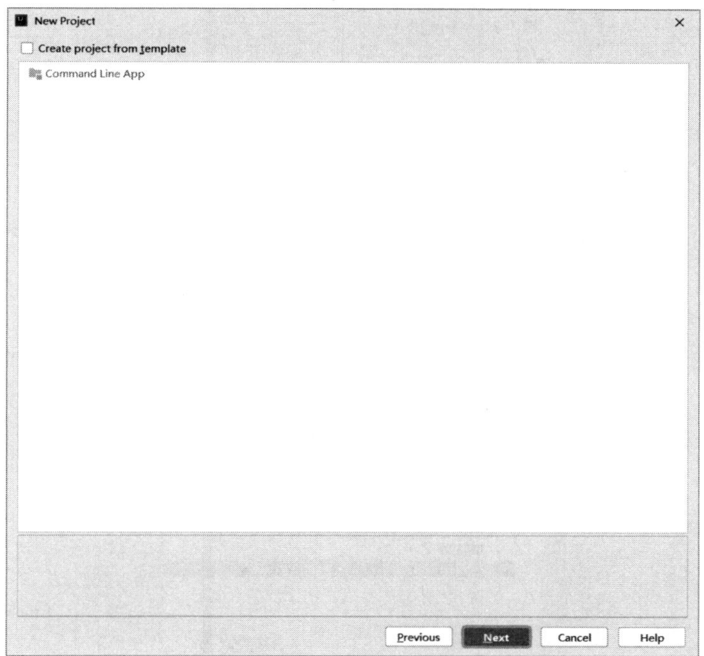

图 1-32　选择模板

（4）为新建的项目定义名称并选择项目存放的路径，单击 Finish 按钮，如图 1-33 所示。

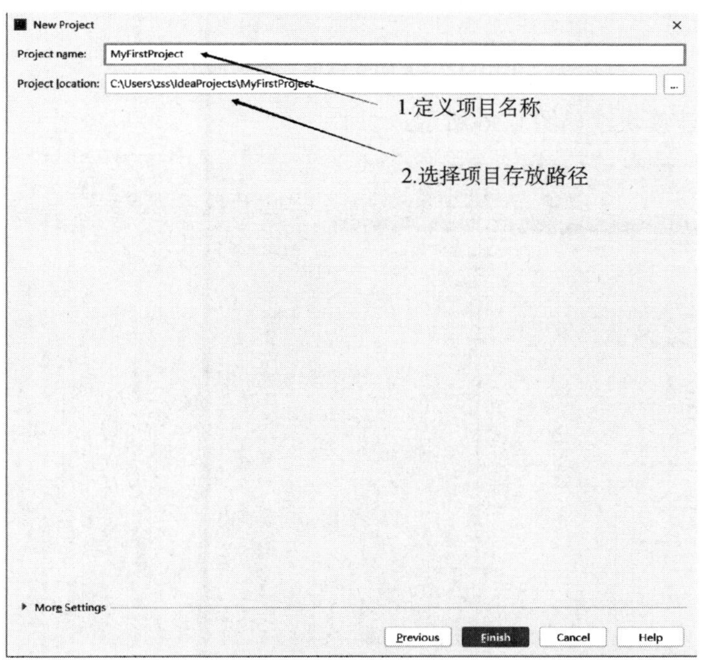

图 1-33　完成新建项目

（5）单击 Create 按钮确认创建项目，如图1-34 所示。

图 1-34　确认创建项目

（6）在弹出的 Tip of the Day 提示框中，选中 Don't show tips 复选框，并单击 Close 按钮关闭提示框，如图1-35 所示。

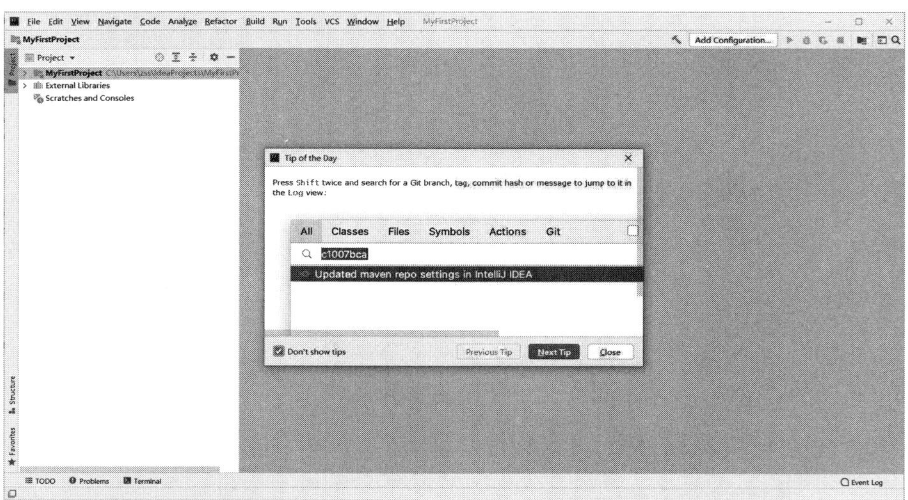

图 1-35　关闭提示框并不再显示

（7）在项目下新建模块，如图1-36 所示。

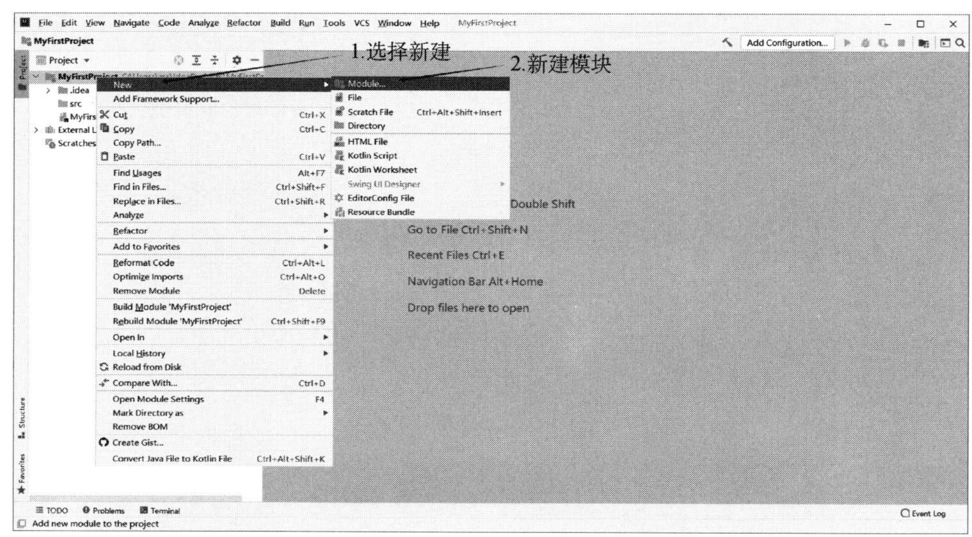

图1-36　新建模块

（8）为模块选择 JDK，单击 Next 按钮，如图1-37 所示。

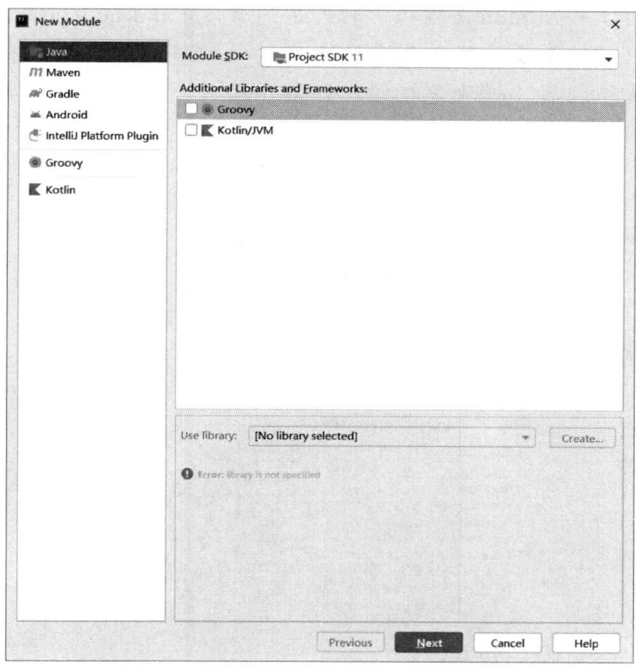

图 1-37　选择 JDK

（9）为模块定义名称和存放路径，单击 Finish 按钮，如图1-38 所示。

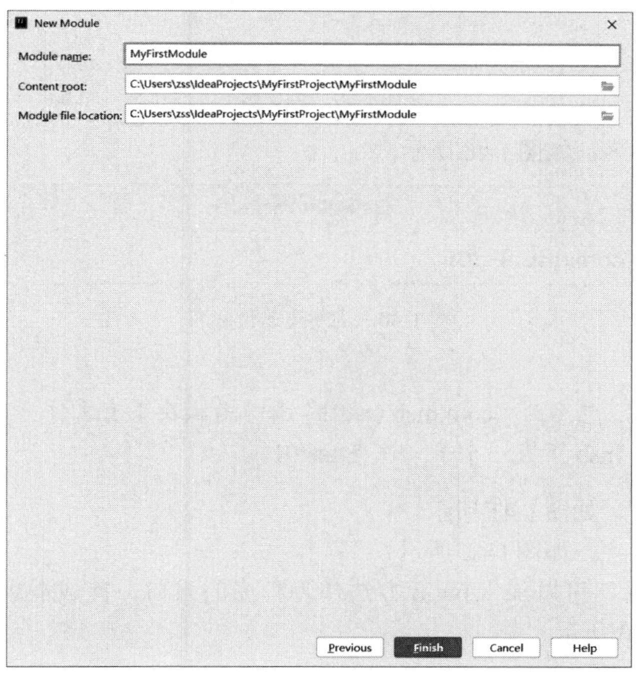

图 1-38　定义模块名称和存放路径

提示：

IDEA 中 Project（项目）和 Module（模块）的关系：项目是在 IntelliJ IDEA 中开发工作的顶级组织单元，在其完成的形式中，一个项目可以代表一个完整的软件解决方案。模块是项目的一部分，可以独立编译、运行、测试和调试。模块是在维护公共（项目）配置的同时减少大型项目复杂性的一种方法。

（10）在模块下创建包，如图 1-39 所示。

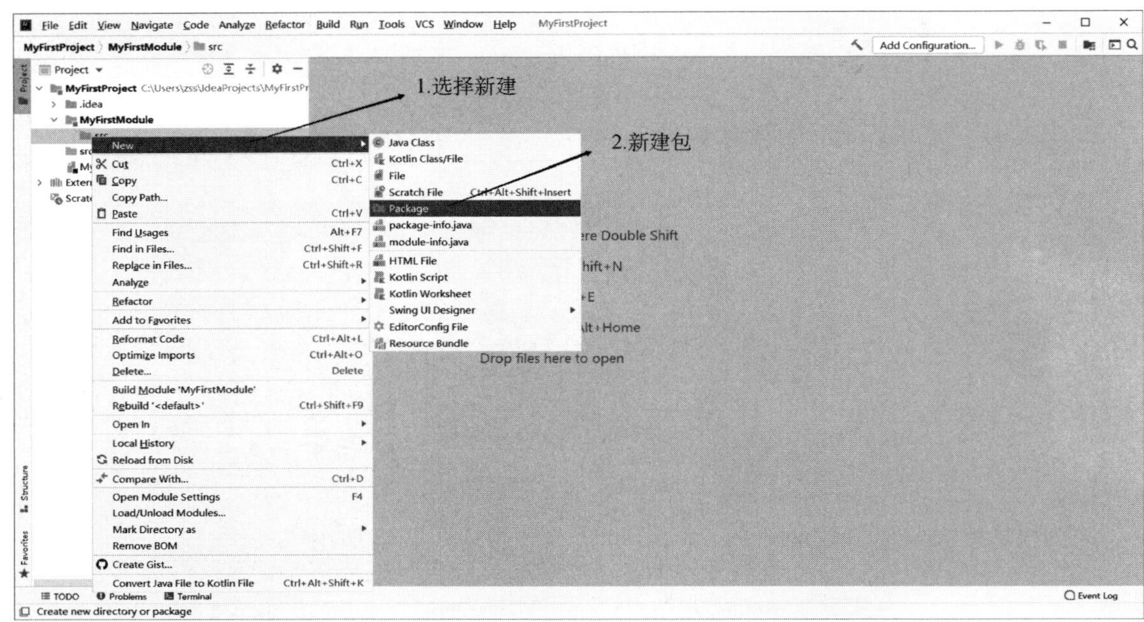

图 1-39　创建包

（11）为新建的包命名，如图 1-40 所示。

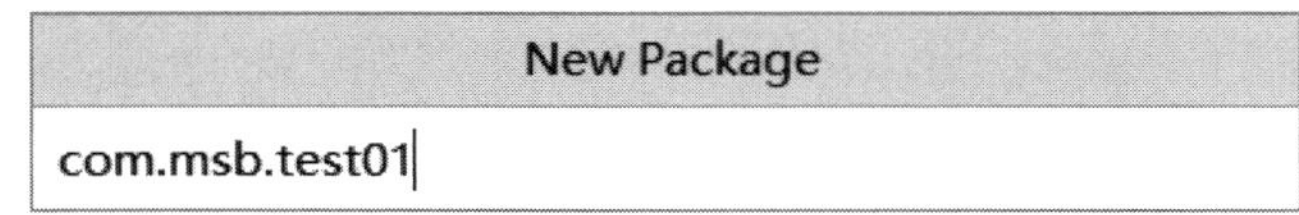

图 1-40　为新建的包命名

提示：

包的本质就是文件夹，包名为“com.msb.test01”意味着模块下有文件夹 com，文件夹 com 下有一个子文件夹 msb，文件夹 msb 下有一个子文件夹 test01。

（12）在包下创建类，如图 1-41 所示。

（13）给类自定义名字，如图 1-42 所示。

（14）类创建好以后，可以加入 main 方法作为程序的入口，完成需求：在控制台打印“我爱 Java”，编写代码如图 1-43 所示。

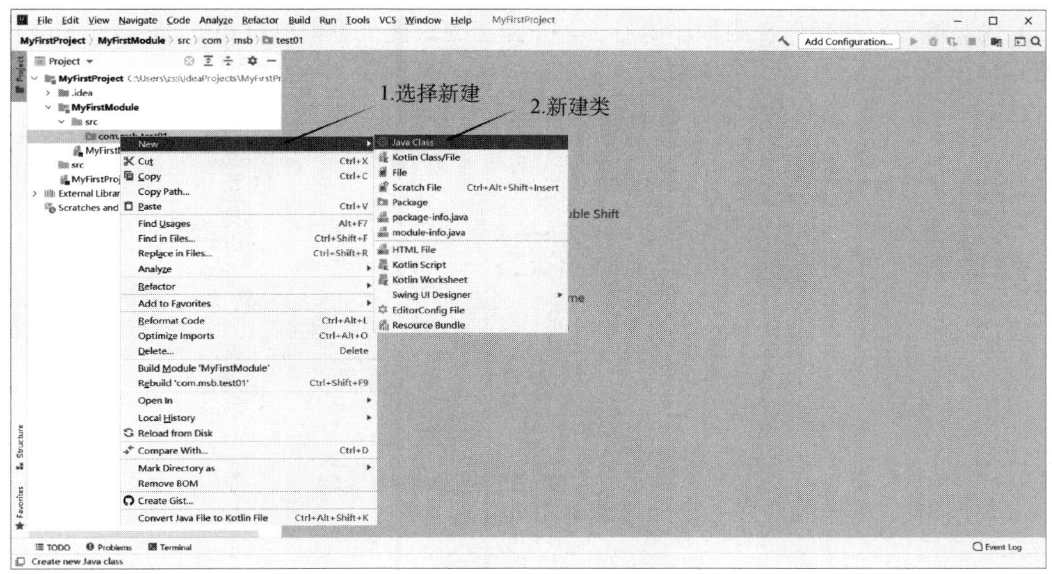

图 1-41　创建一个类

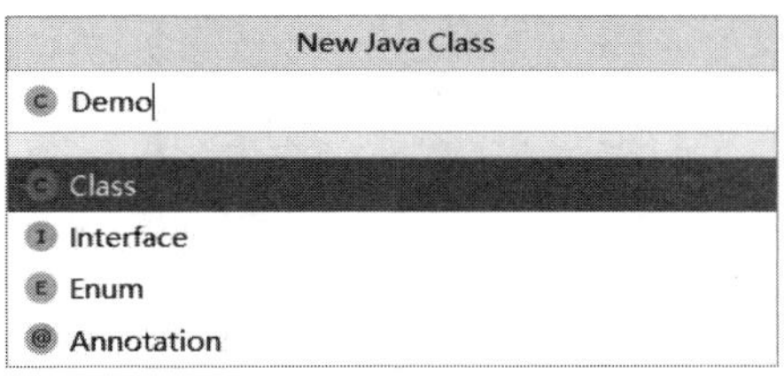

图 1-42　定义创建的类名

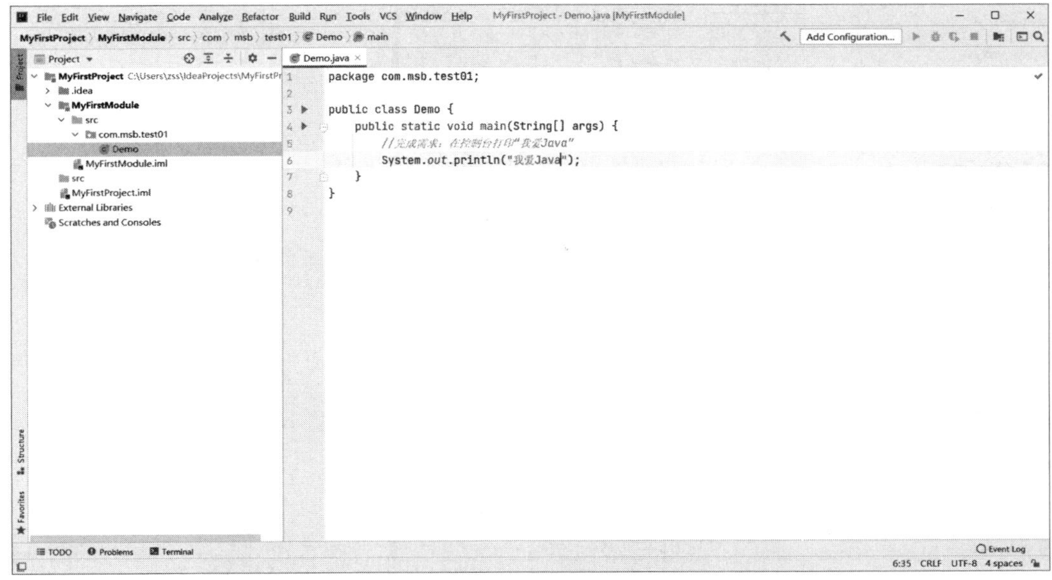

图 1-43　编写代码

（15）代码编写完成后，在源程序中右击，在弹出的快捷菜单中单击 Run. 'Demo.main( )' 运行程序，如图 1-44 所示。

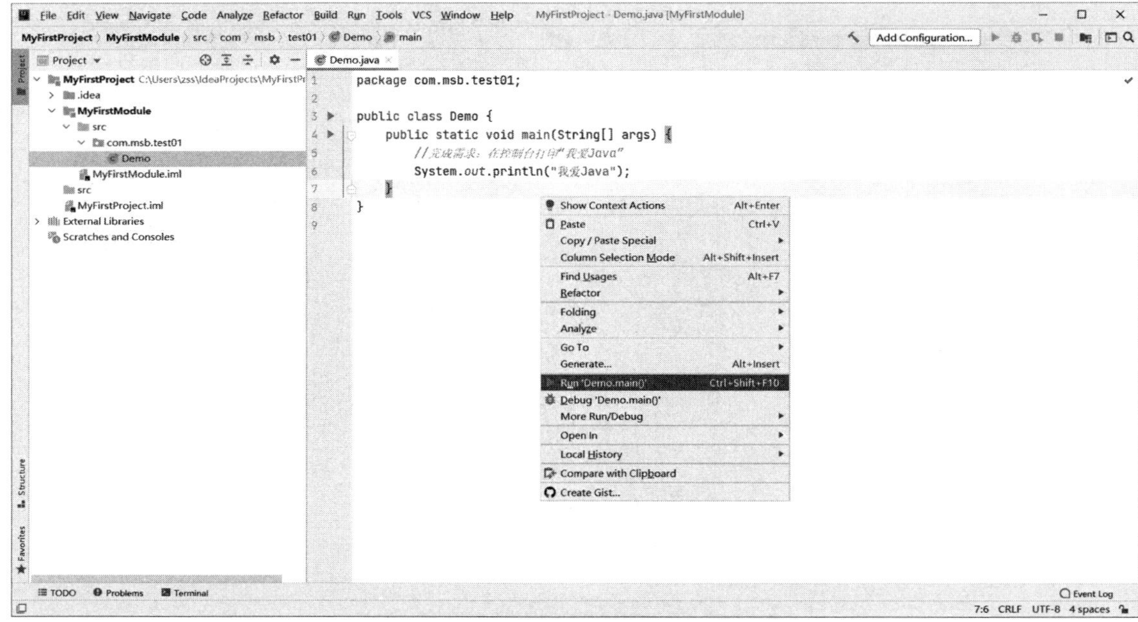

图 1-44 运行程序

（16）程序的运行结果显示在 IDEA 的控制台上，如图 1-45 所示。

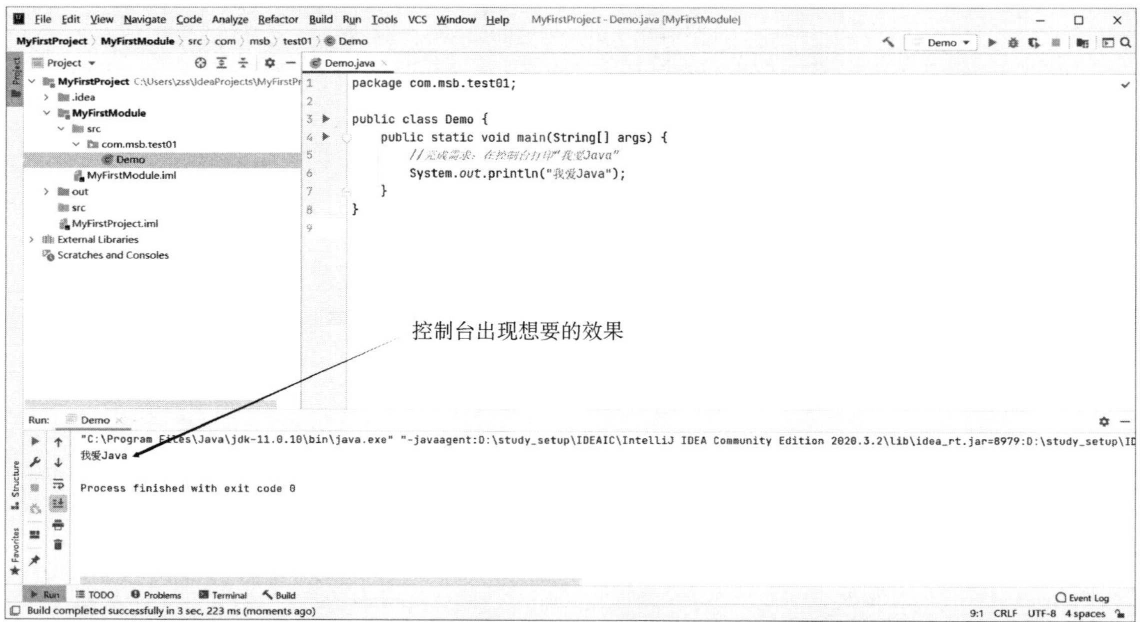

图 1-45 程序运行结果

至此，用IDEA写的第一段代码就完成了。

提示：

（1）设置 IDEA 主题：File → Settings → Appearance&Behavior → Appearance → Theme → Darcula（黑暗）/IntelliJ Light（明亮）。

（2）调节编辑区代码字体大小：File → Settings → Editor → General → 选中 Change font size with Ctrl+Mouse Wheel，选中以后，要改变字体大小，只需要单击Ctrl键，滚动鼠标滚轮即可。

本章小结

本章首先介绍了Java的简史，Java三大体系，以及Java语言的特点。同时对跨平台原理进行深入讲解，介绍Java是如何做到一次编译，到处运行的。接下来开始搭建 Java开发环境，介绍了什么是JDK，如何在平台上安装 JDK，并检验 JDK是否安装成功。在Java 开发环境搭建成功以后，编写了Java代码。最后介绍使用集成开发工具 IDEA 编写 Java 程序。通过本章学习，读者可以对Java 有个初步的认识。

练习题

一、填空题

1. Java 技术按照用途不同分为三大版本，分别是JavaSE、____________和 JavaME。

2. 安装 JDK 后，为了告诉计算机javac.exe 和java.exe 等执行文件的位置，需要配置的环境变量是____________。

3. 使用 Java 开发应用程序包括编写源程序、编译源程序、解释并运行三个步骤，其中Java 源程序编译后生成的字节码文件的扩展名为____________。

4. Java 虚拟机就是一个虚拟的用于执行____________的计算机。它是Java 最核心的技术，也是Java 跨平台的基础。

5. Java 提供了三种注释类型，分别是单行注释、多行注释和____________。

二、选择题（单选/多选）

1. 以下选项中对一个 Java 源文件进行正确编译的语句是（　　）。

A. javac Test.java　　　　B. javac Test

C. java Test　　　　D. java Test.class

2. 在 Java 中，源文件 Test.java 中包含如下代码，程序编译运行的结果是（　　）。

```
public class Test {
    public static void main(String[ ] args) {
            system.out.println("Hello!");
```

```
    }
}
```

A. 输出：Hello！　　　　B. 编译出错，提示“无法解析 system”

C. 运行正常，但没有输出任何内容　　　　D. 运行时出现异常

3. 以下选项中关于Java 跨平台原理的说法正确的是（　　）。

A. Java 源程序要先编译成与平台无关的字节码文件（.class），然后字节码文件再被解释成机器码运行

B. Java 的跨平台原理决定了其性能比 C/C++高

C. Java 虚拟机是可运行 Java 字节码文件的虚拟计算机。不同平台的虚拟机是不同的，但它们都提供了相同的接口

D. Java 语言具有一次编译，到处运行的特点，可以在所有的平台上运行

三、实操题

1. 使用 IDEA 编写 Java 程序，分段介绍自己的学习情况，在控制台输出如下效果。

（1）第一段：本章主要讲解了哪些内容。

（2）第二段：你的学习感受。

（3）第三段：输出“我爱学习 Java，从头开始，加油！”。

2. 使用 IDEA 编写 Java 程序，开发图书管理系统主菜单界面，如图 1-46 所示。

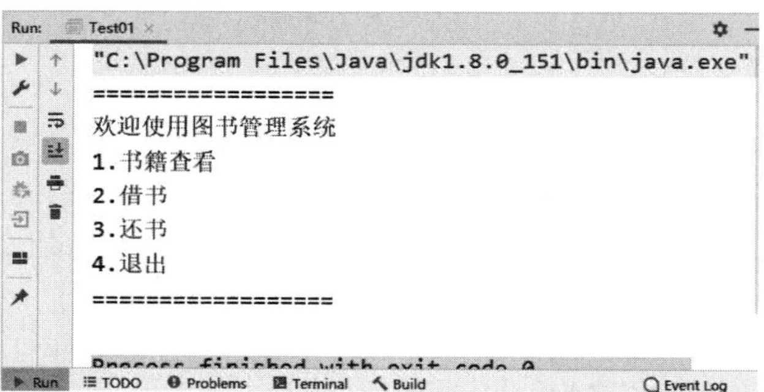

图 1-46　图书管理系统主菜单界面

第2章

变量与数据类型

本章学习目标

- 掌握标识符。
- 了解关键字。
- 掌握变量的声明、赋值、使用、内存、作用域。
- 掌握数据类型和转换。
- 掌握常量。

本章是 Java 技术的基础，变量、数据类型都是必须掌握的知识点，标识符也要灵活使用，关键字部分了解即可，用户终端输入了解即可，常量的使用需要掌握。

2.1 标识符

在程序中，经常要为变量、方法、包、参数等起名字，这个“名字”实际就是标识符。标识符在命名过程中一定要遵循“四个可以”“两个不可以”和“四个注意”的原则。

“四个可以”：标识符的组成可以由数字、字母、下画线（_）、美元符号（$）进行组合。如 HelloJava2021、_password、user$123 等都是正确的标识符。

“两个不可以”：不可以以数字开头，不可以使用 Java 中的关键字。如 123pwd、void、public 等都是错误的标识符。

“四个注意”：注意做到见名知意、注意大小写敏感、注意遵照驼峰命名、注意长度虽然没有限制但是不建议太长。见名知意，即见到这个标识符就知道这个符号所表示的含义，如看到name，知道开发者要表示名字，看到age，知道开发者要表示年龄；大小写敏感，即变量a和A一定是两个不同的变量；驼峰命名，意味着单词的首字母大小，如HelloWorld；标识符长度没有限制，但是长度不建议过长，使用不方便，一定要提高代码的可读性和美观性。

提示：

不同的标识符的驼峰命名规则也不同。

若标识符为变量名/方法名/参数名：标识符首字母小写，其余遵循驼峰命名，如 userName、stuNo。

若该标识符为类名：标识符首字母大写，其余遵循驼峰命名，如 HelloWorld。

若该标识符为包名：不遵照驼峰命名，字母全部小写，如 com.msb.test01。

2.2 关键字

关键字（keyword）又称保留字，是系统预定义的、在语言或编译系统的实现中具有特殊含义的单词。Java 中提供了如下几十个关键字。

（1）用于定义数据类型的关键字：class、interface、enum、byte、short、int、long、float、double、char、boolean、void。

（2）用于定义流程控制的关键字：if、else、switch、case、default、while、do、for、break、continue、return。

（3）用于定义访问权限修饰符的关键字：private、protected、public。

（4）用于定义类、函数、变量修饰符的关键字：abstract、final、static、synchronized。

（5）用于定义类与类之间关系的关键字：extends、implements。

（6）用于定义建立实例及引用实例、判断实例的关键字：new、this、super、instanceof。

（7）用于处理异常的关键字：try、catch、finally、throw、throws。

（8）用于包的关键字：package、import。

（9）其他修饰符关键字：native、strictfp、transient、volatitle、assert。

注意，Java 中的关键字全部是小写的。上面列举的这些关键字，每个都有特殊的含义，后面用到的时候我们会逐一讲解。在当前阶段，这些关键字不用一一记忆，后面编写代码用得多了自然就记住了。

2.3 变量

在程序运行的过程中，需要使用一定的内存单元存储程序运行期间产生的一些临时数据，这个内存单元就是变量，之所以叫变量，是因为这个内存单元中存储的数据其值可以发生改变。每个内存单元用一个标识符来进行标识，通过这个标识符可以访问内存单元中的数据。这些数据是有不同数据类型的，内存根据不同的数据类型为其分配大小不同的内存空间。

变量的学习我们细化为变量的声明和变量的赋值、变量的使用、变量的内存分析、变量的作用域。

2.3.1 变量的声明和赋值

定义变量的语法非常简单，包含变量的声明和赋值，具体语法如下。

```
数据类型 变量名;              // 变量的声明
变量名 = 值;                  // 变量的赋值
```

或者：

```
数据类型 变量名 [= 值];       // 变量的声明和赋值一行语句表示
```

在上面的语法中，定义变量必须给变量一个具体的数据类型，因为 Java 是一种强类型的语言，同时要给变量起一个名字，变量的名字按照首字母小写，其余单词遵循驼峰命名的原则。变量声明以后，

可以选择为变量赋值。

【示例2-1】变量的声明和定义。

```
public class TestVar {
  public static void main(String[ ] args) {
    // 声明一个变量
    int age;
    // 给变量age 赋值
    age = 19;
    // 变量的值可以改变
    age = 20;
    // 声明和赋值可以在一行完成
    int num = 20;
    // 同时定义多个变量
    int num1 = 30,num2 = 40;
    int num3 = 50,num4;
    int num5,num6 = 60;
  }
}
```

2.3.2　变量的使用

定义变量后，可以通过变量名对变量进行访问。

【示例2-2】求10 年后的年龄。

```
public class TestVar02 {
  public static void main(String[ ] args) {
    // 定义变量
    int age = 18;
    // 求10 年后的年龄并在控制台输出
    System.out.println(age + 10);
  }
}
```

上述代码中定义了一个int 类型的变量age，首先为age 变量分配一个内存空间，这个内存空间用标识符age 标识，空间中存储的数据为18。通过age 标识符访问age 内存空间中的数据，并在此基础上加10，最后得到28，并将28 在控制台上显示输出。

2.3.3　变量的内存分析

下面通过一个示例，简单了解一下变量的内存分析。

【示例2-3】变量的升级使用。

```
public class TestVar03 {
  public static void main(String[ ] args) {
    // 一次声明两个变量，并赋值
    int num1 = 20,num2 = 60;
    // 将变量num2 的值赋给num1
    num1 = num2;
  }
}
```

将变量 num2 的值赋给 num1，数据在赋值的时候传递的是值的副本，赋值前后的内存对比如图 2-1 所示。

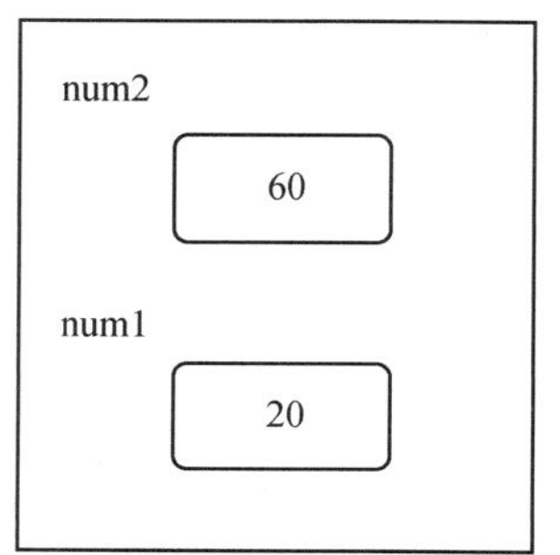

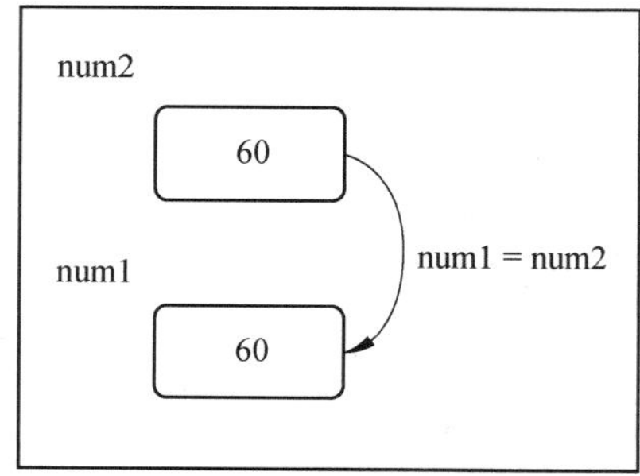

图 2-1　赋值前后内存对比

2.3.4　变量的作用域

变量的作用范围称为作用域。变量在定义后，并不是随处可用的，一定要在作用范围内才可以使用。在程序设计中，变量一定被定义在{}中，那么“向外找”离变量最近的这对{}就是变量的作用域，具体如图 2-2 所示。

age的作用域　num的作用域　name的作用域

```
public class TestVar04{
    int age;
    public static void main(String[] args) {
        int num = 20;
        {
            String name = “马士兵”；
        }
    }
}
```

图 2-2　变量的作用域

从图中可以看出，age 的作用域最大，name 的作用域最小。变量使用的过程中一定要注意作用域，如果不慎在作用域外使用变量，那么程序一定会报错，如图 2-3 所示。

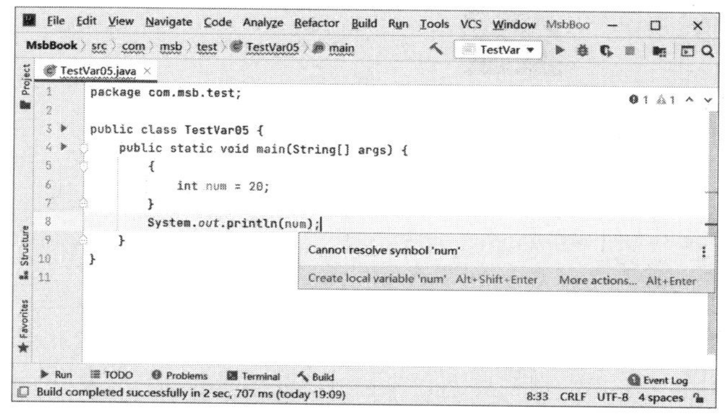

图 2-3　变量在非作用域中使用出错

2.4　数据类型

每个程序都映射一个现实世界，现实世界中的逻辑可以用程序表示出来。下面通过一个生活案例展示数据类型，先看图2-4，是一张客运服务费发票。

天津增值税电子普通发票

发票代码：
发票号码：
开票日期：2021年02月20日
校验码：15070 50212 88966 49200

机器编号：

购买方	名称：马士兵(北京)教育科技有限公司 纳税人识别号： 地址、电话： 开户行及账号：	密码区	03>*<46+2>32+8>79>>-*+<21-+4 06*687022552/<039-+3346+3*+< 4/653-554549-39/<4>18+-2087< 26+57/36<001->7319*>+6>739*/

货物或应税劳务、服务名称	规格型号	单位	数量	单价	金额	税率	税额
*运输服务*客运服务费		次	1	120.46	120.46	免税	***
合计					¥120.46		***
价税合计（大写）	⊗壹佰贰拾圆肆角陆分				（小写）¥120.46		

销售方	名称：出行科技有限公司 纳税人识别号： 地址、电话：天津经济技术开发区南港工业区综合服务区办公楼C座103室12单元022-59002850 开户行及账号：招商银行股份有限公司天津自由贸易试验区分行122905939910401	备注	

收款人：张　　复核：王　　开票人：王　　销售方：（章）

图 2-4　客运服务费发票

在这张发票中，分析一下有哪些信息：开票日期与时间有关，属于日期时间类型；发票号码与数字有关，属于数值型中的整数类型；单价与数字有关，属于数值型中的浮点类型；购买方名称，销售方名称等由多个字符组成，属于字符串类型；如果要使用Java代码编写一个小程序来模拟发票打印功能，程序中必然需定义不同数据类型的变量。生活中的数据在Java中都能找到匹配的数据类型，那么Java有哪些数据类型呢？Java中的数据类型如图2-5所示。

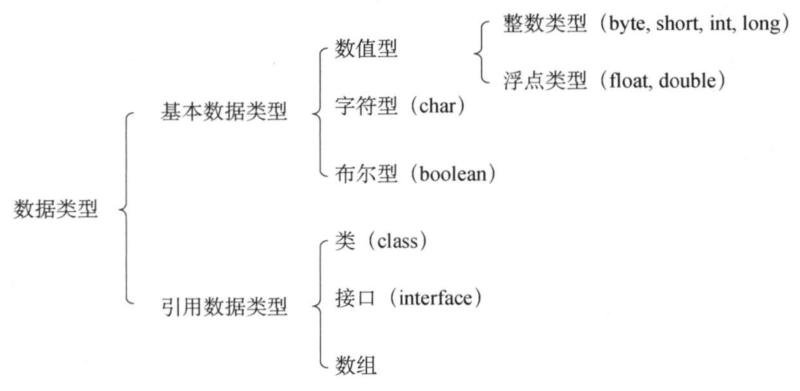

图2-5　Java的数据类型

Java 的数据类型分为两大类：基本数据类型和引用数据类型。其中基本数据类型是本节重点，基本数据类型有 8 种，通常称为 8 种基本数据类型。除了这 8 种基本数据类型之外的其他类型都是引用数据类型，这也算是一个很巧妙的划分方式。表 2-1 中罗列了 8 种基本数据类型占用的内存空间和取值范围。

表 2-1　8 种基本数据类型所占用的内存空间和取值范围

类　　型	占用空间	取值范围
byte	1 字节	−128～127
short	2 字节	-2^{15}～$2^{15}-1$（−32768～32767）
int	4 字节	-2^{31}～$2^{31}-1$（约 21 亿）
long	8 字节	-2^{63}～$2^{63}-1$
float	4 个字节	−3.403E38～3.403E38
double	8 个字节	−1.798E308～1.798E308
char	2 个字节	0～65535 的编码
boolean	1 位	true 或 false

在程序中可以定义不同类型的变量。

【示例 2-4】8 种基本数据类型示例。

```
public class TestVar06 {
  public static void main(String[ ] args) {
    // 定义整数类型变量
    // 数值型→整数类型→byte 类型：（字节类型）
    byte b = 12;
    // 数值型→整数类型→short 类型：（短整型）
    short s = 268;
    // 数值型→整数类型→int 类型：（整型）
    int num = 9829;
    // 数值型→整数类型→long 类型：（长整型）
    long num2 = 18;                 // 赋值没有超过 int 型取值范围，后面可加字母 L 也可省略不写
    long num3 = 19742816345L;       // 赋值超过 int 型取值范围，后面必须加字母 L（大写）或者 l（小写）
    // 定义浮点类型变量
    float f = 3.14f;                // float 类型赋值后面必须加上字母 F 或者 f
    double d = 3.141592653;         // double 类型赋值后面可加 d 或者 D，也可以省略不写
    // 定义字符类型变量
    char ch = '马';
    // 定义布尔类型变量
    boolean flag = true;            // 布尔类型的赋值只有两个，要么为 true，要么为 false
  }
}
```

提示：

在 Java 中一个整数默认被定义为 int 类型，一个小数默认被定义为 double 类型。

2.5　基本数据类型之间的转换

程序中定义两个变量，可以将其中一个变量的值赋给另一个变量。

【示例2-5】变量的赋值。

```
public class TestVar07 {
    public static void main(String[ ] args) {
        int num1 = 10;
        int num2 = 20;
        num1 = num2;
    }
}
```

示例2-5 中的变量num1 和num2 都是同一种数据类型，但是往往需要不同数据类型之间的赋值，此时就需要对数据类型进行转换，Java 中类型转换方式有两种：自动类型转换和强制类型转换。

2.5.1　自动类型转换

自动类型转换指不需要人为干预和显式声明，就可以把一个取值范围小的数直接赋给取值范围大的数，就像把小蛋糕放在大盒子里一样顺畅。

【示例2-6】自动类型转换。

```
public class TestVar08 {
    public static void main(String[ ] args) {
        int num1 = 10;
        double num2 = num1;
    }
}
```

示例2-6 中num1 是int 类型，num2 是double 类型，因为double 的取值范围大于int 的取值范围，所以可以直接赋值使用，将num1 的值转变为double 类型，这就是自动类型转换。不同数据类型之间的自动转换如图2-6 所示。

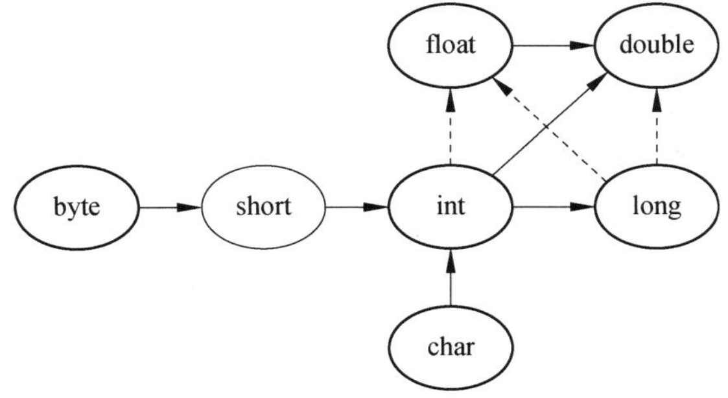

图 2-6　数据类型转换

在图2-6 中，实线部分表示自动类型转换无数据丢失，虚线部分表示自动类型转换可能有精度的损失。

2.5.2 强制类型转换

强制类型转换，指需要人为干预或显式声明，利用加“()”的形式，将取值范围大的类型转为取值范围小的类型，但是在转换后会损失精度。

【示例 2-7】强制类型转换。

```
public class TestVar09 {
  public static void main(String[ ] args) {
    double d = 3.14;
    // int num = d; 取值范围大的数据给取值范围小的数据直接赋值会报错
    int num = (int)d;       // 利用“()”进行强制转换
    System.out.println(num);
  }
}
```

示例 2-7 在控制台显示的结果为 3，可以通过强制转换的方式将 double 类型的数据转换为 int 类型的数据。

2.6 获取用户终端输入

在程序开发的过程中往往需要在用户和程序之间进行交互，那么最简单直接的办法就是让用户从键盘录入数据，被程序接收后执行后续的操作。从键盘录入数据一共有如下 4 个步骤。

（1）导入 Scanner 所在的包。

（2）创建 Scanner 对象。

（3）控制台输出友好性提示信息。

（4）从键盘获取数据。

【示例 2-8】录入学生的年龄。

```
// 步骤1：导入 Scanner 所在的包
import java.util.Scanner;
public class TestVar10 {
  public static void main(String[ ] args) {
    // 步骤2：创建 Scanner 对象
    Scanner sc = new Scanner(System.in);
    // 步骤3：控制台输出友好性提示信息
    System.out.println("请从键盘录入学生的年龄：");
    // 步骤4：从键盘获取数据
    int age = sc.nextInt();
    System.out.println("学生的年龄为：" + age);
  }
}
```

示例 2-8 通过 nextInt()方法可以接收用户录入的 int 类型的数据，当然也可以接收其他类型的数据，如 double 类型、String 类型、char 类型等。

【示例 2-9】录入学生的年龄、姓名、身高、性别并展示在控制台上。

```
import java.util.Scanner;
public class TestVar11 {
  public static void main(String[] args) {
    // 录入学生的年龄、姓名、身高、性别并展示在控制台上
    Scanner sc = new Scanner(System.in);
    System.out.println("请从键盘录入学生的年龄：");
    int age = sc.nextInt();                          // 接收 int 类型数据
    System.out.println("请从键盘录入学生的姓名：");
    String name = sc.next();                         // 接收 String 类型数据
    System.out.println("请从键盘录入学生的身高：");
    double height = sc.nextDouble();                 // 接收 double 类型数据
    System.out.println("请从键盘录入学生的性别：");
    char sex = sc.next().charAt(0);                  // 接收 char 类型数据
    System.out.println("学生的信息为：年龄-" + age + "，姓名-" + name + "，身高-" + height + "，性别-" + sex);
  }
}
```

运行结果如图 2-7 所示。

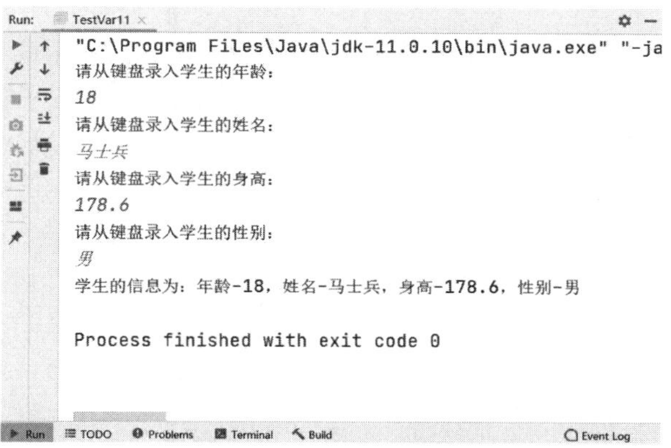

图 2-7　示例 2-9 运行结果

提示：

Scanner 细节中的语法的含义将在后续内容中进一步讲解，大家暂时只需要先记住这个用法，达到“照葫芦画瓢”即可。

2.7　常量

变量指的是内存中的一块存储单元，其存储的数据的值可变；常量则指一旦初始化，这个数据的值就不可以改变。常量的定义格式如下。

```
final 数据类型 常量名字 = 值;
```

注意，常量前面一定要有修饰符 final，一个变量的声明之前加上 final 就完成了常量的声明。常量

名有个约定俗成的规定，就是名称字母全部大写。常量的值一旦确定，就不可以再更改，否则会出错，图 2-8 演示了错误效果。

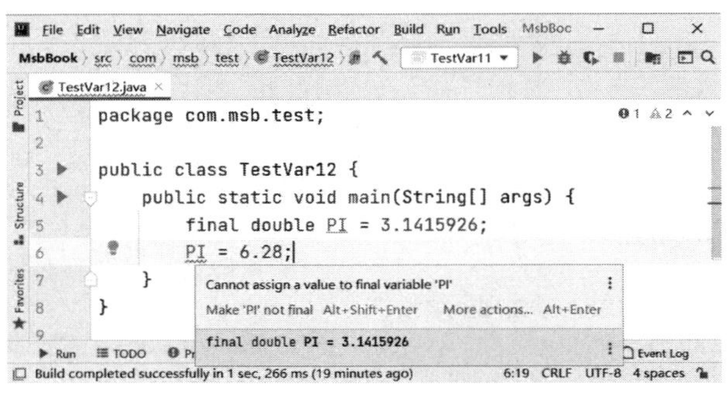

图 2-8　常量的值确定后修改导致的错误

本章小结

本章内容是 Java 基础中的基础，首先讲解了标识符的定义和 Java 中的关键字。随后讲解变量的声明、赋值、使用、内存、作用域，这些都是必须掌握的要点。然后讲解了数据类型的分类，数据类型之间的转换，这些也都是必会知识点。获取用户终端输入部分，可模拟一些数据录入功能，增加体验感。最后讲解了常量，使用 final 修饰符。

练习题

一、填空题

1. Java 语言规定标识符由字母、下画线、美元符号和数字组成，并且第一个字符不能是____________。

2. Java 中整型变量有 byte、short、int 和 long 4 种，不同类型的整数变量在内存中分配的字节数不同，取值范围也不同。对于 int 型变量，内存分配____________个字节。

3. 在 Java 中浮点型变量有 float 和 double 两种，对于 float 类型变量，内存分配 4 个字节，尾数可精确到 7 位有效数字，对于 double 类型变量，内存分配____________个字节。

4. char c='a';System.out.println(c+1);运行结果为____________。

5. 基本数据类型的类型转换中，要将 double 类型的常量 3.14159 赋值给为整数类型变量 n 的语句是____________。

二、选择题（单选/多选）

1. 在 Java 中，以下错误的变量名是（　　）。

A. constant　　B. flag　　C. a_b　　D. final

2. 在 Java 中，byte 数据类型的取值范围是（　　）。

A. −128～127　　B. −228～128

C. −255～256　　D. −255～255

3. 如下写法哪些是不对的（　　）。

A. byte b = 30;　　B. byte c = 500;

C. long d = 2343223;　　D. float f = 3.14;

三、实操题

1. 输入自己的名字、年龄和性别，分别用不同的变量接收，并将输入的信息输出。
2. 输入圆形半径，求圆形的周长和面积，并将结果输出。

第3章 运算符

本章学习目标

- 掌握不同运算符的使用。
- 了解运算符的优先级别。

Java 中提供了多种多样的运算符：算术运算符、赋值运算符、扩展赋值运算符、关系运算符、逻辑运算符、条件运算符和位运算符。通过运算符将不同的数据连接构成表达式，例如1 + 2 中，1 + 2 为表达式，+是运算符，1 和 2 为运算符连接的操作数。本章主要对不同种类的运算符进行一一讲解。

3.1 算术运算符

算术运算符连接的操作数必须是数值型，以数值（字面量或变量）作为其操作数进行运算，这是最简单也最常用的符号。算术运算符的用法如表 3-1 所示。

表 3-1 算术运算符

运 算 符	描 述	示 例	结 果
+	加法运算	1 + 2	3
+	表示正数	+3	3
−	减法运算	1−2	−1
−	表示负数	−3	−3
*	乘法运算	3 * 3	9
/	除法运算	6 / 2	3
%	取模/求余运算	10 % 3	1
++	自增运算	x = 1；++x 或 x++；	x = 2
−−	自减运算	x = 1；−−x 或 x−−；	x = 0

加减乘除操作是最简单的四则运算，下面针对几个特殊算术运算符进行详细讲解。

（1）除法运算/：如果操作数中有浮点数，那么结果一定为浮点类型，例如 10 / 2.5 = 4.0。如果两个操作数都是整数，那么结果一定为整数类型，例如 10 / 3 = 3。

（2）取模/求余运算%：用来求余数，如果操作数中有浮点数，那么结果一定为浮点类型，例如 10% 3.0 = 1.0。如果两个操作数都是整数，那么结果一定为整数类型，例如 10 % 3 = 1。

（3）自增操作++：单纯的自增操作，其实就是加1 操作。无论x++或++x，对于x 来说都是加1 操作。但是如果将自增操作放入表达式中，那么自增在前或在后就有了不同的影响。例如 x = 1；y = ++x + 4；其中自增操作在前，并参与到运算中，遵循“先加1，后运算”的原则，先加1，x 变为2，然后参与到运算中 y = 2 + 4，y 变为6。例如 x = 1；y = x++ + 4；其中自增操作在后，并参与到运算中，遵循“先运算，后加1”的原则，先运算 y = 1 + 4，y 变为5，x 再加1，x 变为2。自减操作可类推。

3.2　赋值运算符和扩展赋值运算符

基本的赋值运算符是“=”。它的优先级低于其他的运算符，所以对该运算符往往最后读取。“=”的作用就是将等号右侧的值赋给等号左侧的变量，等号右侧可以是一个变量、常量、表达式或方法返回值等。具体用法如表 3-2 所示。

表 3-2　赋值运算符

运 算 符	描　　述	示　　例	结　　果
=	赋值运算	x = 3	x 的值为 3

在基本赋值运算符“=”的基础上，又扩展了一些运算符，叫扩展赋值运算符。具体用法如表 3-3 所示。

表 3-3　扩展赋值运算符

运 算 符	描　　述	示　　例	等价表达	结　　果
+=	加等运算	x = 4；x += 2；	x = 4；x = x + 2；	x = 6；
− =	减等运算	x = 4；x −= 2；	x = 4；x = x − 2；	x = 2；
*=	乘等运算	x = 4；x *= 2；	x = 4；x = x * 2；	x = 8；
/=	除等运算	x = 4；x /= 2；	x = 4；x = x / 2；	x = 2；

3.3　关系运算符

关系运算符主要用于比较两个数的大小，表达式的结果返回布尔值，其结果要么是true，要么是false。具体用法如表 3-4 所示。

表 3-4　关系运算符

运 算 符	描　　述	示　　例	结　　果
==	判断左方是否等于右方	6 == 9	false
!=	判断左方是否不等于右方	6 != 9	true
>	判断左方是否大于右方	6 > 9	false

续表

运 算 符	描　　述	示　　例	结　　果
<	判断左方是否小于右方	6 < 9	true
>=	判断左方是否大于等于右方	6 >= 9	false
<=	判断左方是否小于等于右方	6 <= 9	true

3.4 逻辑运算符

逻辑运算符主要用于逻辑问题的处理，运算结果为布尔类型，它可以把语句连接成逻辑更复杂的语句。例如，有两个逻辑命题，分别是“小明去长城”和“小红去长城”，可以将它们组成复杂命题“小明去长城并且小红去长城”“小明去长城或者小红去长城”“小红不去长城并且小明去长城”等。常用的逻辑运算符有与运算、或运算、非运算和异或运算。具体用法如表3-5所示。

表 3-5　逻辑运算符

运 算 符	用　　法	描　　述	说　　明
&	a&b	逻辑与操作	a、b 都为 true，结果为 true；a、b 有一个为 false，结果为 false
&&	a&&b	短路与操作	a、b 都为 true，结果为 true；a 为 false，则不计算 b，结果为 false
|	a|b	逻辑或操作	a、b 都为 false，结果为 false；a、b 中一个为 true，结果为 true
||	a||b	短路或操作	a、b 都为 false，结果为 false；第一个条件为 true，则不计算 b，结果为 true
!	!a	非	a 为 true，结果为 false；a 为 false，结果为 true
^	a^b	异或	a、b 相同，结果为 false；a、b 不同，结果为 true

“&”与“&&”都是逻辑与运算符，二者有什么区别呢？从表 3-5 可以看出，当前后两个条件都为 true 时，“&”和“&&”的结果才是 true。运算符“&”会对前后两个条件都进行判断，即便第一个条件是 false，运算符“&”也会判断第二个条件。而对于运算符“&&”，当第一个条件是 false 时，运算符“&&”就不会判断第二个条件了，而是直接输出 false，从而节省了计算资源。从示例 3-1 可以看出，当使用短路与运算符时，如果第一个表达式为 false，程序没有判断第二个表达式，所以打印结果是 8。

【示例3-1】逻辑与运算符“&”和短路与运算符“&&”的区别。

```
public class TestOperator01 {
  public static void main(String[ ] args) {
    // 初始化i 的值
    int i = 8;
    /*
      逻辑与 & 左右的表达式，都要进行运算；
      5 > 7 结果为false；
      i++ == 2 中先计算i == 2,返回false,然后i 进行加 1 操作，i 变为9
    */
    System.out.println((5 > 7)&(i++ == 2));       // false & false = false
    System.out.println(i);          // 9
```

```
      // 将i 的值重新置为8
      i = 8;
      /*
         短路与 && ，只要第一个表达式为false，那么第二个表达式不用计算，结果直接为false
      */
      System.out.println((5 > 7)&&(i++ == 2));// 结果为false，i++ == 2 没有计算
      System.out.println(i);// 8
   }
}
```

和逻辑与运算符类似，逻辑或运算符也有非短路运算符“|”和短路运算符“||”两种。运算符“|”需要判断前后两个表达式，如果有一个条件为 true，则最终结果为 true。对于短路或运算符“||”，如果第一个表达式为 true，就不再判断第二个表达式了，直接输出 true。从示例 3-2 可以看出，当使用短路或运算符时，如果第一个表达式为 true，程序没有判断第二个表达式，所以打印结果是 8。

【示例3-2】逻辑或运算符“|”和短路或运算符“||”的区别。

```
public class TestOperator02 {
   public static void main(String[ ] args) {
      // 初始化i 的值
      int i = 8;
      /*
         逻辑或 | 左右的表达式，都要进行运算；
         5 < 7 结果为true；
         i++ == 2 中先计算i == 2,返回false,然后i 进行加1 操作，i 变为9
      */
      System.out.println((5 < 7)|(i++ == 2));          // true & false = false
      System.out.println(i);                           // 9
      // 将i 的值重新置为8
      i = 8;
      /*
         短路或 || ，只要第一个表达式为true，那么第二个表达式不用计算，结果直接为true
      */
      System.out.println((5 < 7)||(i++ == 2));         // 结果为true，i++ == 2 没有计算
      System.out.println(i);// 8
   }
}
```

3.5　条件运算符

条件运算符又称三目运算符或三元运算符，符号格式为“- - ? :”，其语法格式为 a?b:c。其规则是：a 是一个常量/变量/表达式或方法返回值，a 的值为布尔类型，要么是true，要么是false，如果a 的值为true，那么最终表达式结果为b；如果a 的值为false，那么最终表达式结果为c。

【示例3-3】条件运算符的使用。

```
public class TestOperator03 {
   public static void main(String[ ] args) {
      // 定义年龄
```

```
        int age = 19;
        String str = age >= 18?"成年人":"未成年";     // age >= 18 为true，那么str 为"成年人"
        System.out.println(str);        // 成年人
        int a = 10;
        int b = 20;
        int c = a >= b?a:b;             // a >= b 即10 >= 20 为false，那么c 的值为b，即为20
        System.out.println(c);          // 20
    }
}
```

3.6 位运算符

位运算符连接的操作数为具体的数值，其功能是将参与运算的操作数转换为二进制数进行位运算。具体用法如表3-6 所示。

表 3-6 位运算符的使用

运 算 符	描 述	说 明	运算过程演示
&	按位与运算	其功能是将参与运算的两数各对应的二进制位相与，只有对应的两个二进制位均为 1 时，结果位才为 1，否则为 0	例如：9 & 5 = 1 00001001（二进制 9） & 00000101（二进制 5） 结果：00000001（二进制 1）
|	按位或运算	其功能是将参与运算的两数各对应的二进制位相或。只要对应的两个二进制位有一个为 1 时，结果位就为 1	例如：9 | 5 = 13 00001001（二进制 9） | 00000101（二进制 5） 结果：00001101（二进制 13）
^	按位异或运算	其功能是将参与运算的两数各对应的二进制位相异或，当两个对应的二进制位相异时，结果为 1	例如：9 ^ 5 = 12 00001001（二进制 9） ^ 00000101（二进制 5） 结果：00001100（二进制 12）
～	求反运算	其功能是对参与运算的数的各二进制位按位求反	例如：1001 ～(1001) 结果：0110
<<	左移运算	其功能把左边的运算数的各二进制位全部左移若干位，由右边的数指定移动的位数，高位丢弃，低位补 0	例如：3 << 4 = 48 00000011（二进制 3）<< 4 结果：00110000（二进制 48）

续表

运算符	描　述	说　明	运算过程演示
>>	右移运算	其功能是把左边的运算数的各二进制位全部右移若干位，由右边的数指定移动的位数，用符号位补位	例如：15 >> 2 = 3 00001111（二进制 15）>> 2 结果：00000011（二进制 3）
>>>	无符号右移运算	其功能是把左边的运算数的各二进制位全部右移若干位，由右边的数指定移动的位数，低位补 0	例如：15 >>> 2 = 3 00001111（二进制 15）>>> 2 结果：00000011（二进制 4）

程序开发中位运算符使用较少，作为了解即可。

3.7　运算符的优先级别

程序中经常使用一些复杂的表达式，复杂表达式中往往掺杂使用了多种运算符，这些运算符参与运算的先后顺序也不同，如表 3-7 所示。

表 3-7　运算符的优先级别

优先级	运算符	描　述	结合性
1	()	括号运算符	由左至右
2	!、+（正号）、-（负号）	一元运算符	由左至右
2	～	位逻辑运算符	由右至左
2	++、--	递增与递减运算符	由右至左
3	*、/、%	算术运算符	由左至右
4	+、-	算术运算符	由左至右
5	<<、>>	位左移、右移运算符	由左至右
6	>、>=、<、<=	关系运算符	由左至右
7	==、!=	关系运算符	由左至右
8	&	位运算符、逻辑运算符	由左至右
9	^	位运算符、逻辑运算符	由左至右
10	|	位运算符、逻辑运算符	由左至右
11	&&	逻辑与运算符	由左至右
12	||	逻辑或运算符	由左至右
13	?:	条件运算符	由右至左
14	=、+=、-=、*=、/=、%=	赋值运算符、扩展运算符	由右至左

【示例 3-4】运算符优先级别。

```
  5<6 | 'A'>'a' && 12* 6<= 45 + 23 && !true          // 优先计算!true
= 5<6 | 'A'>'a' && 12*6 <= 45+23 && false            // 优先计算*、+
= 5<6 | 'A'>'a' && 72 <= 68 &&false                  // 优先计算<、>、<=
= true | false && false && false                     // 优先计算 |
= true && false && false                             // 都是&&运算，由左到右计算即可
= false && false                                     // &&运算
= false                                              // 得到最终结果
```

表 3-7 中的优先级不用一一记忆，一般在实际开发中很难用到像示例 3-4 一样复杂的表达式，如果真的遇到了，用括号“()”来实现优先运算即可，遵照了数学中的“有括号先算括号里的”原则，简单方便。

本章小结

本章讲解了多种运算符的使用，都比较简单，练习一下即可。运算符是构成业务逻辑的基础。运算符的优先级别了解即可，无须死记硬背。

练习题

一、填空题

1. ____________是短路与运算符，如果左侧表达式的计算结果是 false，右侧表达式将不再进行计算。

2. 下面的语句是声明一个变量并赋值：boolean b1=5!=8；b1 的值是____________。

3. 使用位运算符实现运算效率最高，所以最有效率的方法算出 2 乘 8 等于多少的语句是____________。

4. 优先级别最低的运算符是____________。

5. 加号的作用有____________。

二、选择题（单选/多选）

1.下面 Java 代码的运行结果是（　　）。

```
public class Test {
   public static void main(String args[ ]) {
      System.out.println(100 % 3);
      System.out.println(100%3.0);
   }
}
```

A. 1 1.0　　　　B. 1 1　　　　C. 1.0 1.0　　　　D. 33 33.3

2. 在 Java 中，下面（　　）语句能正确通过编译。

A. System.out.println(1+1);

B. char i =2+'2';System.out.println(i);

C. String s="on"+'one';

D. int b=255.0;

3. 以下关于 Java 程序中错误行的说明正确的是（　　）。

```
public class Test2 {
   public static void main(String[ ] args) {
      short s1=1;        // 1
      s1=s1+1;           // 2
      s1+=1;             // 3
      System.out.println(s1);
   }
}
```

A. 1 行错误　　　　B. 2 行错误

C. 3 行错误　　　　D. 1 行、2 行、3 行都错误

三、实操题

某公司采用公用电话传递数据，数据是四位的整数，在传递过程中是加密的，加密规则如下：每位数字都加上5，然后用和除以10 的余数代替该数字，再将第一位和第四位交换，第二位和第三位交换。例如，加密前数据为1357，加密后数据变为2086。

第 4 章

流程控制

本章学习目标

- 掌握 if 分支结构。
- 掌握 switch 分支结构。
- 掌握 for、while、do…while 循环。
- 掌握 break、continue 循环控制关键字。

流程控制语句用来控制程序中各语句的执行顺序，分为三类：顺序结构、分支结构和循环结构。注意，三种流程控制语句组合使用，可以表示所有的逻辑。任何一种高级语言都具备这些控制语句。

顺序结构代表“先执行 a，再执行 b”的逻辑，例如，先上 Java 课，再做对应的练习。分支结构代表“如果……，就……”的逻辑，例如，如果驾照考取成功，就可以开车。循环结构代表“如果……，则再继续……”的逻辑，例如，如果高等数学考试挂科，则再补考一次，如果又挂科，则再继续补考。

在前三章的讲解中，程序都是顺序结构的，按照书写顺序执行每一条语句，因此本章的重点就是分支结构和循环结构。

4.1 分支结构

分支结构又称选择结构或条件分支结构。分支结构分为 if 分支和 switch 分支，本节对两种分支结构一一讲解。

4.1.1 if 分支

if 分支分为单分支结构、双分支结构和多分支结构。

1. if 单分支结构

单分支结构是根据条件判断做出后续处理的一种语法结构，if 单分支结构的程序执行流程图如图 4-1 所示。

语法结构如下。

```
If(布尔表达式){
      语句块
  }
```

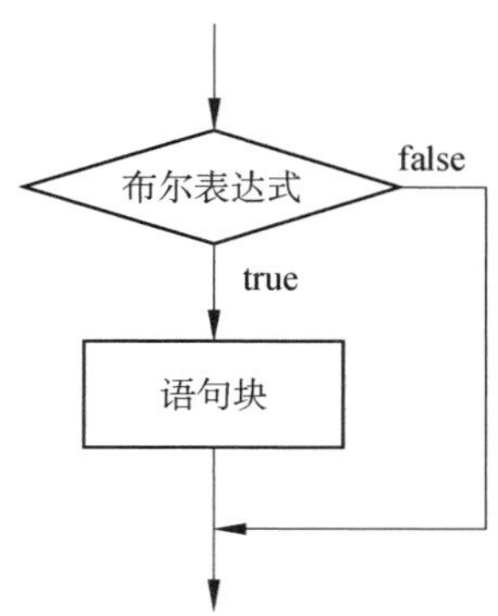

图 4-1　if 单分支结构程序执行流程图

关键字 if 后面的小括号“( )”中是一个条件表达式，这个表达式的返回结果是布尔值，要么是 true、要么是 false。如果条件表达式的结果为 true，就执行后面花括号“{}”中的逻辑代码，如果条件表达式的结果为 false，则不执行花括号“{}”中的逻辑代码，跳过继续执行后面语句。

【示例 4-1】小朋友的年龄为 3～6 岁，可以申请幼儿园入学。录入小朋友的年龄，判断是否可以入园。

```
import java.util.Scanner;

public class TestIf01 {
  public static void main(String[ ] args) {
    // 借助 Scanner 扫描器录入小朋友的年龄
    Scanner sc = new Scanner(System.in);
    // 给出友好性提示
    System.out.println("请录入小朋友的年龄：");
    // 接收键盘录入的整数
    int age = sc.nextInt();
    // 根据录入的年龄判断小朋友是否可以入学
    if (age >= 3 && age <= 6){
      System.out.println("可以申请入园学习");
    }
  }
}
```

示例 4-1 中，首先录入小朋友的年龄，然后判断年龄是否满足 age >= 3 && age <= 6（3～6 岁才符合），如果满足条件，就执行花括号中代码，在控制台输出“可以申请入园学习”；如果不满足条件，则不输出结果。示例 4-1 的运行结果如图 4-2 和图 4-3 所示。

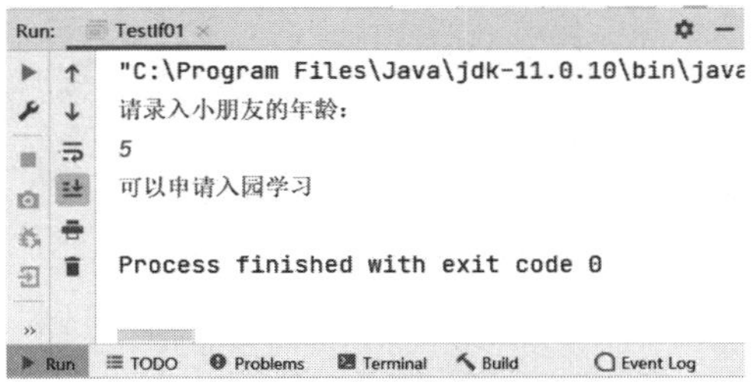

图 4-2　满足条件的执行结果

图 4-3　不满足条件的执行结果

2. if 双分支结构

双分支结构表示了一种非 A 即 B、二选一的情况，if 双分支结构的程序执行流程图如图 4-4 所示。

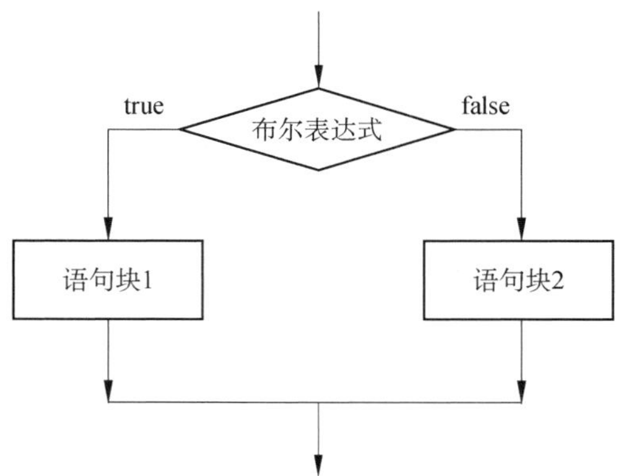

图 4-4　if 双分支结构程序执行流程图

语法结构如下。

```
if(布尔表达式){
    语句块 1
}else{
    语句块 2
}
```

关键字 if 后面的小括号“()”中是一个条件表达式，这个表达式的返回结果是布尔值 true 或 false。如果条件表达式的结果为 true，就执行后面花括号“{}”中的语句块 1，如果条件表达式的结果为 false，就执行 else 后面花括号“{}”中的语句块 2，程序一定是“二选一”执行。

【示例 4-2】根据年龄判断学生是否成年，大于或等于 18 岁，是成年人，小于 18 岁，是未成年人。

```
import java.util.Scanner;

public class TestIf02 {
  public static void main(String[ ] args) {
    // 借助 Scanner 扫描器录入学生的年龄
    Scanner sc = new Scanner(System.in);
    // 给出友好性提示
    System.out.println("请录入学生的年龄：");
    // 接收键盘录入的整数
    int age = sc.nextInt();
    // 根据录入的年龄判断学生是否成年
```

```
        if (age >= 18){
            System.out.println("该学生是成年人");
        }else {
            System.out.println("该学生是未成年人");
        }
    }
}
```

示例4-2 中，首先录入学生的年龄，然后判断年龄是否大于或等于18 岁，即 age >= 18，如果布尔表达式返回结果为true，就执行花括号中代码，在控制台输出“该学生是成年人”；如果布尔表达式返回结果为false，就执行else 后面花括号中代码，在控制台输出“该学生是未成年人”。示例4-2 的运行结果如图4-5 和图4-6 所示。

图 4-5　执行 if 后面的代码块

图4-6　执行else 后面的代码块

3. if 多分支结构

if多分支结构主要用于依据多种不同情况分别进行处理的场合，if 多分支结构的程序执行流程图如图4-7 所示。

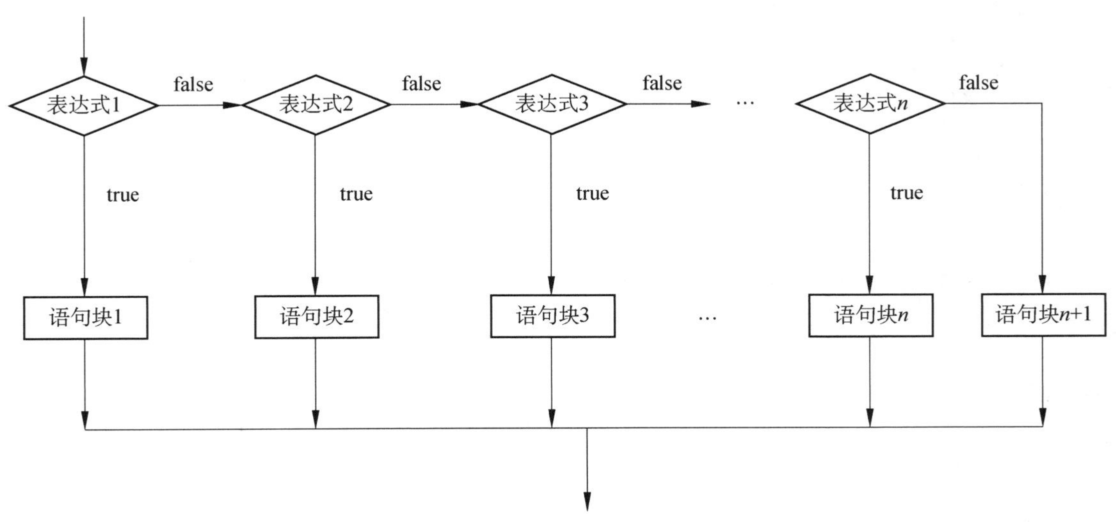

图 4-7　if 多分支结构程序执行流程图

语法结构如下。

```
if(布尔表达式 1) {
  语句块 1;
} else if(布尔表达式 2) {
  语句块 2;
}……
else if(布尔表达式 n){
  语句块 n;
} else {
  语句块 n+1;
}
```

当布尔表达式 1 为 true 时，执行语句块 1；否则判断布尔表达式 2，当布尔表达式 2 为 true 时，执行语句块 2；否则继续判断布尔表达式 3，以此类推。如果 1～n 个布尔表达式均判断为 false，则执行语句块 n+1，也就是 else 的部分。

【示例 4-3】根据学生成绩判断成绩的等级。一共 4 个等级：不及格、及格、良好和优秀。

```
import java.util.Scanner;

public class TestIf03 {
  public static void main(String[ ] args) {
    // 借助 Scanner 扫描器录入学生的年龄
    Scanner sc = new Scanner(System.in);
    // 给出友好性提示
    System.out.println("请录入学生的成绩：");
    // 接收键盘录入的整数
    int score = sc.nextInt();
    // 初始化学生等级
    String grade = "";
    // 根据录入的学生成绩判断成绩等级
    if(score < 60) {              // 如果成绩<60 分，走这个分支
      grade = "不及格";
    }else if(score <= 75) {       // 如果成绩>=60 分并且<=75 分，走这个分支
      grade = "及格";
    }else if(score <= 90) {       // 如果成绩>75 分并且<=90 分，走这个分支
      grade = "良好";
    }else {                       // 上述条件都不满足，走这个分支
      grade = "优秀";
    }
    // 打印学生等级
    System.out.println("学生成绩等级为：" + grade);
  }
}
```

示例 4-3 中，首先录入学生的成绩并判断是否小于 60 分：score < 60，如果判断结果为 true，则执行花括号中内容，grade 赋值为“不及格”；如果判断结果为 false，那么跳过第一个分支，开始判断第二个分支后的表达式是否为 true，以此类推。如果前三个布尔表达式均判断为 false，则执行 else 部分，grade 赋值为“优秀”。示例 4-3 的运行结果如图 4-8 所示。

图 4-8　示例4-3 运行结果

4.1.2　switch 分支

if 分支中的if 多分支结构通常用于解决的是连续的区间段问题。有很多等值判断问题则可以使用另外一种多分支结构，即switch 分支。switch 多分支结构的程序执行流程图如图4-9 所示。

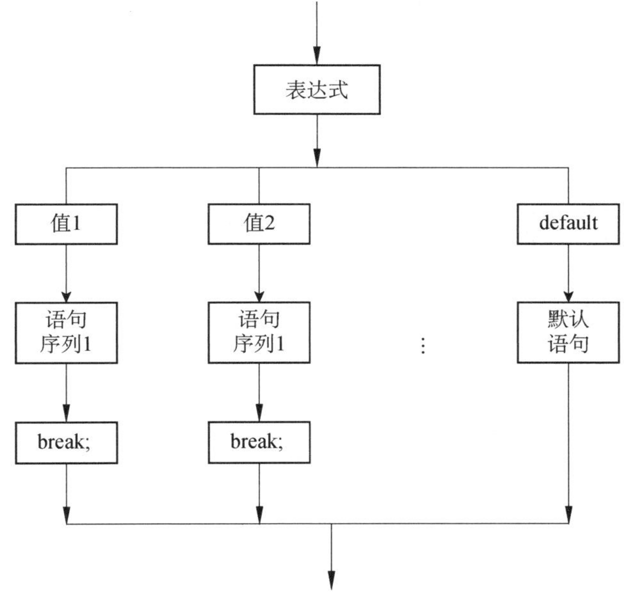

图 4-9　switch 分支结构程序执行流程图

语法结构如下。

```
switch (表达式) {
  case 值1:
        语句序列1;
        [break];
  case 值2:
        语句序列2;
        [break];
    … … …         … …
  [default:
        默认语句;]
}
```

switch 后面是一个表达式，这个表达式的返回的结果是一个等值，这个等值的类型可以为 int、byte、short、char、String、枚举类型其中任意一种类型。表达式的值会依次跟case 后面的值进行比对，从相匹配的case 标签处开始执行，一直执行到break 语句处或switch 语句的末尾。如果表达式的值与任一case 值都不匹配，则进入default 语句（如果存在default 语句的情况）。

4.2　项目驱动——小鲨鱼收支记账软件

【项目目标】

通过项目驱动案例体验switch 分支的使用，并综合运用前 4 章的知识点。

【项目任务】

小鲨鱼收支记账软件是一款利用流程控制编写的记账软件，本项目实现该软件的收支明细、登记收入、登记支出功能。

【项目技能】

通过这个项目，掌握以下知识点。

- 编写 Java 的类。
- 实现打印功能。
- 使用屏幕输入变量。
- 使用 Java 进行运算。
- switch 条件分支。
- while 循环。

【项目步骤】

第一步，编写功能菜单。
第二步，加入循环执行的菜单。
第三步，完成菜单功能。

【项目过程】

接下来以示例形式完成小鲨鱼收支记账软件菜单的编写。

【示例4-4】记账软件菜单编写。

```
import java.util.Scanner;

public class TestAccount {
   public static void main(String[ ] args) {
      // 打印菜单
      System.out.println("----------欢迎使用小鲨鱼收支记账软件------------");
      System.out.println("1.收支明细");
      System.out.println("2.登记收入");
```

```
        System.out.println("3.登记支出");
        System.out.println("4.退　　出");
        // 键盘录入要执行的功能序号
        Scanner sc = new Scanner(System.in);
        System.out.println("请输入你执行的功能的序号：");
        int choice = sc.nextInt();
        // 根据录入的功能序号执行后续功能
        switch (choice){
          case 1:
            System.out.println("小鲨鱼收支记账软件》》收支明细");    // 先随意打印一句话代替功能1
            break;
          case 2:
            System.out.println("小鲨鱼收支记账软件》》登记收入");    // 先随意打印一句话代替功能2
            break;
          case 3:
            System.out.println("小鲨鱼收支记账软件》》登记支出");    // 先随意打印一句话代替功能3
            break;
          case 4:
            System.out.println("小鲨鱼收支记账软件》》退　　出");    // 先随意打印一句话代替功能4
            break;
        }
    }
}
```

示例4-4 的运行结果如图4-10 所示。

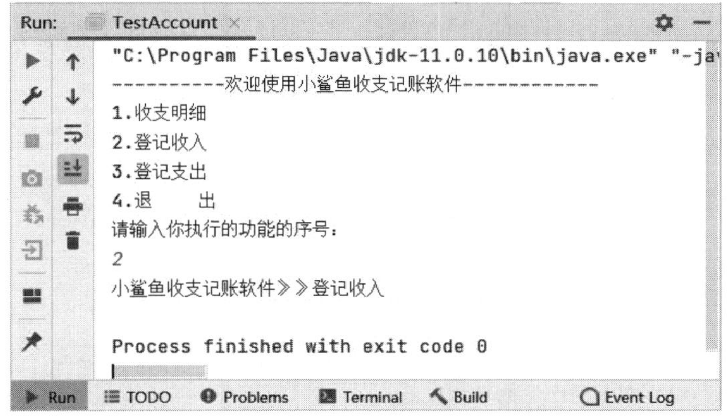

图4-10　示例4-4 运行结果

提示：

switch 分支中的 break 关键字的作用是结束当前 case 分支，防止代码的“穿透”。

4.3　循环结构

如果程序中需要反复执行某个操作，那么一定会用到循环结构，它可以将一段代码反复执行。Java 中循环结构分为三种：while 循环、for 循环、do...while 循环。本节对循环结构一一讲解。

4.3.1 while 循环

下面通过一个案例一步一步地认识循环结构。先用最笨拙的方式，实现一个功能：求1+2+3的和。

【示例4-5】求1+2+3的和。

```
public class TestWhile01 {
  public static void main(String[ ] args) {
    // 实现一个功能 ：1 + 2 + 3
    // 定义变量
    int num = 1;
    int num1 = 2;
    int num2 = 3;
    // 定义变量sum 并初始化，sum 用来接收和
    int sum = 0;
    // 求和:（每个数都累加在sum 中）
    sum += num;
    sum += num1;
    sum += num2;
    // 输出结果
    System.out.println(sum);
  }
}
```

在示例4-5 中，程序的缺点是什么呢？变量定义的个数太多了，1～3 的求和定义了 3 个变量，那么1～100 的求和岂不是要定义100 个变量？要减少变量的定义个数，因此需要优化代码。

【示例4-6】优化示例4-5。

```
public class TestWhile02 {
  public static void main(String[ ] args) {
    // 实现一个功能:1 + 2 + 3
    // 定义变量:变量定义个数变为1 个
    int num = 1;
    // 定义变量sum 并初始化，sum 用来接收和
    int sum = 0;
    // 求和:（每个数都累加在sum 中）
    sum += num;     // 此时num 为1
    num++;          // num 加1 操作变为2
    sum += num;     // 此时num 为2
    num++;          // num 加1 操作变为3
    sum += num;     // 此时num 为3
    num++;          // num 加1 操作变为4
    // 输出结果
    System.out.println(sum);
  }
}
```

示例4-6 中，变量的个数明显变少了，但是发现重复的代码太多了，反复执行某些代码，此时就想到用循环来解决问题。while 循环的语法结构如下。

```
while (布尔表达式) {
    循环体;
}
```

while 循环结构程序运行流程图如图4-11 所示。

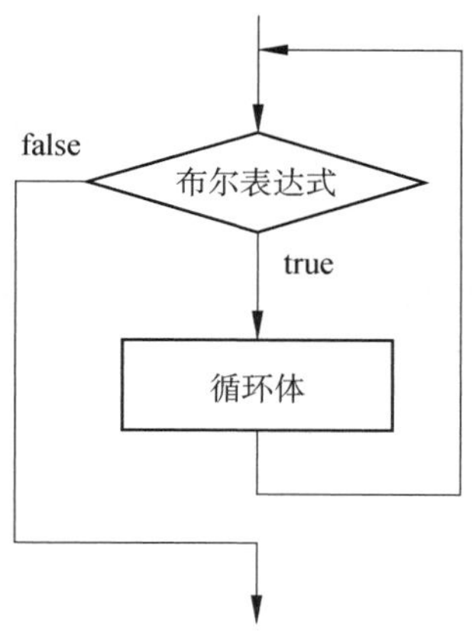

图 4-11　while 循环结构程序运行流程图

在循环刚开始时，计算一次布尔表达式的值，若条件为true，执行循环体。后续每次循环，都会在循环开始前重新计算一次布尔表达式的值看是否为true。语句中应有使循环趋向于结束的语句，否则会出现无限循环，即死循环。

按照上面while 循环的原理，利用while 循环将示例4-6 进一步优化为示例4-7。

【示例4-7】优化示例4-6。

```
public class TestWhile03 {
  public static void main(String[ ] args) {
    // 实现一个功能:1+2+3
    // 定义变量:变量定义个数变为1 个
    int num = 1;             // 【1】条件初始化
    // 定义变量sum 并初始化，sum 用来接收和
    int sum = 0;
    // 求和:（每个数都累加在sum 中）
    while(num <= 3){         // 【2】条件判断
      sum += num;            // 【3】循环体
      num++;                 // 【4】迭代
    }
    // 输出结果
    System.out.println(sum);
  }
}
```

从示例 4-7 中可以明显地看到循环的 4 个组成部分：【1】条件初始化。【2】条件判断。【3】循环体。【4】迭代。示例4-7 中，首先对条件进行初始化，然后判断条件表达式num <= 3 是否满足，如果返回值为true，则执行{}中的循环体和迭代，执行完以后继续下一次循环，下一次循环开始前重新计算表达式num <= 3 是否满足，直到表达式的值返回 false，循环才停止。

如果要表示死循环，只需让条件表达式的返回结果一直为true 即可，这样就可以确保循环体一直执行，接下来可以继续下一步操作，即加入循环执行的菜单。

【示例4-8】小鲨鱼收支记账软件菜单循环打印效果。

```
import java.util.Scanner;

public class TestAccount2 {
  public static void main(String[ ] args) {
    while(true){// 加入死循环，让菜单反复打印
      // 打印菜单
      System.out.println("----------欢迎使用小鲨鱼收支记账软件------------");
      System.out.println("1.收支明细");
      System.out.println("2.登记收入");
      System.out.println("3.登记支出");
      System.out.println("4.退　　出");
      // 从键盘录入要执行的功能序号
      Scanner sc = new Scanner(System.in);
      System.out.println("请输入你执行的功能的序号：");
      int choice = sc.nextInt();
      // 根据录入的功能序号执行后续功能
      switch (choice){
        case 1:
          System.out.println("小鲨鱼收支记账软件》》收支明细"); // 先随意打印一句话代替功能1
          break;
        case 2:
          System.out.println("小鲨鱼收支记账软件》》登记收入"); // 先随意打印一句话代替功能2
          break;
        case 3:
          System.out.println("小鲨鱼收支记账软件》》登记支出"); // 先随意打印一句话代替功能3
          break;
        case 4:
          System.out.println("小鲨鱼收支记账软件》》退　　出"); // 先随意打印一句话代替功能4
          return;   // 关键词改为return,return 的作用就是将正在执行的方法结束，也就是main 方法
      }
    }
  }
}
```

示例4-8 的运行结果如图4-12 所示。

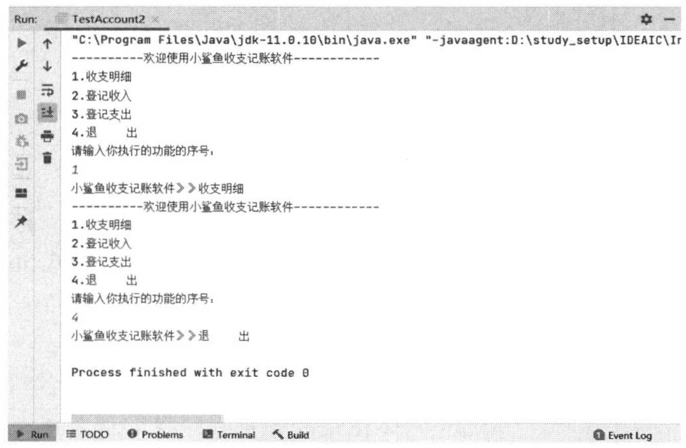

图4-12　示例4-8 运行结果

菜单完成以后就可以完善功能细节了，可以加入收支明细、登记收入和登记支出功能。

【示例 4-9】在小鲨鱼收支记账软件中加入收支明细、登记收入和登记支出功能。

```
import java.util.Scanner;

public class TestAccount3 {
  public static void main(String[ ] args) {
    // 收支详细记录
    String details = "";
    // 账户余额
    int balance = 0;
    while(true){// 加入死循环，让菜单反复打印
      // 打印菜单：
      System.out.println("----------欢迎使用小鲨鱼收支记账软件------------");
      System.out.println("1.收支明细");
      System.out.println("2.登记收入");
      System.out.println("3.登记支出");
      System.out.println("4.退      出");
      // 从键盘录入要执行的功能序号
      Scanner sc = new Scanner(System.in);
      System.out.println("请输入你执行的功能的序号：");
      int choice = sc.nextInt();
      // 选择的如果不是1、2、3、4 就重新录入
      while(choice !=1 && choice !=2 && choice != 3 && choice != 4){
        System.out.println("对不起，没有你要选择的功能，请重新选择");
        choice = sc.nextInt(); // choice 的结果赋值为新录入的数据
      }
      // 根据录入的功能序号执行后续功能
      switch (choice){
        case 1:
          System.out.println("小鲨鱼收支记账软件》》收支明细");
          System.out.println(details);
          break;
        case 2:
          System.out.println("小鲨鱼收支记账软件》》登记收入");
          // 登记收入金额和收入说明
          System.out.println("登记收入金额：");
          int income = sc.nextInt();
          System.out.println("登记收入说明");
          String incomeDetail = sc.next();
          balance = balance + income;
          details = details + "收入金额:"+income+",收入说明："+incomeDetail+",账户余额："+balance+"\n";
          break;
        case 3:
          System.out.println("小鲨鱼收支记账软件》》登记支出");
          // 登记支出金额和收入说明
          System.out.println("登记支出金额：");
          int expend = sc.nextInt();
          System.out.println("登记支出说明");
```

```
                String expendDetail = sc.next();
                balance = balance - expend;
                details = details + "支出金额:"+expend+",支出说明："+expendDetail+",账户余额："+balance+"\n";
                break;
            case 4:
                System.out.println("小鲨鱼收支记账软件》》退      出");
                // 询问是否真的要退出
                System.out.println("确定要退出吗？Y/N");
                String isExit = sc.next();
                switch (isExit){
                  case "Y" :
                    System.out.println("程序结束");
                    return;
                }
                return;// 关键词改为return，return的作用就是将正在执行的方法结束，也就是main方法
            }
        }
    }
}
```

其中登记收入和登记支出的效果如图4-13 所示。

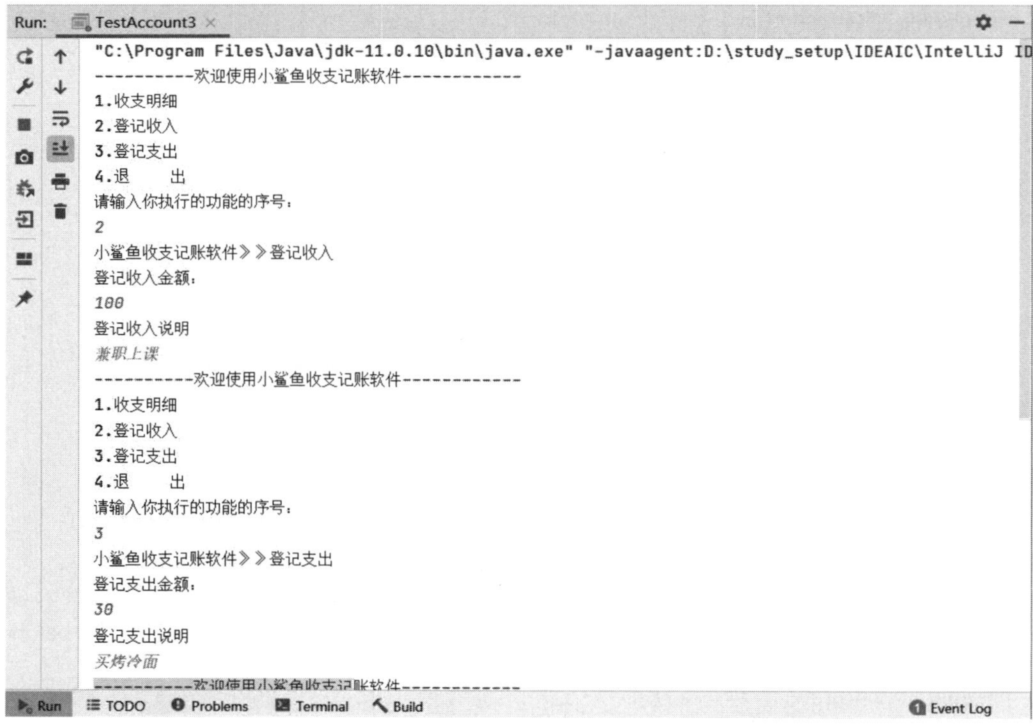

图 4-13　登记收入和登记支出效果

查看收支明细和退出功能效果如图4-14 所示。

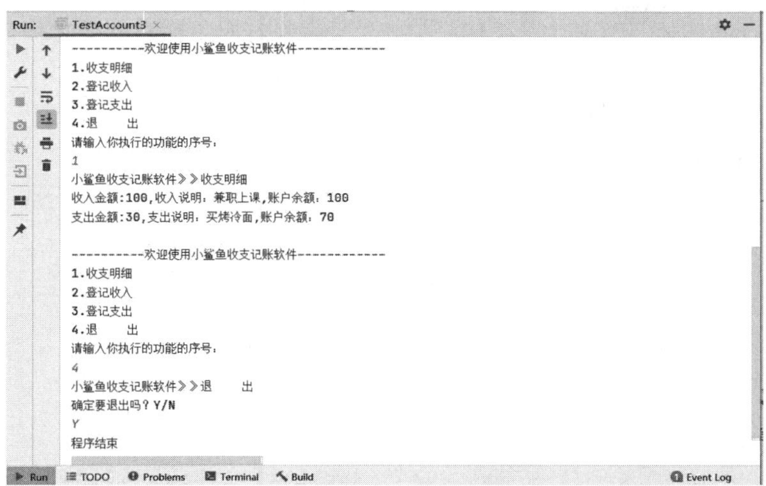

图 4-14　查看收支明细和退出功能效果

4.3.2　for 循环

for 循环其实就是 while 循环的变形，由于变形后代码结构简单，所以使用 for 循环的开发者也会多一些。for 循环的语法结构如下。

```
for (初始表达式; 布尔表达式; 迭代因子) {
    循环体;
}
```

for 循环结构将条件初始化、布尔表达式、迭代全部都放在小括号“( )”中，代码简洁，一般循环次数已经确定的情况下，使用 for 循环的场景居多。for 循环的程序执行流程如图4-15 所示。

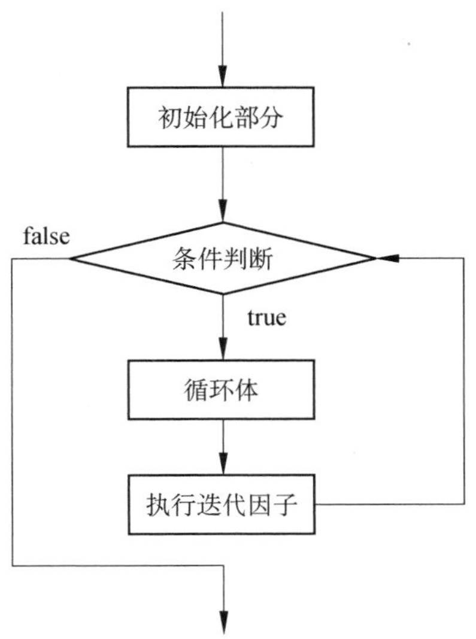

图 4-15　for 循环程序执行流程控制

for 循环在第一次执行之前要进行初始化，即执行初始表达式；随后对布尔表达式进行判断，若判

断结果为true，则执行循环体，否则终止循环；在每次反复执行时，都要进行某种形式的迭代，即执行迭代因子。其中初始化部分只执行一次。

【示例4-10】利用 for 循环替代while 循环，求1 + 2 + 3 之和。

```
public class TestFor01 {
  public static void main(String[ ] args) {
    // 定义 sum 变量来接收和
    int sum = 0;
    int num;
    for(num = 1;num <= 3;num++){         // 条件初始化；条件判断；迭代
      sum += num;
    }
    System.out.println(sum);
  }
}
```

在示例4-10 中，首先对num 进行初始化，然后判断是否num <=3，如果满足条件，则执行{}中的循环体，sum 变为1，循环体执行完成后再进行 num++迭代操作，num 变为1，此时第一次循环结束。准备开始第二次循环，循环之前要判断是否num<=3，如果满足条件，则执行{}中的循环体，sum 变为3，循环体执行完成后再进行num++迭代操作，num 变为2，此时第二次循环结束。准备开始第三次循环，循环之前要判断是否num<=3，如果满足条件，则执行{}中的循环体，sum 变为6，循环体执行完成后再进行num++迭代操作，num 变为3，此时第三次循环结束。准备开始第四次循环，循环之前要判断num<=3 是否满足，发现并不满足条件，循环停止。

4.3.3 do…while 循环

do…while 循环属于“直到型”循环，即先执行某语句，再判断布尔表达式，如果布尔表达式为true，再执行某语句，如此反复，直到布尔表达式条件为false 时才停止循环。do…while 语法结构如下。

```
do {
 循环体;
} while(布尔表达式) ;
```

do…while 循环结构会先执行循环体，然后再判断布尔表达式的值，若布尔表达式条件为 true，再次执行循环体，当条件为 false 时结束循环。do…while 循环的循环体至少执行一次，这是do…while 循环最明显的一个特点。do…while 循环程序执行流程图如图4-16 所示。

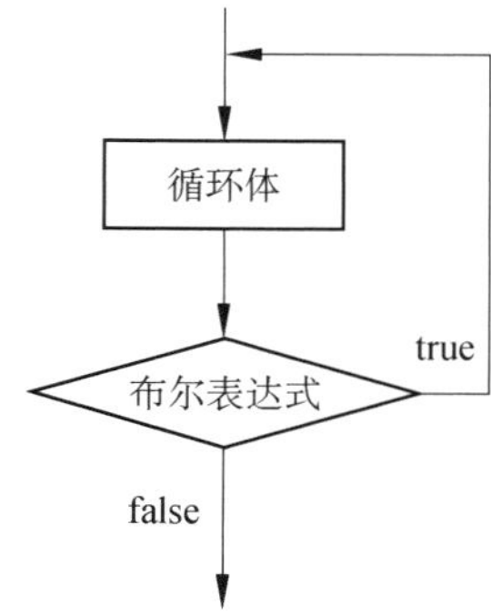

图4-16　do…while 循环程序执行流程图

【示例 4-11】从键盘录入 1～10 的整数，录入数字 4 程序中断。

```
import java.util.Scanner;

public class TestDoWhile {
  public static void main(String[ ] args) {
    // 初始化变量 inputNum
    int inputNum;
    do{
      // 从键盘录入一个整数
      System.out.println("请键盘录入一个整数：(1-10 之间的数字)");
      Scanner sc = new Scanner(System.in);
      inputNum = sc.nextInt();
    }while(inputNum != 4);// 只要录入的数字 inputNum 不是 4，程序继续，录入 4，程序停止
  }
}
```

示例 4-11 的运行结果如图 4-17 所示。

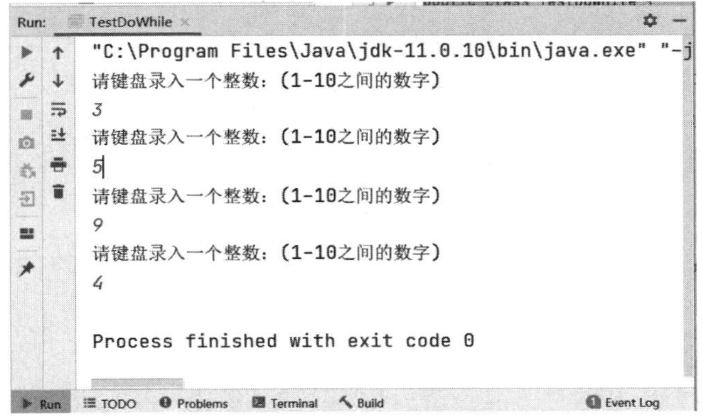

图 4-17　示例 4-11 运行结果

4.4　循环控制关键字

break 和 continue 关键字可以用来控制程序流程的跳转。

4.4.1　break

在 4.1.2 节学习了 switch 分支，为了防止代码的“穿透”，在每个 case 后面加入了 break 关键字，这是 break 关键字在分支结构中的用法。那么 break 除了用于分支结构中，还可以用于循环结构，作用为结束正在执行的循环。

【示例 4-12】演示 break 关键字的作用。

```
public class TestFor02 {
  public static void main(String[ ] args) {
    for (int i = 1; i <= 10 ; i++) {                    // 遍历 1～10 中数字
```

```
            if (i == 4) {                              // 当i为4的时候，停止程序
                System.out.println("循环即将停止");
                break;                                 // 遇到break关键字，循环停止
            }
            System.out.println(i);
        }
        System.out.println("循环停止后，循环后的代码继续执行");
    }
}
```

示例4-12 中，for 循环本意是遍历1～10 的数字，循环中加入判断，如果i 遍历的值为4，遇到break关键字循环停止，循环停止后循环下面的代码会继续执行，break 的作用只是停止循环，而不是停止整个程序，运行结果如图4-18 所示。

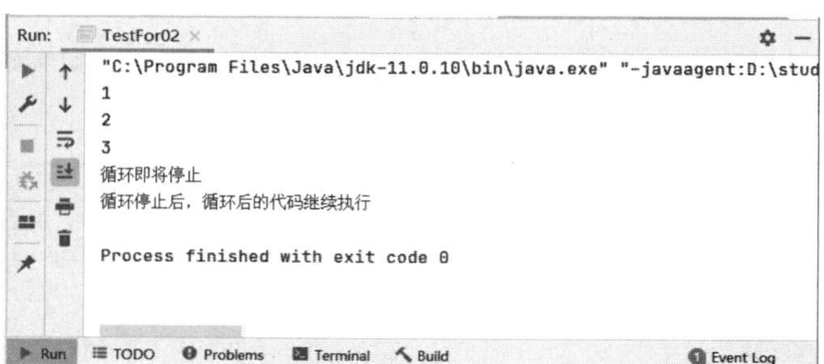

图4-18　示例4-12 运行结果

默认情况下，break 关键字控制的是当前所在的循环，如果出现多重循环，要用break 关键字跳出外层循环，就需要使用标签。

【示例4-13】循环中加入标签。

```
public class TestFor03 {
  public static void main(String[ ] args) {
    // 外层循环加入标签outer,标签名字可以自定义
    outer:
    for (int i = 1; i <= 5 ; i++) {
      for (int j = 6; j <= 10 ; j++) {
        if (i == 2 && j == 8){
          break outer;          // 跳出、结束外层循环
        }
        System.out.println(i + "," + j);
      }
    }
  }
}
```

示例4-13 中使用了循环的嵌套，多重循环中将外层循环加上了标签 outer，在满足条件 i == 2 && j == 8 时，break 会结束后面标签所指代的外层循环。

4.4.2　continue

continue 关键字只能用在循环控制中，作用是结束正在执行的本次循环，继续执行下一次循环。

【示例4-14】演示continue关键字的作用。

```
public class TestContinue {
  public static void main(String[ ] args) {
      for (int i = 1; i <= 10 ; i++) {        // 遍历1～10 数字
         if (i == 4) {                         // 当i 为4 时，结束本次循环，继续下一次循环
            System.out.println("结束本次循环，继续下一次循环");
            continue;                          // 遇到continue 关键字，结束本次循环继续下一次循环
         }
         System.out.println(i);
      }
      System.out.println("循环后的代码如常执行");
  }
}
```

示例4-14中，当条件i==4满足时，在控制台输出“结束本次循环，继续下一次循环”。遇到continue关键字结束本次循环继续下一次循环，后续代码如常执行。运行结果如图4-19所示。

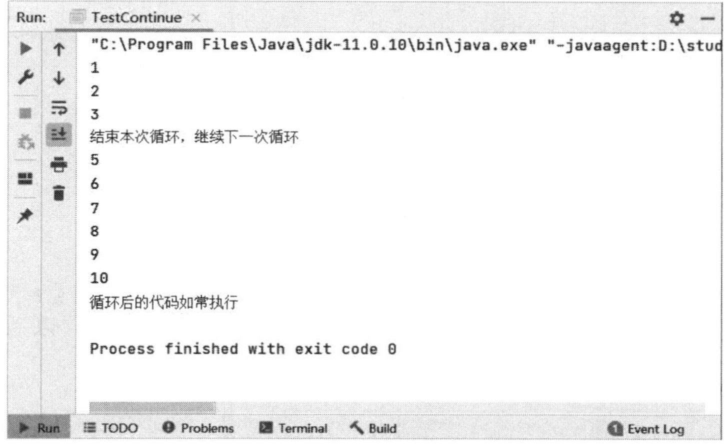

图4-19　示例4-14运行结果

continue关键字也可以结合标签使用，用于结束标签所在的循环，继续下一次循环。

【示例4-15】循环中加入标签。

```
public class TestContinue2 {
  public static void main(String[ ] args) {
    // 外层循环加入标签outer,标签名字可以自定义
    outer:
    for (int i = 1; i <= 5 ; i++) {
      for (int j = 6; j <= 10 ; j++) {
        if (i == 2 && j == 8){
          continue outer; // 结束外层循环,继续下一次外层循环
        }
        System.out.println(i + "," + j);
      }
    }
  }
}
```

示例4-15 中使用了循环的嵌套，在多重循环中将外层循环加上了标签 outer，在满足条件 i == 2 && j == 8 时，continue 结束正在执行的外层循环，继续下一次外层循环。运行结果如图4-20 所示。

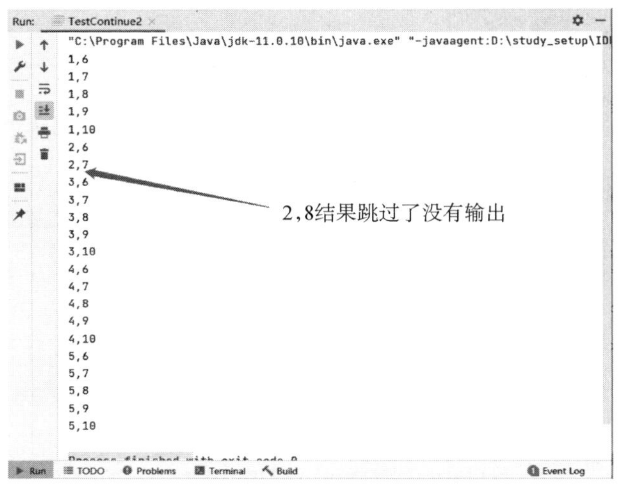

图4-20 示例4-15 运行结果

本章小结

本章流程控制需要掌握顺序结构、分支结构、循环结构，及相关关键字：break、continue。本章对初学者来说稍微有些难度，所以本章也是入门的敲门砖，本章内容掌握以后，才算是跨进了Java 的门槛。

练习题

一、填空题

1. Java 中有两种类型的选择结构的控制语句，分别是 if 语句和____________。

2. for 循环的语法格式是 for (表达式1;表达式2;表达式3) {循环体}，其中在整个循环过程中只执行一次的部分是____________。

3. 在循环结构中，如果想跳出循环体，结束整个循环结构可以使用____________语句。

4. ____________语句用在循环语句体中，用于终止某次循环过程，即跳过循环体中尚未执行的语句，接着进行下一次是否执行循环的判断。即只结束本次循环，而不是终止整个循环的执行。

5. switch 条件中支持 byte、short、char、int 或其对应的封装类，以及 Enum 类型和____________类型。

二、选择题（单选/多选）

1. 以下代码的执行结果是（　　）。

```
boolean m = false;
if(m = false){
	System.out.println("false");
}else{
	System.out.println("true");
}
```

A. false　　B. true　　C. 编译错误　　D. 无结果

2. 下列选项中关于变量x 的定义，（　　）可使以下switch 语句编译通过。

```
switch(x) {
  case 100 :
	System.out.println("One hundred");
	break;
  case 200 :
	System.out.println("Two hundred");
	break;
  case 300 :
	System.out.println( "Three hundred");
	break;
  default :
	System.out.println( "default");
}
```

A. double x = 100;　　B. char x = 100;

C. String x = "100";　　D. int x = 100;

3. 以下 Java 程序编译运行后的输出结果是（　　）。

```
public class Test {
public static void main(String[ ] args) {
		int i = 0, sum = 0;
		while (i <= 10) {
			sum += i;
				i++;
				if (i % 2 == 0)
					continue;
		}
		 System.out.println(sum);
	}
}
```

A. 0　　B. 55　　C. 50　　D. 36

三、实操题

1. 用while 和for 循环输出1～1000 能被5 整除的数，且每行输出3 个数。

2. 打印101～150 所有的质数。

第 5 章 方　　法

本章学习目标

- 掌握方法的定义、调用。
- 掌握方法的参数传递。
- 掌握方法的重载。
- 了解递归。

本章要学习一个非常重要的概念——方法，在其他编程语言中称为函数。在程序开发中，经常会反复使用某个功能，所以可以把这个功能涉及的代码片段进行提取，形成一个方法。其实方法本质上就是一段代码的组合，这段代码抽取为方法后，可以反复被使用，提高程序的可复用性。

5.1　方法的定义

方法的声明格式如下。

```
[修饰符 1   修饰符 2   ……]  返回值类型  方法名(形式参数列表){
        方法体;
        [return  返回值]
}
```

我们通过示例 5-1 来感受方法的提取。

【示例 5-1】求两个整数的和。

```
public class TestMethod1 {
  // 定义方法，求两个整数的和
  public static int add(int a,int b){
    // 定义 sum 用来接收和，并初始化为 0
    int sum = 0;
    // 在 sum 值基础上累加
    sum += a;
    sum += b;
    // 将 sum 结果作为方法的返回值
    return sum;
  }
}
```

在示例 5-1 的方法定义中，我们暂且不考虑修饰符public static，这个在后面会陆续讲到。除此之外，示例 5-1 的代码含义我们要一一解释清楚。

- 方法体部分，主要是方法的业务逻辑代码，即完成了两个数之和的运算操作。
- return 关键字后面加的是方法的返回值，调用 add 方法以后会返回两个数之和。
- 由于方法有返回值，那么方法声明处的返回值类型要对应，本示例中的返回值类型为 int。
- 方法名字为 add，见名知意，首字母小写，其余遵循驼峰命名规则。
- 方法要求实现两个数相加，所以形式参数（形参）定义两个，分别为 a 和 b，用来接收传入的实际参数（实参）。

需要注意的是，并不是每个方法都需要定义返回值，这个要看实际需求，如果不定义返回值，那么返回值类型定义为void 即可，如示例 5-2 所示。

【示例 5-2】方法未定义返回值。

```
public class TestMethod2 {
  // 定义方法，求两个整数的和
  public static void add(int a,int b){
    // 定义 sum 用来接收和，并初始化为 0
    int sum = 0;
    // 在 sum 值基础上累加
    sum += a;
    sum += b;
    // 输出和
    System.out.println(sum);
  }
}
```

5.2　方法的调用

方法定义好以后，如果没有被调用是没有任何意义的，这个被调用的过程叫方法的调用。方法被调用时才会被执行。方法的调用格式如下。

```
对象名.方法名(实参列表)
```

但是由于现在我们还没有学习“对象”，所以暂时本章中定义的方法前加入了一个修饰符static，这样就可以直接调用方法使用了，格式如下。

```
方法名(实参列表)
```

示例 5-3 演示了方法的调用。

【示例 5-3】方法的调用。

```
public class TestMethod3 {
  // main 方法，程序的入口
  public static void main(String[] args) {
```

```
        // 调用add 方法，实现10 和20 相加运算
        int sum = add(10,20);
        System.out.println("10 和20 相加结果为：" + sum);
        // 调用add 方法，实现30 和60 相加运算
        System.out.println("30 和60 相加结果为：" + add(30,60));
    }
    // 定义方法，求两个整数的和
    public static int add(int a,int b){
        // 定义sum 用来接收和，并初始化为0
        int sum = 0;
        // 在sum 值基础上累加
        sum += a;
        sum += b;
        // 将sum 结果作为方法的返回值
        return sum;
    }
}
```

其中add 方法后面的a、b 为形参，具体在调用add 方法的时候传入的10、20 或30、60 为实参。实参的传入要根据形参决定，个数、类型、顺序都要匹配。

运行结果如图5-1 所示。

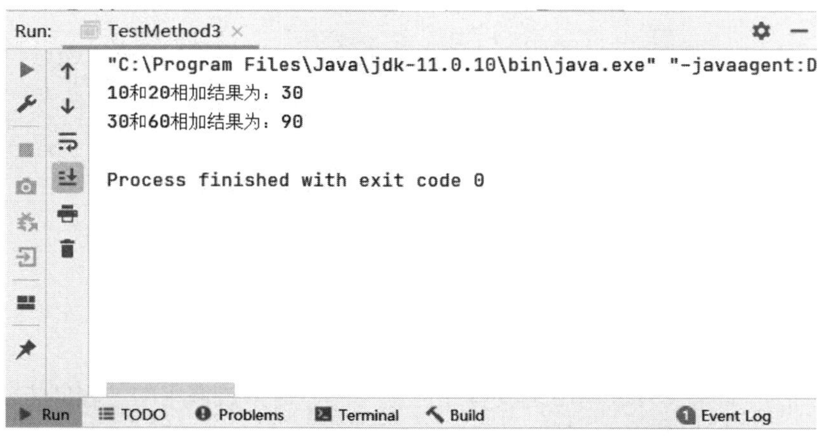

图 5-1　示例 5-3 运行结果

5.3　方法的定义、调用小结

在定义方法时，需要考虑如下两个因素。

- 考虑方法是否有返回值，返回值类型是什么。如果没有返回值，返回值为void。
- 根据需求，考虑方法是否需要形式参数，需要几个参数，类型是什么，顺序是什么。

在调用方法时，需要考虑如下两个因素。

- 调用方法时是否需要传入实际参数，参数个数、类型、顺序要与形参定义保持一致。
- 调用方法以后，方法是否有返回值需要接收。

考虑清楚以上要素，方法的定义和调用才不会出错。

5.4　方法的参数传递

无论是什么语言，要讨论参数传递方式，都需要从内存模型说起。基本类型作为参数传递时，传递的是这个值的“副本”。无论怎么改变这个“副本”，原值是不会改变的。示例 5-4 为一道经典案例，请思考 a 和 b 的值是否交换了。

【示例 5-4】判断两个数是否交换成功。

```
public class TestExchange {
  public static void main(String[ ] args){
    int a = 10;
    int b = 20;
    System.out.println("输出交换前的两个数：" + a + "---" + b);
    exchangeNum(a,b);
    System.out.println("输出交换后的两个数：" + a + "---" + b);
  }
  public static void exchangeNum(int num1,int num2){
    int t;
    t = num1;
    num1 = num2;
    num2 = t;
  }
}
```

如图 5-2 所示，从结果得出，两个数并没有交换成功。

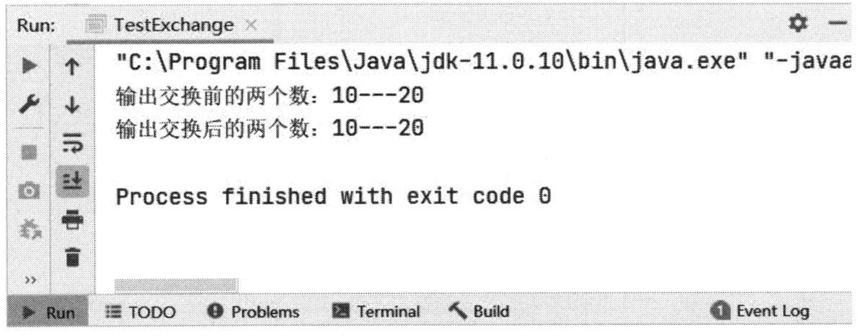

图 5-2　示例 5-4 运行结果

那么为什么没有交换成功呢？我们看一下在内存中从实参到形参的传递过程，如图 5-3 所示。

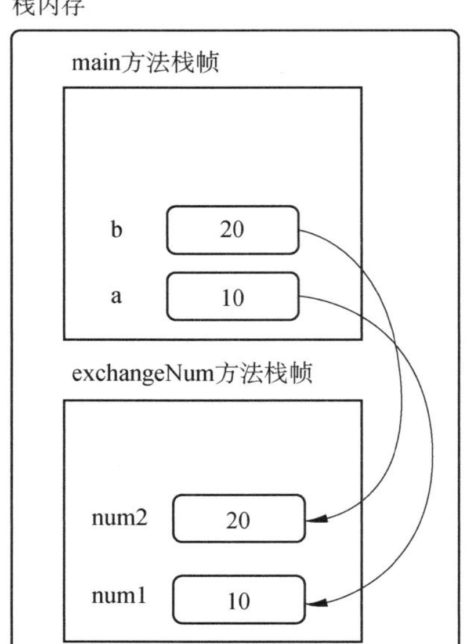

图 5-3　参数传递内存分析

在 exchangeNum 方法内部进行值的交换，但是其实交换的是 num1 和 num2 的值，内存分析图如图 5-4 所示。

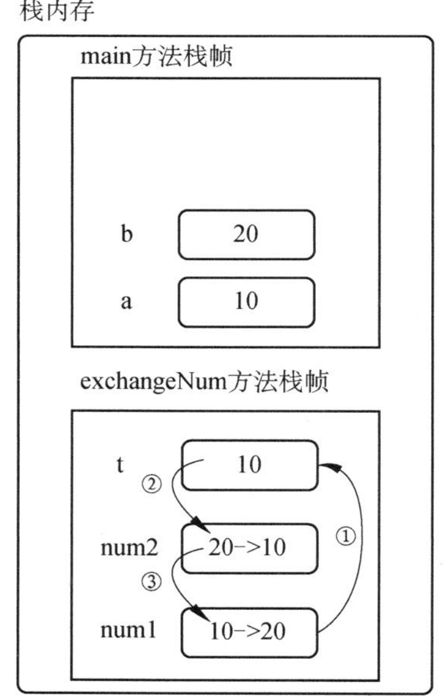

图 5-4　exchangeNum 方法中运行过程内存分析

通过内存可以清晰地了解到 a、b 没有交换成功的原因，同时也了解了方法中参数的传递过程。

5.5　方法的重载

方法重载是指在一个类中定义多个同名的方法，但要求每个方法具有不同的形参列表。之所以有这样的设定，是因为这些重载的方法功能逻辑相同，只是形参不同，所以没有必要定义方法名不同的多个方法，利用方法的重载即可。那么参数不同有什么限制呢？要求参数的类型不同，或者参数的个数不同，或者参数的顺序不同，示例 5-5 中的几个 add 方法构成了方法的重载。

【示例 5-5】方法的重载。

```
public class TestOverload {
  // 定义一个方法：两个数相加
  public static int add(int num1,int num2){
    return num1 + num2;
  }
  // 定义一个方法：两个数相加
  public static double add(int num1,double num2){
    return num1 + num2;
  }
  // 定义一个方法：两个数相加
  public double add(double num1,int num2){
    return num1 + num2;
  }
  // 定义一个方法：三个数相加
  private int add(int num1,int num2,int num3){
    return num1 + num2 + num3;
  }
}
```

从示例 5-5 中的几个重载的方法也可以看出，方法的重载只与参数的类型、个数、顺序有关，与修饰符和返回值类型无关。同时需要注意的是，如图 5-5 所示，两个 add 方法不构成重载。

```
TestOverload2.java
package com.msb.test05;

public class TestOverload2 {
    //定义一个方法：两个数相加
    public static int add(int num1,int num2){
        return num1+num2;
    }
    public static int add(int a,int b){
        return a+b;
    }
}
```

'add(int, int)' is already defined in 'com.msb.test05.TestOverload2'

图 5-5　不构成方法重载

图 5-5 中的两个add 方法虽然同名，但是参数的类型、个数、顺序都相同，不构成重载的条件。只是参数的名字不同，但这个是无关的，这两个add 方法实际属于方法的重复定义。

5.6 递归

程序中方法内部调用自身的编程技巧称为递归，递归可以让程序更加简洁。但是递归也有一定的缺点，内存耗用多，而且递归调用层次多时速度要比循环慢得多。如果递归方法可以更加自然地反映问题，并且易于理解和调试，不强调效率问题，则可以采用递归。

递归结构包括两个部分：递归结束条件、递归体。递归体指方法中调用自身方法的语句；递归结束条件是防止程序进入死循环一直无限度的调用自己。

任何可用递归解决的问题也能使用循环解决。那么我们先用循环结构解决求阶乘问题，如示例5-6 所示。

【示例5-6】利用循环求6 的阶乘。

```
public class TestFac1 {
  public static void main(String[ ] args){
    // 计算：6 * 5 * 4 * 3 * 2 * 1 = 6!    6 的阶乘
    int result = 1;
    for(int i = 6;i >= 1;i--){
      result *= i;
    }
    System.out.println("阶乘为："+result);
  }
}
```

可以在控制台看到结果，阶乘为 720。接下来我们用递归方式实现，如示例5-7 所示。

【示例5-7】利用递归求6 的阶乘。

```
public class TestFac2 {
   public static int fac(int n){
      if(n == 1){                  // 递归结束条件
        return 1;
      }
      return n * fac(n-1);         // 递归体：自己调用自己
   }
   public static void main(String[ ] args){
      // 计算：6 * 5 * 4 * 3 * 2 * 1 = 6!    6 的阶乘
      System.out.println(fac(6));
   }
}
```

递归的执行过程如图5-6 所示。

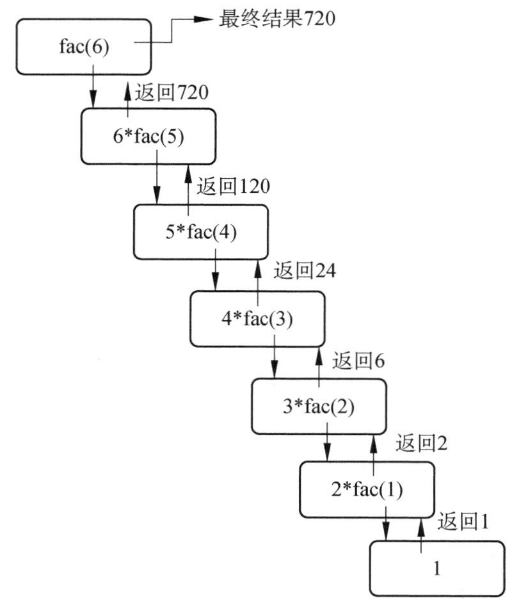

图 5-6　递归调用过程和结果返回过程

本章小结

本章着重对方法进行讲解，一定要清晰掌握方法是如何定义、如何调用的，提高代码的复用性、方法的重载。递归部分对于初学者来说有些难度，需要慢慢吸收。

练习题

一、选择题（单选/多选）

1. Java 中 main 方法的返回值是（　　）。

A. String　　B. int　　C. char　　D. void

2. 在 Java 的程序类中如下方法定义正确的是（　　）。

A.

```
public int ufTest(int num){
    int sum=num+100;
  return sum;
  }
```

B.

```
public String ufTest(int num){
    int sum=num+100;
```

```
    return sum;
    }
```

C.

```
public void ufTest(int num){
      int sum=num+100;
    return sum;
    }
```

D.

```
public float ufTest(int num){
      int sum=num+100;
    return sum;
    }
```

3. 以下方法调用的代码的执行结果是（　　）。

```
public class Test {
   public static void main(String args[ ]) {
        int i = 99;
        mb_operate(i);
        System.out.print(i + 100);
   }
   static void mb_operate(int i) {
        i += 100;
   }
}
```

A. 99　　B. 199　　C. 299　　D. 99100

二、实操题

1. 判断1～100有多少个素数并输出所有素数（将判断一个数是否是素数的功能提取成方法，在循环中直接调用即可）。

2. 编写递归算法程序。一列数的规则如下：1、1、2、3、5、8、13、21、34……求数列的第40位数是多少。

第 6 章

数　组

本章学习目标

- 了解数组的使用场合。
- 掌握数组的声明、赋值、常用操作。

数组在实际程序开发中应用很多，本章通过对数组的介绍进行引入，学习数组的声明、赋值、使用。Arrays 工具类是个辅助工具，了解即可。

6.1　数组的介绍

在 2.3 节中学习了变量，变量用于向内存申请一块空间存储一个数据。本章要学习的数组用于存储多个数据，需向内存申请一串连续的空间。例如，现在需要记录通信二班学生的高等数学成绩，一共 36 人，如果用变量存储成绩需要定义 36 个变量，略显麻烦，这种情况下就可以使用一个数组存储 36 名同学的成绩。

数组是一种存储多个数据的容器，数组中的每个数据为一个元素。数组有对应的下标/索引，可以通过下标/索引来获取对应位置的元素。一个数组中存储的数据只能为同一种数据类型，这个数据既可以为基本数据类型，也可以为引用数据类型。数组本身也是引用数据类型的一种。

6.2　数组的声明和赋值

可以通过如下几种方式对数组进行声明。

方式 1：单纯地进行数组的声明，语法格式如下。

```
数组类型[ ] 数组名 = new 数组类型[数组长度];
```

方式 2：在数组声明的同时进行赋值操作，语法格式有如下两种。

```
（1）数组类型[ ] 数组名 = new 数组类型[ ](元素 1,元素 2,元素 3...);
（2）数组类型[ ] 数组名 = {元素 1,元素 2,元素 3...};
```

提示：

数组声明中的[]也可以放在数组名之后，例如：

数组类型 数组名[] = new 数组类型[数组长度];

【示例6-1】数组的声明和赋值。

```
public class TestArray1 {
  public static void main(String[ ] args) {
    // 声明一个长度为5的int类型的数组
    int[] arr = new int[5];
    // 声明一个长度为3的double类型数组并赋值
    double arr2[ ] = new double[ ]{3.6,8.9,2.7};
    // 声明一个长度为4的String类型数组并赋值
    String[] arr3 = {"java","php","golang","c++"};
  }
}
```

为了更好地理解和学习数组，接下来要深入分析数组在内存中的存储方式。

【示例6-2】定义数组。

```
public class TestArray2 {
  public static void main(String[ ] args) {
    // 声明一个长度为4的int类型的数组
    int[] arr = new int[4];
  }
}
```

int[] arr = new int[4];这句代码我们可以拆分来看，用"="进行拆分，拆分为等号右侧和等号左侧。首先会执行等号右侧语句new int[4];，通过new关键字创建数组空间，在堆中创建一块连续的空间，长度为4，因为是int类型的数组，所以每个空间中默认的初始值为0。然后为数组的第一块空间分配首地址，这个数组的首地址通过"="这个赋值运算符赋值给等号左侧的arr变量，arr变量在栈中开辟空间，数组声明的内存分析如图6-1所示。

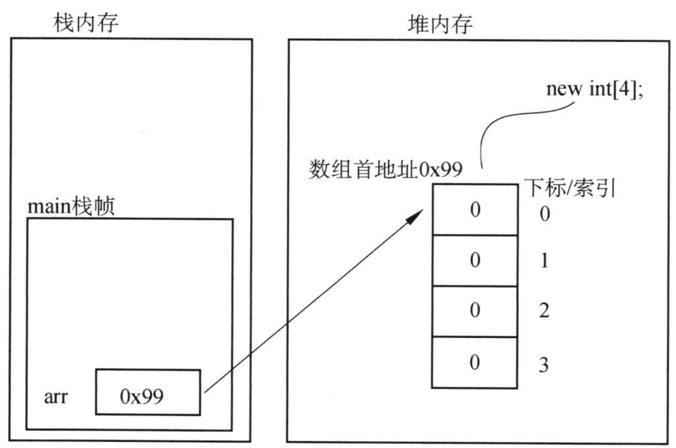

图6-1 数组声明内存分析

【示例6-3】数组赋值操作。

```
public class TestArray2 {
  public static void main(String[ ] args) {
```

```
        // 声明一个长度为4 的int 类型的数组
        int[ ] arr = new int[4];
        arr[0] = 3;
        arr[1] = 16;
        arr[2] = -9;
        arr[3] = 1;
    }
}
```

示例6-3 中的赋值操作，通过索引改变对应位置的数值，数组赋值的内存分析如图6-2 所示。

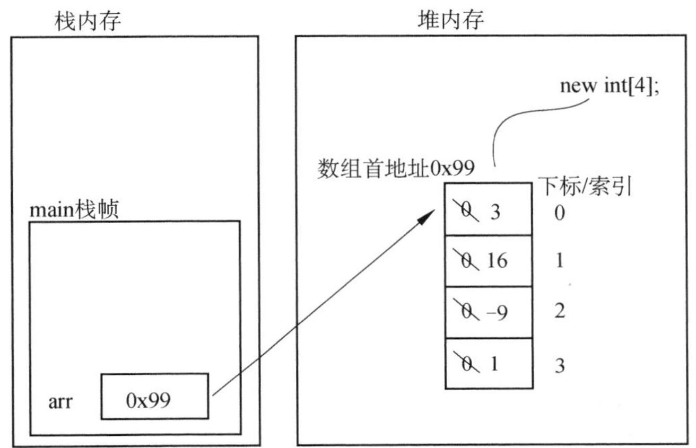

图 6-2　数组赋值内存分析

赋值以后就可以使用数组及数组中的元素了。

【示例6-4】数组的使用。

```
public class TestArray2 {
    public static void main(String[ ] args) {
        // 声明一个长度为4 的int 类型的数组
        int[ ] arr = new int[4];
        arr[0] = 3;
        arr[1] = 16;
        arr[2] = -9;
        arr[3] = 1;
        // 数组的使用
        System.out.println("数组的长度为：" + arr.length); // length 属性获取数组的长度
        System.out.println(arr[3]); // 对任意下标上的元素进行读取
        // System.out.println(arr[5]);
    }
}
```

访问数组元素只能在对应索引位置进行访问，如果访问超出数组的下标，将抛出异常。例如，要访问arr[5]，而内存中没有下标为5 的空间，则抛出异常，如图6-3 所示。

示例 6-4 演示的是int 类型的数组，在声明之初默认初始值为0。不同数据类型的元素初始值不同，对于基本数据类型来说，byte、short、int、long 类型默认初始值为0；float、double 类型默认初始值为0.0；char 类型默认初始值为“\u0000”，即一个空字符；boolean 类型默认初始值为false。对于引用数据类型来说，默认初始值一律为null。

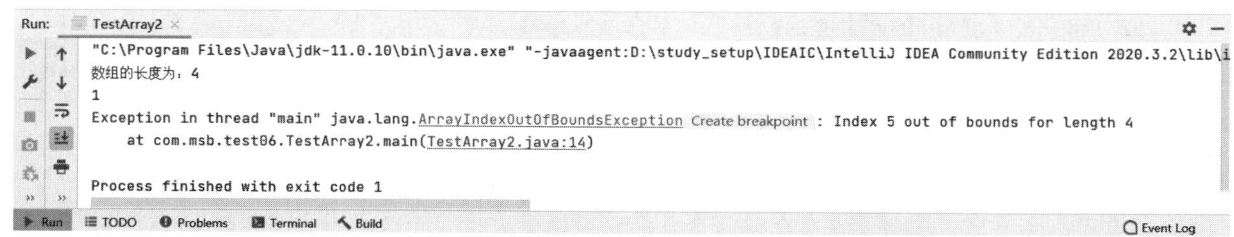

图 6-3　超出索引抛出异常

6.3　项目驱动——双色球彩票系统 1

【项目目标】

综合运用前面介绍的内容，使用数组功能开发双色球彩票系统。

【项目任务】

双色球彩票系统是一款彩票开奖系统，有购买彩票和查看开奖两个功能。详细功能如下。

双色球投注区分为红色球号码区和蓝色球号码区，红色球号码区由 1～33 共 33 个号码组成，蓝色球号码区由 1～16 共 16 个号码组成。

投注时选择 6 个红球号码和 1 个蓝球号码组成一注进行单式投注，每注金额为 2 元。

一等奖：投注号码与当期开奖号码全部相同（顺序不限，下同），即中奖。

二等奖：投注号码与当期开奖号码中的 6 个红色球号码相同，即中奖。

三等奖：投注号码与当期开奖号码中的任意 5 个红色球号码和 1 个蓝色球号码相同，即中奖。

四等奖：投注号码与当期开奖号码中的任意 5 个红色球号码相同，或与任意 4 个红色球号码和 1 个蓝色球号码相同，即中奖。

五等奖：投注号码与当期开奖号码中的任意 4 个红色球号码相同，或与任意 3 个红色球号码和 1 个蓝色球号码相同，即中奖。

六等奖：投注号码与当期开奖号码中的 1 个蓝色球号码相同，即中奖。

显示中奖结果的同时，显示购买者一共下注人民币多少元，累计中奖人民币多少元。

【项目技能】

通过这个项目，掌握以下知识点。

- Java 方法的定义和调用。
- 使用数组存储数值和调用数值。

【项目步骤】

第一步，编写功能菜单，并使用数组存储数值，实现购买彩票的功能。

第二步，完成查看开奖功能。

【项目过程】

首先完成菜单的编写，并且使用数组来存储双色球 7 个球的号码，完成购买彩票的功能。

【示例 6-5】编写双色球彩票系统菜单，实现购买彩票的功能。

```
import java.util.Scanner;

public class TestLottery1 {
  // 这是一个 main 方法，是程序的入口
  public static void main(String[ ] args) {
    // 声明一个数组，用来接收 7 个球的数字
    int[] balls = new int[7];
    while(true){
      // 写菜单
      System.out.println("------欢迎进入双色球彩票系统---------");
      System.out.println("1.购买彩票");
      System.out.println("2.查看开奖");
      System.out.println("3.退出");
      System.out.println("请选择你要完成的功能：");
      // 拿过来一个扫描器
      Scanner sc = new Scanner(System.in);
      // 从键盘接收一个 int 类型的数据
      int choice = sc.nextInt();
      switch (choice){
        case 1:
          System.out.println("双色球系统》》购买彩票");
          System.out.println("请选择你要购买几注：");
          int count = sc.nextInt();    // 购买数量
          for(int i = 1;i <= 7;i++){
            if(i != 7){      // 录入红色球
              System.out.println("请录入第"+i+"个红球：");
              int redBall = sc.nextInt();
              balls[i-1] = redBall;
            }else{           // i==7   录入蓝色球
              System.out.println("请录入一个蓝色球：");
              int blueBall = sc.nextInt();
              balls[6] = blueBall;
            }
          }
          // 提示完整信息
          System.out.println("您购买了"+count+"注彩票,一共消费了"+count*2+"元钱");
          break;
        case 2:
          System.out.println("双色球系统》》查看开奖");
          break;
        case 3:
          System.out.println("双色球系统》》退出");
          return;           // 遇到 return 结束当前方法
      }
    }
  }
}
```

示例6-5 运行结果如图6-4 所示。

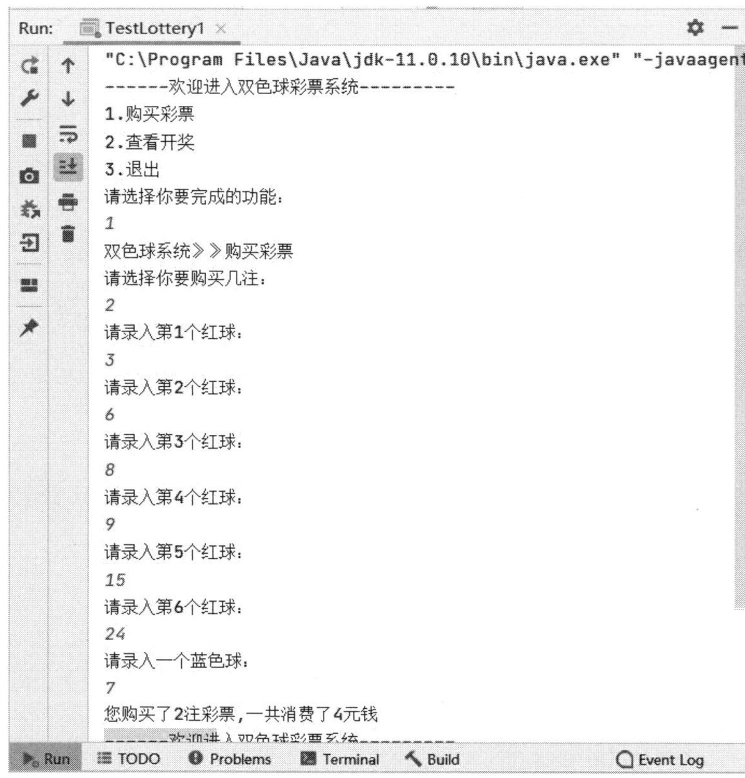

图6-4　示例6-5 运行结果

6.4　数组的常用操作

6.4.1　遍历操作

依次查看数组中的每个元素称之为数组的遍历。遍历方式有两种：普通 for 循环和增强 for 循环。

【示例6-6】数组的普通 for 循环遍历方式。

```
public class TestArray3 {
  public static void main(String[ ] args) {
    // 声明一个数组
    int[] arr = new int[]{3,26,-6,8};
    // 利用普通 for 循环对数组进行遍历
    for (int i = 0; i < arr.length; i++) {        // i 为数组的下标
      System.out.println("第" + (i + 1) + "个元素为：" + arr[i]);
    }
  }
}
```

示例 6-6 的运行结果如图 6-5 所示，每个元素都会遍历。

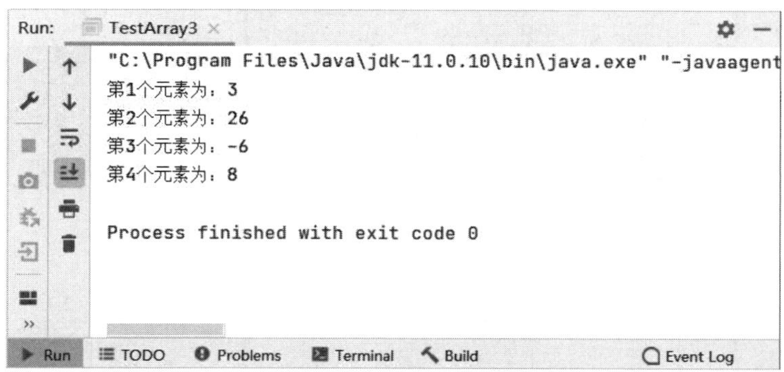

图 6-5　示例 6-6 运行结果

普通 for 循环可以涉及与索引相关的操作，增强 for 循环不能直接操作索引，但是代码简单，在不使用索引的场合建议使用增强 for 循环。

【示例 6-7】数组的增强 for 循环遍历方式。

```
public class TestArray4 {
  public static void main(String[ ] args) {
    // 声明一个数组
    int[] arr = new int[ ]{3,26,-6,8};
    // 利用增强 for 循环对数组进行遍历（JDK1.5 以后新增功能）
    for (int num :   arr) {
      System.out.println(num);
    }
  }
}
```

示例 6-7 的运行结果如图 6-6 所示。

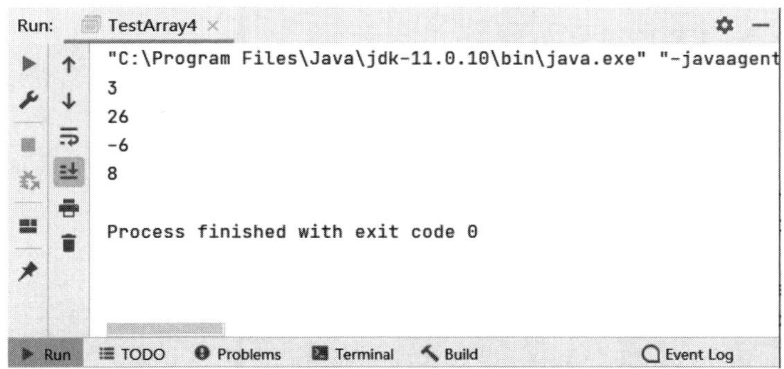

图 6-6　示例 6-7 运行结果

6.4.2　项目驱动——双色球彩票系统 2

【项目过程】

接下来完善双色球彩票系统的剩余功能。

【示例6-8】双色球彩票系统彩票的遍历、查看开奖功能的实现。

```
import java.util.Scanner;

public class TestLottery2 {
  // 这是一个main 方法，是程序的入口
  public static void main(String[ ] args) {
    // 声明一个数组，用来接收7 个球的数字
    int[] balls = new int[7];
    // 购买注数
    int count = 0;
    // 定义一个变量，用来设定是否购买彩票
    boolean isBuy = false;              // 默认情况下没有买彩票
    while(true){
      // 编写菜单
      System.out.println("------欢迎进入双色球彩票系统---------");
      System.out.println("1.购买彩票");
      System.out.println("2.查看开奖");
      System.out.println("3.退出");
      System.out.println("请选择你要完成的功能：");
      // 拿过来一个扫描器
      Scanner sc = new Scanner(System.in);
      // 从键盘接收一个int 类型的数据
      int choice = sc.nextInt();
      // 根据录入的choice 判断后续功能
      switch (choice){
        case 1:
          System.out.println("双色球系统》》购买彩票");
          System.out.println("请选择你要购买几注：");
          count = sc.nextInt();         // 购买数量
          for(int i = 1;i <= 7;i++){
            if(i != 7){                 // 录入红色球
             System.out.println("请录入第"+i+"个红球：");
             int redBall = sc.nextInt();
             balls[i-1] = redBall;
            }else{                      // i==7   录入蓝色球
             System.out.println("请录入一个蓝色球：");
             int blueBall = sc.nextInt();
             balls[6] = blueBall;
            }
          }
          // 提示完整信息
          System.out.println("您购买了" + count + "注彩票,一共消费了" + count*2 + "元钱,您购买的彩票号码
为：");
          // 遍历数组
          for(int num : balls){
            System.out.print(num+"\t");
          }
          // 换行
          System.out.println();
          // 设置彩票购买
          isBuy = true;
```

```
            break;
        case 2:
            if(isBuy){                  // 如果购买彩票，才能执行2 功能
                // 购买号码→balls
                // 中奖号码
                int[] luckBall = getLuckBall();
                // 将两组号码进行比对
                int level = getLevel(balls,luckBall);
                // 根据level 的结果执行后面的逻辑
                switch (level){
                    case 1:
                        System.out.println("恭喜你，中了1 等奖，1 注奖金500 万元，您一共获得：" + 500*count + "
万元");
                        break;
                    case 2:
                        System.out.println("恭喜你，中了2 等奖，1 注奖金100 万元，您一共获得：" + 100*count + "
万元");
                        break;
                    case 3:
                        System.out.println("恭喜你，中了3 等奖，1 注奖金30 万元，您一共获得：" + 30*count + "
万元");
                        break;
                    case 4:
                        System.out.println("恭喜你，中了4 等奖，1 注奖金5 万元，您一共获得：" + 5*count + "万元");
                        break;
                    case 5:
                        System.out.println("恭喜你，中了5 等奖，1 注奖金2000 元，您一共获得：" + 2000*count + "
元");
                        break;
                    case 6:
                        System.out.println("恭喜你，中了6 等奖，1 注奖金5 元，您一共获得：" + 5*count + "元");
                        break;
                }
                System.out.println("双色球系统》》查看开奖");
            }else{              // 如果没有买彩票 就给提示
                System.out.println("对不起，请先购买彩票");
            }
            break;
        case 3:
            System.out.println("双色球系统》》退出");
            return;             // 遇到return 结束当前方法
        }
    }
}
// 定义一个方法，专门用来生成中奖号码
public static int[] getLuckBall(){
    // 定义中奖号码存放的数组
    int[] luckBall = new int[7];
    // 随机产生中奖号码
    for(int i = 1;i <= 7;i++){
        if(i != 7){              // 给红色球赋值
         luckBall[i-1] = (int)(Math.random()*33)+1;
        }else{                   // i==7   给蓝色球赋值
```

```
            luckBall[6] = (int)(Math.random()*16)+1;
         }
      }
      return luckBall;
   }
   // 定义一个方法，专门用来比对购买号码和中奖号码
   public static int getLevel(int[] balls,int[ ] luckBall){   // balls 传入购买号码，luckBall 传入中奖号码
      int level = 1;
      // 计数器：用来计红色球有几个相等
      int redCount = 0;
      // 计数器：用来计蓝色球有几个相等
      int blueCount = 0;
      // 就是将我们的球一个一个的跟中奖号码比对
      // 遍历我购买的号码
      for(int i = 0;i <= 6;i++){
         if(i != 6){              // i:0-5  红色球   比对红色球
            for(int j = 0;j <= 5;j++){
               if(balls[i] == luckBall[j]){
                  redCount++;
               }
            }
         }else{// i:6 ->蓝色球
            if(balls[6] == luckBall[6]){
               blueCount++;
            }
         }
      }
      // 输出比对结果
      System.out.println("红色球有" + redCount + "个相等");
      System.out.println("蓝色球有" + blueCount + "个相等");
      // 根据红色球和蓝色球的相等数量得到level 的具体结果
      if(redCount == 6 && blueCount == 1){
         level = 1;
      }else if(redCount == 6){
         level = 2;
      }else if(redCount == 5 && blueCount == 1){
         level = 3;
      }else if(redCount == 5 || (redCount == 4 && blueCount == 1)){
         level = 4;
      }else if(redCount == 4 || (redCount == 3 && blueCount == 1)){
         level = 5;
      }else{
         level = 6;
      }
      return level;
   }
}
```

【项目拓展】

双色球的数量比较少，使用的数组也比较小，大家可以尝试开发一个麻将牌发牌系统，牌的种类和数量更多。

6.4.3　查找元素

查询主要分为两种：查询指定位置的元素和查询指定元素的位置。看上去有些“绕”，下面通过示例逐一讲解。

【示例6-9】查询指定位置的元素。

```
public class TestArray5 {
  public static void main(String[ ] args){
    // 给定一个数组
    int[] arr = {12,34,56,7,3,10};
    // 查找索引为2 的位置上对应的元素
    System.out.println(arr[2]);
  }
}
```

示例6-9 中给出元素的下标，根据下标查找对应位置的元素即可。

【示例6-10】查询指定元素的位置。

```
public class TestArray6 {
  public static void main(String[ ] args){
    // 给定一个数组
    int[] arr = {12,34,56,7,3,56};
    // 功能：查询元素56 对应的索引
    int index = -1;   // 这个初始值只要不是数组的索引即可，一般使用-1 作为初始值
    // 遍历数组，查找数组中元素是否为56
    for(int i = 0;i < arr.length;i++){
      if(arr[i] == 56){
        index = i;   // 只要找到了元素，那么index 就变成为i
        break;       // 只要找到这个元素，循环就停止
      }
    }
    if(index != -1){
      System.out.println("元素对应的索引："+index);
    }else{           // index==-1
      System.out.println("查无此数！");
    }
  }
}
```

示例6-10 的运行结果如图6-7 所示。

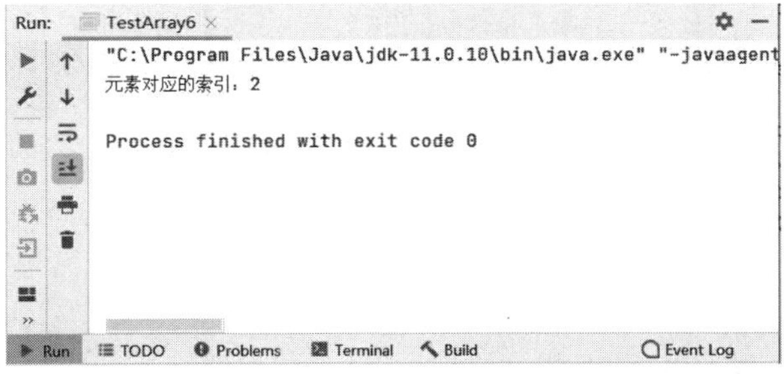

图6-7　示例6-10 运行结果

找到元素会在控制台上打印对应的索引，找不到元素会在控制台上打印“查无此数!”。

6.4.4 插入元素

可以在数组的任意位置插入要添加的元素，但是一定要注意，数组有一个特点：长度固定，即使添加元素，长度也不能改变。插入元素的原理图如图6-8 所示。

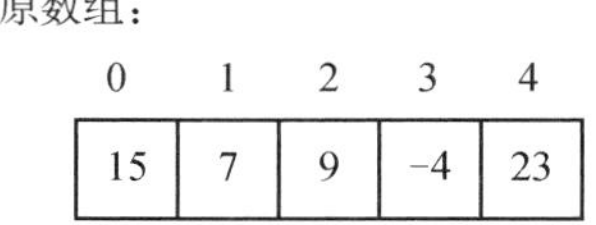

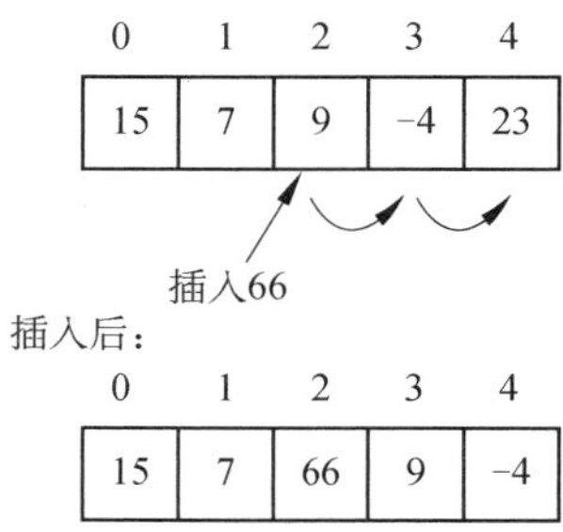

图 6-8　插入元素原理图

从指定下标处开始，元素往后移动，最后一位元素被“挤没了”。

【示例6-11】在数组中插入元素。按照图 6-8 所示的原理图编写的代码如下。

```
public class TestArray7 {
  public static void main(String[ ] args) {
    // 给定一个数组
    int[] arr = {15,7,9,-4,23};
    // 输出增加元素前的数组
    System.out.print("增加元素前的数组：");
    for(int i = 0;i < arr.length;i++){
      if(i != arr.length - 1){
        System.out.print(arr[i]+",");
      }else{                    // i == arr.length-1  最后一个元素不用加,
        System.out.print(arr[i]);
      }
    }
    // 增加元素
    int index = 2;             // 在这个指定位置添加元素
    for(int i = arr.length - 1;i >= (index + 1);i--){
      arr[i] = arr[i-1];
    }
    arr[index] = 66;
    // 输出增加元素后的数组
    System.out.print("\n 增加元素后的数组：");
    for(int i = 0;i < arr.length;i++){
```

```
            if(i != arr.length - 1){
                System.out.print(arr[i]+",");
            }else{                    // i == arr.length-1  最后一个元素不用加,
                System.out.print(arr[i]);
            }
        }
    }
}
```

示例6-11 的运行结果如图6-9 所示。

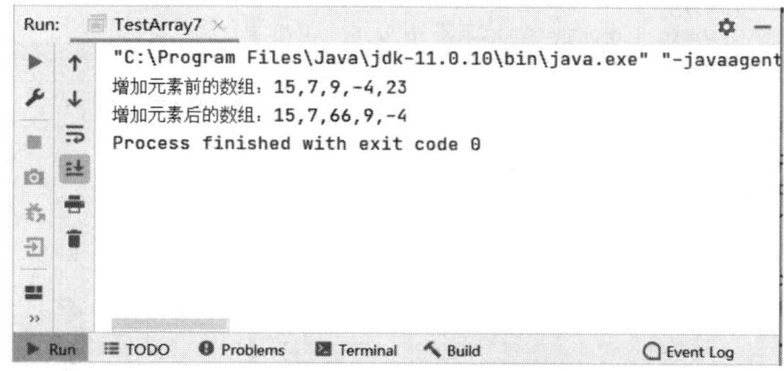

图6-9　示例6-11 运行结果

6.4.5　删除元素

可以删除数组中任意位置的元素，但仍然要注意数组的特点：长度固定。即使删除元素，长度也不能改变，末位补0 即可。删除元素的原理图如图6-10 所示。

原数组：

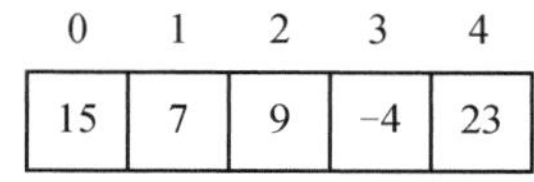

删除下标2上的元素：

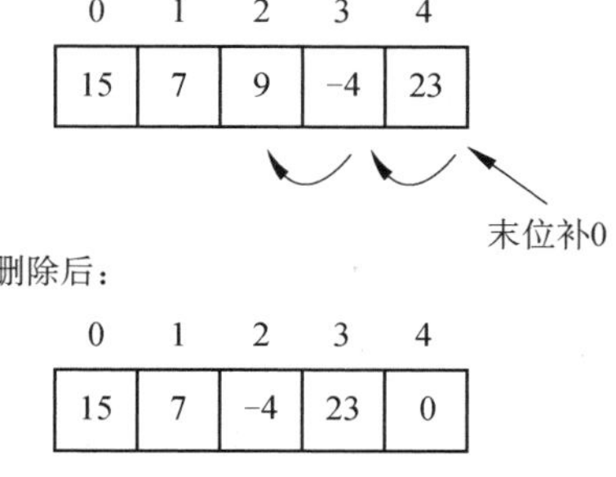

图 6-10　删除元素原理图

从指定下标处开始，元素往前移动，最后一位元素补0。

【示例 6-12】删除数组中的元素。按照图 6-10 所示的原理图编写的代码如下。

```
public class TestArray8 {
    public static void main(String[ ] args) {
        // 1.给定一个数组
        int[] arr = {15,7,9,-4,23};
        // 2.输出删除元素前的数组
        System.out.print("删除元素前的数组：");
        for(int i = 0;i < arr.length;i++){
            if(i != arr.length - 1){
                System.out.print(arr[i]+",");
            }else{     // i == arr.length-1  最后一个元素不用加,
                System.out.print(arr[i]);
            }
        }
        // 3.删除元素
        // index 为删除元素的位置
        int index = 2;
        for(int i = index;i <= arr.length-2;i++){
            arr[i] = arr[i+1];
        }
        arr[arr.length-1] = 0;
        // 4.输出删除元素后的数组
        System.out.print("\n 删除元素后的数组：");
        for(int i = 0;i < arr.length;i++){
            if(i != arr.length - 1){
                System.out.print(arr[i]+",");
            }else{     // i == arr.length-1  最后一个元素不用加,
                System.out.print(arr[i]);
            }
        }
    }
}
```

示例 6-12 的运行结果如图 6-11 所示。

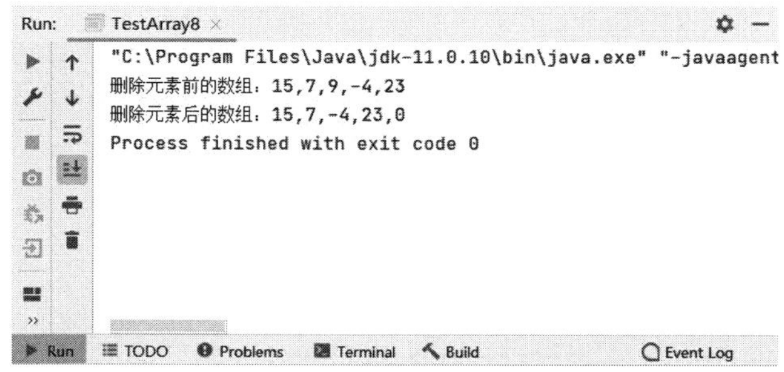

图 6-11　示例 6-12 运行结果

6.4.6　最值问题

最值问题，即得到数组中的最大值或者最小值，最值问题的原理图如图 6-12 所示。

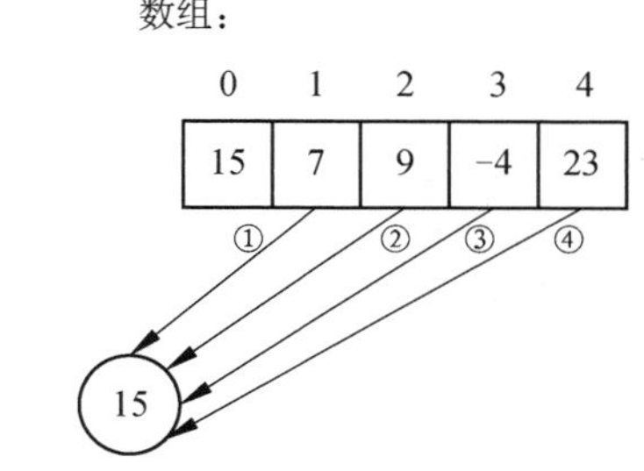

图 6-12　最值问题原理图

下面以求最大值为例进行讲解，首先定义一个变量接收数组中的最大值，这个变量的初始值定为数组下标 0 对应的元素。然后利用循环从下标位置 1 开始的每个元素与这个最值变量做比较，只要元素的值大于这个最值，就把元素的值替换到这个变量位置上。最终一轮循环下来，这个变量的值一定是数组的最大值。

【示例 6-13】求数组中最大值。

```
public class TestArray9 {
  public static void main(String[ ] args){
    // 给定一个数组
    int[] arr = {15,7,9,-4,23};
    // 求出数组中的最大值
    int maxNum = arr[0];
    for(int i = 1;i < arr.length;i++){
      if(arr[i ]> maxNum){
        maxNum = arr[i];
      }
    }
    System.out.println("当前数组中最大的数为："+maxNum);
  }
}
```

示例 6-13 的运行结果如图 6-13 所示。

图 6-13　示例 6-13 运行结果

6.4.7 排序算法

数组中存放的数据往往是无序的，这时候就需要对数组中的元素进行排序。有很多经典的排序算法：选择排序、冒泡排序，快速排序、插入排序等。本节以冒泡排序算法为例进行讲解。“冒泡”是一个非常形象的词，原理类似鱼缸中的气泡，轻的气泡向上浮动，重的气泡向下浮动。冒泡排序算法的执行过程如图6-14～图6-16 所示。

下面有一个数组 15、7、-4、23、0，我们使用冒泡排序算法使其最左端的数字最小、最右端的数字最大。冒泡排序每次比较相邻的两个数字。如图 6-14 所示，在第一轮的比较过程中，冒泡排序从最左边的两个数字开始，一共进行了四次比较，五个数字中最大的数 23 被排到了最右，整个排序过程非常类似于冒泡，数字 23 是“最大的气泡”。如图 6-15 所示，因为已经排列好了最大的数字，在第二轮比较的过程中，只需比较三次就可以了。以此类推，经过总共四轮的比较过程，数组就按照从小到大的顺序排列好了。

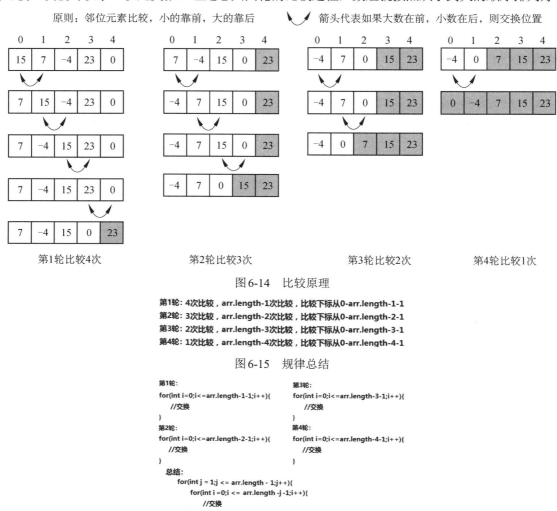

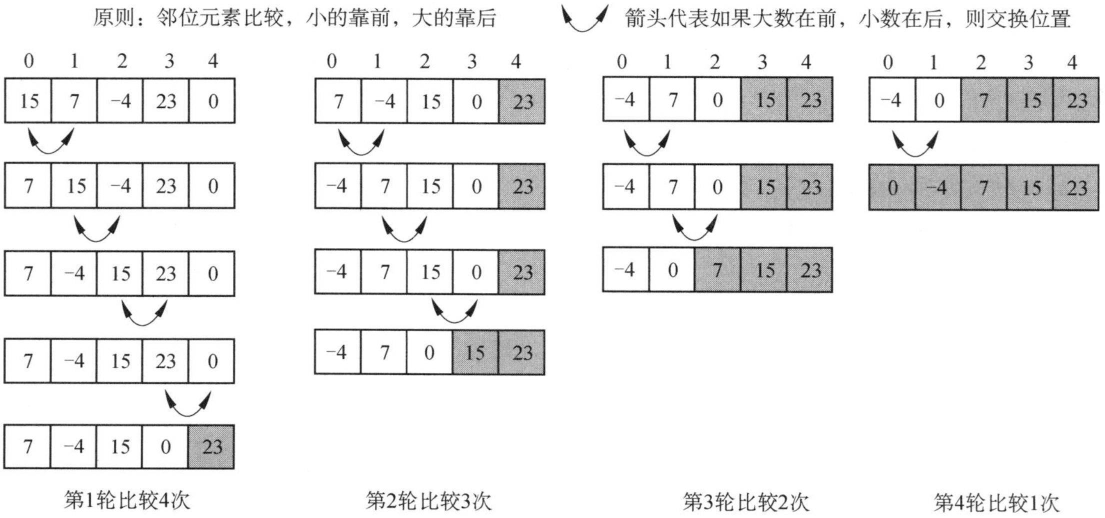

原则：邻位元素比较，小的靠前，大的靠后　　箭头代表如果大数在前，小数在后，则交换位置

第1轮比较4次

0	1	2	3	4
15	7	-4	23	0
7	15	-4	23	0
7	-4	15	23	0
7	-4	15	23	0
7	-4	15	0	23

第2轮比较3次

0	1	2	3	4
7	-4	15	0	23
-4	7	15	0	23
-4	7	15	0	23
-4	7	0	15	23

第3轮比较2次

0	1	2	3	4
-4	7	0	15	23
-4	7	0	15	23
-4	0	7	15	23

第4轮比较1次

0	1	2	3	4
-4	0	7	15	23
0	-4	7	15	23

图 6-14　比较原理

第1轮：4次比较，arr.length-1次比较，比较下标从0-arr.length-1-1
第2轮：3次比较，arr.length-2次比较，比较下标从0-arr.length-2-1
第3轮：2次比较，arr.length-3次比较，比较下标从0-arr.length-3-1
第4轮：1次比较，arr.length-4次比较，比较下标从0-arr.length-4-1

图 6-15　规律总结

```
第1轮：
for(int i=0;i<=arr.length-1-1;i++){
    //交换
}
第2轮：
for(int i=0;i<=arr.length-2-1;i++){
    //交换
}
第3轮：
for(int i=0;i<=arr.length-3-1;i++){
    //交换
}
第4轮：
for(int i=0;i<=arr.length-4-1;i++){
    //交换
}
总结：
    for(int j = 1;j <= arr.length - 1;j++){
        for(int i =0;i <= arr.length -j -1;i++){
            //交换
        }
    }
```

图 6-16　代码规律总结

如图 6-16 所示，我们为大家总结并写出了整个冒泡排序过程的伪代码，代码的具体实现过程如示例 6-14 所示。

【示例 6-14】冒泡排序。其中变量 j 代表第几轮，变量 i 代表每次比较索引。

```
import java.util.Arrays;

public class TestArray10 {
  public static void main(String[ ] args) {
    // 给定一个数组
    int[] arr = {15,7,-4,23,0};
    // 排序
    for(int j = 1;j <= arr.length - 1;j++){
      for(int i = 0;i <= arr.length - j - 1;i++){
        if(arr[i] > arr[i+1]){   // 前面的数比后面的数大才进行交换
          // 交换
          int t;
          t = arr[i];
          arr[i] = arr[i+1];
          arr[i+1] = t;
        }
      }
    }
    // 排序后输出
    System.out.println(Arrays.toString(arr));
  }
}
```

6.5　Arrays 工具类的使用

操作数组的时候经常会用到 Arrays 工具类，这个类中封装了一些常用的方法供开发者直接使用，如表 6-1 所示。

表 6-1　Arrays 工具类中常用方法

方 法 名	返 回 值	功　　能
toString（数组对象）	String	返回指定数组内容的字符串表示形式
sort（数组对象）	void	对指定的数组按数字升序进行排序
binarySearch（数组对象，查找元素）	int	在数组中搜索指定元素，返回元素对应的索引（注意：利用二分法，在有序数组中搜索）
copyOf（数组对象，指定长度）	新数组	复制指定的数组，副本具有指定的长度
Equals（数组对象 1，数组对象 2）	boolean	如果两个指定的数组相等，则返回 true

【示例 6-15】Arrays 工具类常用方法。

```
import java.util.Arrays;

public class TestArrays {
```

```
    public static void main(String[ ] args) {
        // 操纵数组，定义一个数组
        int[] arr=new int[ ]{136,6,27,18,78};
        // 1.toString
        System.out.println(Arrays.toString(arr));     // 数组的遍历，并且以一个好看的形式打印在控制台
        // 2.排序
        Arrays.sort(arr);          // 按照升序排序
        System.out.println(Arrays.toString(arr));

        // 3.二分法查找：必须在有序的数组中进行查找，如果找不到返回值为负数
        Arrays.sort(arr);
        System.out.println(Arrays.binarySearch(arr,18));       // 在 arr 数组中查找元素 18 对应的索引

        // 4.复制
        int[] newArr=Arrays.copyOf(arr,10);
        System.out.println(Arrays.toString(newArr));

        // 5.比较
        int[] arr1={1,2,3,4};
        int[] arr2={1,2,3,4};
        System.out.println(arr1 == arr2);         // 永远是 false,比较的是左右两侧的地址的值
        System.out.println(Arrays.equals(arr1,arr2));      // 比较的是数组中元素具体的数值
    }
}
```

示例6-15 的运行结果如图6-17 所示。

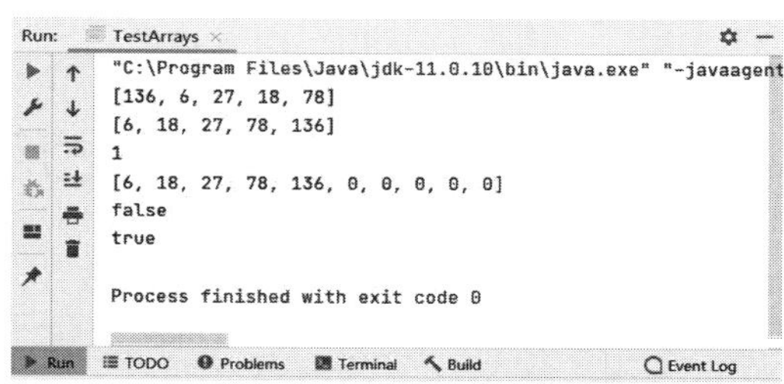

图6-17　示例6-15 运行结果

6.6　二维数组

声明一个数组：int[] arr = {1,5,8,-2}；表示定义一个数组，数组中的每个元素都是int 类型的，内存分析如图6-18 所示。

声明一个数组：double[] arr = {6.8,-2.7,5.4}；表示定义一个数组，数组中的每个元素都是double 类型的，内存分析如图6-19 所示。

数组中存放的每个元素，可以是基本数据类型，也可以是引用数据类型。数组本身也是一种引用数据类型，那么说数组中的每个元素是一个数组引用的话，也是可以成立的，如此这个数组就变成了二维数组。二维数组的本质仍然是一维数组。例如，二维数组int[][] arr = {{1,2},{4,5,6},{3,6,9,11}};，意为定义一个数组，数组中的每个元素都是int类型的，内存分析如图6-20 所示。

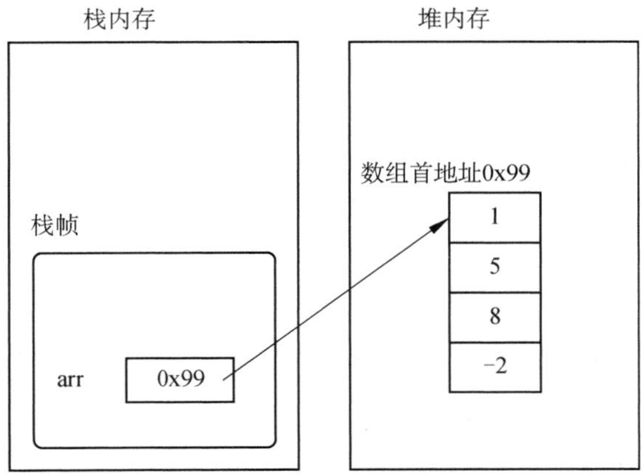

图6-18　int 类型数组内存

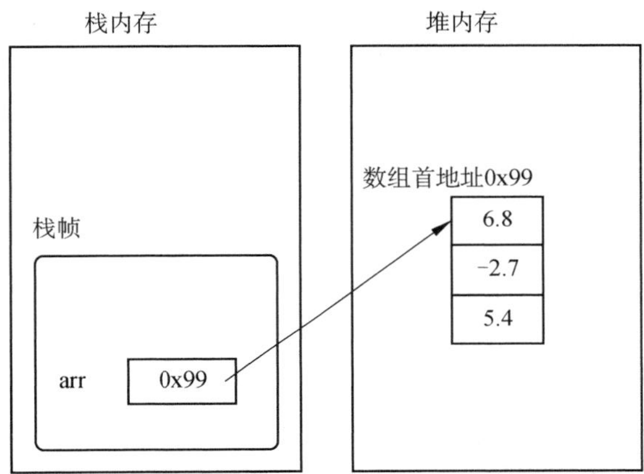

图6-19　double 类型数组内存

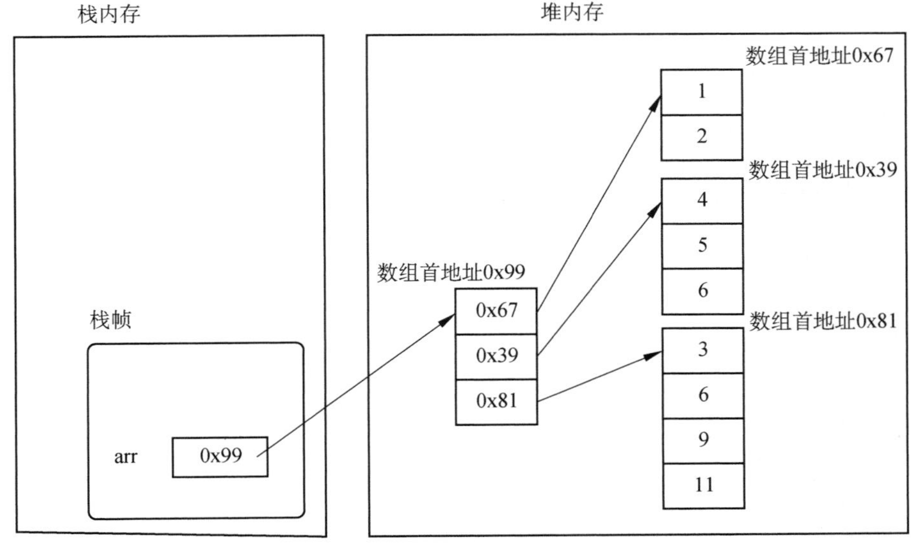

图6-20　int 类型二维数组内存

二维数组的声明和赋值方式有 4 种，下面利用具体案例说明。

（1）int[][] = new int[3][];，定义长度为3 的int 类型的二维数组，数组中的每个元素都是一个int 类型数组，可以为每个元素赋值。

【示例6-16】二维数组声明和赋值。

```
public class TestArray11 {
  public static void main(String[ ] args) {
    // 定义一个二维数组,长度为3
    int[][] arr = new int[3][ ];
    // 将一维数组a1 的地址赋值给二维数组下标为0 的位置
    int[] a1 = {1,2,3};
    arr[0] = a1;
    // 给二维数组下标为1 的位置赋值
    arr[1] = new int[]{4,5,6,7};
    // 给二维数组下标为2 的位置赋值
    arr[2] = new int[]{9,10};
  }
}
```

（2）int[][] = new int[3][2];，定义长度为3 的int 类型的二维数组，数组中的每个元素都是一个int 类型数组，并且这个int 类型数组的初始长度为2。

（3）int[][] arr = {{1,2},{4,5,6},{4,5,6,7,8,9,9}};，在二维数组声明的同时直接赋值，属于静态初始化。

（4）int[][] arr =new int[][] {{1,2},{4,5,6},{4,5,6,7,8,9,9}};，在二维数组声明的同时直接赋值，属于静态初始化。

【示例6-17】二维数组的遍历方式。

```
public class TestArray12 {
  public static void main(String[ ] args){
    // 定义一个二维数组
    int[][] arr = {{1,2},{4,5,6},{4,5,6,7,8,9,9}};

    // 对二维数组遍历
    // 方式1：外层普通for 循环+内层普通for 循环
    System.out.println("------------方式1：");
    for(int i = 0;i < arr.length;i++){
      for(int j = 0;j < arr[i].length;j++){
        System.out.print(arr[i][j]+"\t");
      }
      System.out.println();
    }

    // 方式2：外层普通for 循环+内层增强for 循环
    System.out.println("------------方式2：");
    for(int i = 0;i < arr.length;i++){
      for(int num : arr[i]){
        System.out.print(num+"\t");
      }
      System.out.println();
    }
```

```
    // 方式3：外层增强for 循环+内层增强for 循环
    System.out.println("-------------方式3：");
    for(int[] a : arr){
      for(int num : a){
        System.out.print(num+"\t");
      }
      System.out.println();
    }

    // 方式4：外层增强for 循环+内层普通for 循环
    System.out.println("-------------方式4：");
    for(int[] a : arr){
      for(int i = 0;i < a.length;i++){
        System.out.print(a[i]+"\t");
      }
      System.out.println();
    }
  }
}
```

示例6-17 的运行结果如图6-21 所示。

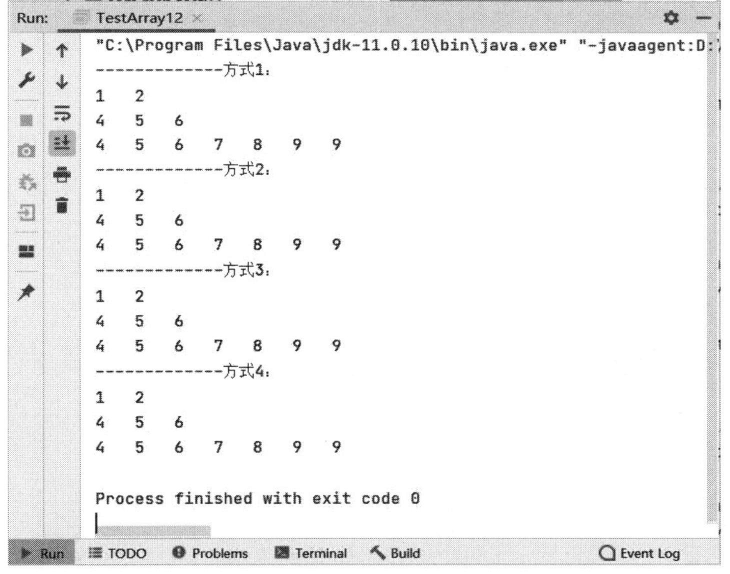

图6-21　示例6-17 运行结果

本章小结

数组用于存储相同类型的数据，本章通过数组的声明、赋值、常用操作来全面介绍数组的使用方式。在常用操作中，对数组的增、删、改、查、排序、最值操作都有所覆盖。Arrays 工具类作为一种辅助工具了解即可。最后讲解了二维数组，其实本质上还是一维数组。

练习题

一、填空题

1. 数组会在内存中开辟一块____________的空间，每块空间相当于之前的一个变量，称为数组的元素。数组的长度一经确定，就无法再改变。

2. 要获取一个数组的长度，可以通过____________属性来获取，但获取的只是为数组分配的空间的数量，而不是数组中实际已经存放的元素的个数。

3. 创建数组后，系统会给每一个数组元素一个默认的值，如 String 类型元素的默认值是____________。

4. 在 Java 中有二维数组 int [ ] [ ] array={{1,2,3},{4,5}}，可以使用____________得到二维数组中第二维中第一个数组的长度。

5. 数组元素下标（或索引）的范围是____________。

二、选择题（单选/多选）

1. 在 Java 中，以下程序段能正确为数组赋值的是（　　）。

A. int a[]={1,2,3,4};　　　　B. int b[4]={1,2,3,4};

C. int c[];c={1,2,3,4};　　　　D. int d[];d=new int[]{1,2,3,4};

2. 已知表达式 int [] m={0,1,2,3,4,5,6};下面（　　）表达式的值与数组最大下标数相等。

A. m.length()　　　　B. m.length-1

C. m.length()+1　　　　D. m.length+1

3. 在 Java 中，下面代码的输出结果为（　　）。

```
public static void main(String[ ] args) {
    int[] arrA = { 12, 22, 8, 49, 3 };
    int k = 0;
int len = arrA.length;
    for (int i = 0; i < len; i++) {
        for (int j = i + 1; j < len; j++) {
            if (arrA[i] > arrA[j]) {
                k = arrA[i];
arrA[i] = arrA[j];
arrA[j] = k;
            }
        }
    }
    for (int i = 0; i < arrA.length; i++) {
        System.out.print(arrA[i]);
            if (i < arrA.length - 1) {
                System.out.print("，");
            }
    }
}
```

A. 3，8，12，22，49　　　　B. 12，22，8，49，3

C. 49，22，12，8，3　　　　D. 编译错误

三、实操题

1. 数组查找操作：定义一个长度为10 的一维字符串数组，在每一个元素存放一个单词；然后在运行时从命令行输入一个单词，程序判断数组是否包含这个单词，包含这个单词就打印Yes，不包含就打印 No。

2. 数组逆序操作：定义长度为10 的数组，将数组元素对调，并输出对调前后的结果。

第 7 章

面向对象

本章学习目标

- 掌握类和对象的关系。
- 掌握构造器。
- 掌握 this、static、super 和 final 关键字。
- 掌握面向对象的三大特性：继承、封装、多态。

Java 是一种面向对象的语言，本章将对面向对象的三大特性进行详细讲解，对面向对象思想不要急于求成，要循序渐进地了解。

7.1 面向对象和面向过程的关系

市面上的程序设计语言按照思维方式划分，可以分为两类：面向过程思维和面向对象思维，这也是比较经典的两种编程思想。面向过程关注的是事件的处理过程，一般以函数为最小单位，思考第一步、第二步、第三步……怎么做，事件较简单时，可以考虑用面向过程思维来处理。面向对象关注的是事件的参与者，将参与者的行为（方法）、特性（属性）封装到对象中，以对象和类为最小处理单位宏观把控参与者，事件较复杂时，可以考虑用面向对象思维来处理。

面向对象的参与者在具体完成某个行为的时候，内部的细节处理还是面向过程的思维，所以面向对象和面向过程相辅相成，并不是独立的。

7.2 类和对象

面向对象思维中有一句非常经典的话："万事万物皆对象"。这些对象即各个事件的参与者，将这些对象抽取出"像"的部分，"共同"的部分，就形成了类。类是抽象的，可以将类当作一个模板，对象是模板下具体的产品，每件产品都满足这个模板规定的特性和行为。类和对象的关系如图 7-1 所示。

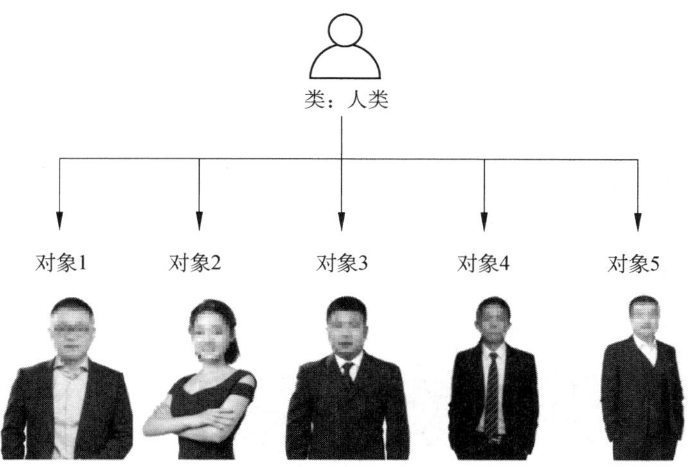

图 7-1　类和对象的关系

在图7-1中有一个类：人类，这个类有一些特性和行为，都具备年龄、性别、身高、体重等特性，都具备跑、学习、睡觉、思考等行为。这个类可以当作一个模板，模板下具体的产物就是一个个满足这些特性和行为的对象。图7-1中的每个人，都是人类的一个具体的对象。在编写程序时，一般先编写类，再根据类去创建对象。

7.2.1　类的编写

先编写一个结构最简单的类，步骤如下。

- 给类起一个见名知意的名字，首字母大写，遵循驼峰命名原则。
- 编写类的特性，特性即类的属性部分。
- 编写类的行为，行为即类的方法部分。

【示例7-1】编写一个“人”类。

```
public class Person {        // 类名见名知意
  // 属性：（特性）
  int age;                   // 年龄
  String name;               // 姓名
  double height;             // 身高
  // 方法：（行为）
  public void study(){
    System.out.println("青，取之于蓝，而青于蓝；冰，水为之，而寒于水。");
  }
}
```

7.2.2　对象的创建和使用

在类编写好以后，就可以创建对应类的对象，对象的创建格式如下。

```
类名  对象名 = new  类名();
```

给对象的属性赋值：

```
对象名.属性名 = 值;
```

调用对象的方法：

```
[返回值类型 名字] = 对象名.方法名(参数列表);
```

【示例 7-2】根据示例 7-1 中的类，创建对应的对象。

```
public class TestPerson {
  public static void main(String[ ] args) {
    // 创建“人”类对应的对象
    Person p = new Person();
    // 给对象 p 的属性赋值
    p.name = "马士兵";
    p.age = 18;
    p.height = 179.9;
    // 使用对象的属性
    System.out.println("姓名：" + p.name + ",年龄：" + p.age + ",身高：" + p.height);
    // 调用对象的方法
    p.study();
  }
}
```

示例 7-2 的运行结果如图 7-2 所示。

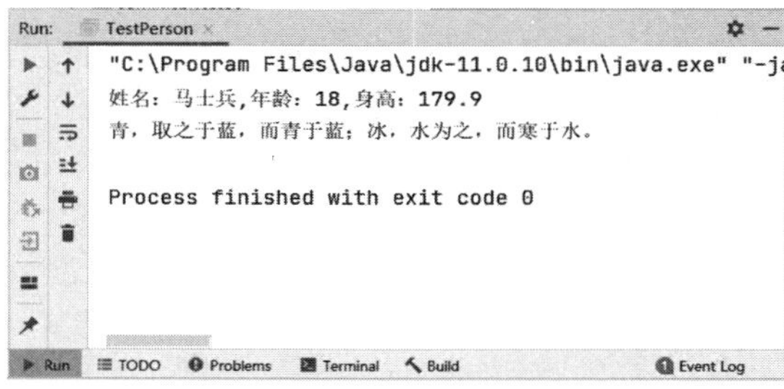

图 7-2　示例 7-2 运行结果

示例 7-2 对应的内存分析如图 7-3 所示。

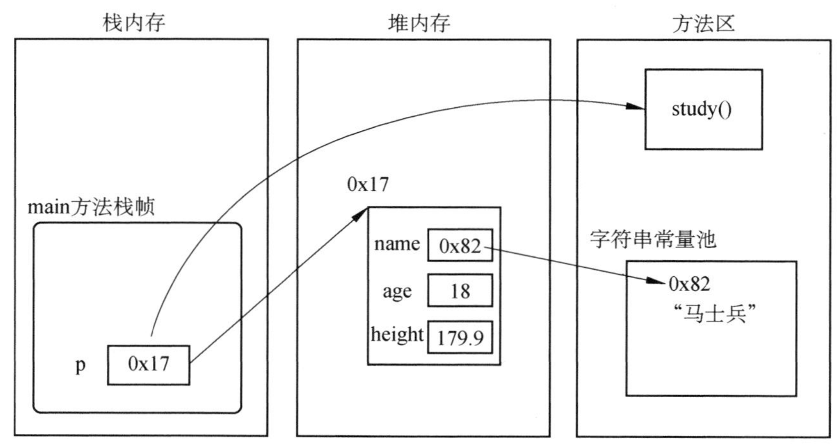

图 7-3　示例 7-2 内存分析

7.3　成员变量和局部变量

由于变量声明的位置不同，可以将变量分为成员变量和局部变量。成员变量位于类中方法之外，即属性。局部变量位于类中，即方法中或代码块中。成员变量和局部变量有如下 6 个区别。

- 声明位置不同。

成员变量：类中，方法之外。

局部变量：类中，方法中/代码块中。

- 作用范围不同。

成员变量：整个类中。

局部变量：当前的方法/当前的代码块。

- 是否有默认值。

成员变量：如果属性没有赋值，有默认初始值。

局部变量：无默认值。

- 是否需要初始化。

成员变量：不需要初始化，有默认初始值。

局部变量：必须进行初始化，否则报错。

- 在内存中的位置。

成员变量：在堆内存中。

局部变量：在栈内存中。

- 作用时间不同。

成员变量：从对象的创建阶段开始，到消亡之前结束。

局部变量：当前方法或代码块执行结束，局部变量就会消失。

7.4　构造器

一般在创建对象的时候，给对象的属性进行初始化。

【示例 7-3】创建对象并给属性赋值。

```
public class TestPerson2 {
  public static void main(String[ ] args) {
    // 创建“人”类对应的对象
    Person p1 = new Person();
    // 给对象 p1 的属性赋值
    p1.name = "马士兵";
    p1.age = 18;
    p1.height = 179.9;

    // 再创建一个 Person 的对象
```

```
        Person p2 = new Person();
        // 给对象p2 的属性赋值
        p2.name = "赵珊珊";
        p2.age = 18;
        p2.height = 162.3;
    }
}
```

在示例 7-3 中，每次创建对象后，都要编写大量的代码用于给对象的属性赋值，此处是否可以优化呢？能否在创建对象的同时对属性进行初始化操作呢？此时就需要使用构造器，构造器也叫构造方法。

7.4.1 构造器的定义

构造器的定义格式如下。

```
[修饰符] 构造方法名 (形参列表){
        // 方法体
}
```

【示例 7-4】编写构造器，优化示例 7-3。

```
public class Person {
    // 属性：（特性）
    int age;                    // 年龄
    String name;                // 姓名
    double height;              // 身高
    // 定义构造器
    public Person(int age,String name,double height){
        this.age = age;
        this.name = name;
        this.height = height;
    }
    // 方法：（行为）
    public void study(){
        System.out.println("青，取之于蓝，而青于蓝；冰，水为之，而寒于水。");
    }
}
```

定义好了 Person 类，编写了属性、方法、构造器，可以利用构造器在创建对象的同时进行属性的初始化赋值操作。从示例 7-4 中可以看出，构造器的定义和普通方法的语法极为相似，构造器本身就是一个方法。使用构造器，需要对构造器进行调用，并在参数列表中传入对应的值。

【示例 7-5】创建 Person 对象并进行赋值操作。

```
public class TestPerson {
    public static void main(String[ ] args) {
        // 创建"人"类对应的对象
        Person p = new Person(18,"马士兵",179.9);
    }
}
```

那么构造器和普通的方法有什么区别呢？构造器有 3 个明显的特征：构造器没有方法的返回值，构造器声明处没有方法返回值类型，构造器的名字和类名一样。要定义构造器，必须满足这 3 个特性。

可以尝试一个操作，如果类中没有定义空构造器（无参的构造器），那么在创建对象的时候调用空构造器可以吗？答案是不可以，报错如图 7-4 所示（利用的是示例 7-1 中的 Person 类）。

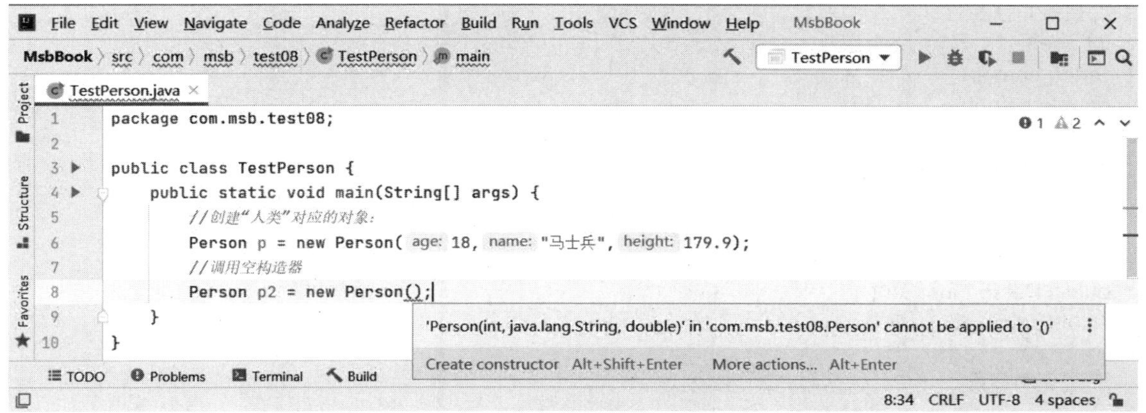

图 7-4　未定义空构造器情况下调用报错

所以通常情况下，要时刻保证空构造器的存在。

【示例 7-6】类中保证空构造器的存在。

```
public class Person {
  // 属性：（特性）
  int age;              // 年龄
  String name;          // 姓名
  double height;        // 身高
  // 定义空构造器：（无参构造器）
  public Person(){

  }
  // 定义构造器：（有参构造器）
  public Person(int age,String name,double height){
    this.age = age;
    this.name = name;
    this.height = height;
  }
  // 方法：（行为）
  public void study(){
    System.out.println("青，取之于蓝，而青于蓝；冰，水为之，而寒于水。");
  }
}
```

7.4.2　构造器的重载

普通方法可以进行方法的重载，那么构造器作为一种特殊的方法，也是可以构成重载的。示例 7-7 中 Person 的空构造器和有参构造器就构成了重载。在定义类的时候，可以定义多个重载的构造器，以便在不同情况下赋值使用。

【示例 7-7】类的编写。

```
public class Person {
  // 属性：（特性）
  int age;              // 年龄
  String name;          // 姓名
  double height;        // 身高
  // 定义空构造器：（无参构造器，0 个参数）
  public Person(){

  }
  // 定义构造器：（有参构造器，1 个参数）
  public Person(int age){
    this.age = age;
  }
  // 定义构造器：（有参构造器，2 个参数）
  public Person(int age,String name){
    this.age = age;
    this.name = name;
  }
  // 定义构造器：（有参构造器，3 个参数）
  public Person(int age,String name,double height){
    this.age = age;
    this.name = name;
    this.height = height;
  }
  // 方法：（行为）
  public void study(){
    System.out.println("青，取之于蓝，而青于蓝；冰，水为之，而寒于水。");
  }
}
```

7.5　this 关键字

this 关键字指代对象自身，通过 this 关键字可以指向自身地址空间，简要内存分析如图 7-5 所示（以任意一个 Person 对象为例）。

this 关键字的作用如下。

- this 修饰属性，可以在本类中访问自身属性。格式：this.属性名，其中“this.”可以省略不写。
- this 修饰方法，可以在本类中访问自身方法，提高代码的复用性。格式：this.方法名(参数列表)，其中“this.”可以省略不写。
- this 修饰构造器，使本类构造器之间可以相互调用，提高代码的复用性。调用空构造器格式：this()，调用有参构造器格式：this(参数列表)。this 修饰构造器，必须放在构造器代码的第一行。

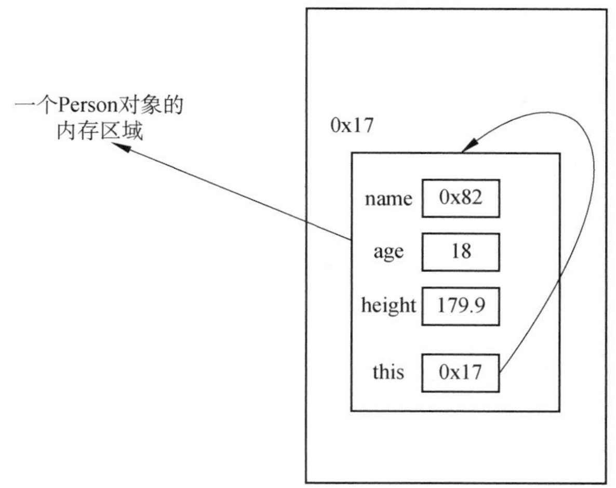

图7-5　this 关键字内存分析图

【示例 7-8】this 关键字的使用。

```
public class Student {
  // 属性
  int age;
  String name;
  double height;
  // 空构造器
  public Student(){

  }
  // 有参构造器
  public Student(int age,String name){
    this();                  // 调用本类中空构造器
    this.age = age;
    this.name = name;
  }
  // 有参构造器
  public Student(int age,String name,double height){
    this(age,name);          // 调用本类中带两个参数的构造器
    this.height = height;
  }
  // 方法
  public String introduce(){
    return "姓名：" + this.name + ",年龄：" + this.age + ",身高：" + this.height;
    // 本类访问属性时this.可以省略不写，以上 return 语句直接写成 return "姓名：" + name + ",年龄：" + age +
",身高：" + height;
  }
  public void eat(){
    System.out.println("吃火锅、米线、大盘鸡");
  }
  public void play(){
    // 先吃饭
    this.eat();              // 调用本类的eat 方法，this. 可以省略不写，直接：eat();
```

```
    // 再 KTV
    System.out.println("今天我是麦霸！唱出真我！");
  }
}
```

注意，当方法或构造器中形参的名字和属性重名时，this 不可省略。

【示例 7-9】形参的名字和属性重名时 this 不可省略。

```
public class Person {
  // 属性
  int age;
  String name;
  double height;
  // 有参构造器
  public Person(int age,String name,double height){
    // this.age 指代属性的 age，age 指代方法传入的 age
    this.age = age;
    // this.name 指代属性的 name，name 指代方法传入的 name
    this.name = name;
    // this.height 指代属性的 height，height 指代方法传入的 height
    this.height = height;
  }
  // 方法
  public void showName(String name){
    System.out.println("属性的 name："+ this.name);
    System.out.println("参数传入的 name:" + name);
  }
}
```

7.6 static 关键字

本节将讲解 static 关键字最常用的 4 种用法。

7.6.1 static 修饰属性

例如，有一批学生，是“马士兵教育”的学员，在没有使用 static 修饰属性的情况下，每个学员都需要赋予学校名字这个属性值。

【示例 7-10】创建学生类和学生类对象。

```
public class Student {
  // 属性
  String name;
  int age;
  String schoolName;

  public Student(String name, int age, String schoolName) {
    this.name = name;
```

```
        this.age = age;
        this.schoolName = schoolName;
    }

    public static void main(String[] args) {
        // 创建多个学生对象
        Student s1 = new Student("张三",23,"马士兵教育");
        Student s2 = new Student("李四",31,"马士兵教育");
        Student s3 = new Student("王五",27,"马士兵教育");
    }
}
```

既然每个学生所属学校名字相同，那么一次次赋值就显得冗余，此时就可以使用static 修饰属性来解决问题。

static 最常用的功能就是修饰类的属性，通常将用 static 修饰的成员称为类成员或者静态成员，static 修饰的属性称为类变量或者静态变量。

【示例 7-11】static 修饰属性。

```
public class Student {
    // 属性
    String name;
    int age;
    static String schoolName;            // 静态变量

    public Student(String name, int age) {
        this.name = name;
        this.age = age;
    }

    public static void main(String[] args) {
        // 统一给schoolName 赋值
        Student.schoolName = "马士兵教育";
        // 创建多个学生对象
        Student s1 = new Student("张三",23);
        Student s2 = new Student("李四",31);
        Student s3 = new Student("王五",27);

        // 访问对象的学校名字
        System.out.println("学生 1 的学校名字：" + s1.schoolName);
        System.out.println("学生 2 的学校名字：" + s2.schoolName);
        System.out.println("学生 3 的学校名字：" + s3.schoolName);
    }
}
```

示例 7-11 的运行结果如图 7-6 所示。

从示例 7-11 的主方法中可以看出，在创建对象之前，就可以对 static 修饰的静态变量进行访问。这说明当静态变量随着类加载到内存时，就一同被加载到内存中了，类的对象都可以共享这个属性值。访问属性的方式有如下两种。

- 对象名.静态变量名。
- 类名.静态方法名（推荐使用）。

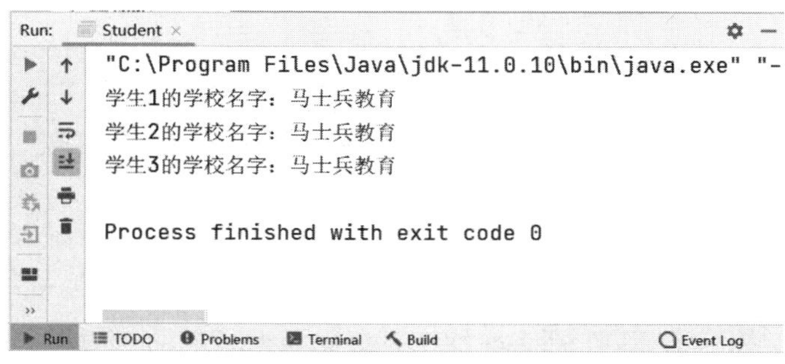

图7-6　示例7-11 运行结果

7.6.2　static 修饰方法 

static 修饰方法成员同样也是优先被加载入内存，被该类所有的对象共享，调用静态方法的方式有两种。

- 对象名.静态方法名(参数列表)。
- 类名.静态方法名(参数列表)（推荐使用）。

推荐使用“类名.方法名”的操作方式，避免了先要new（新建）出对象的烦琐和资源消耗。

【示例7-12】静态方法的定义和使用。

```
public class Person {
  // 属性
  String name;
  int age;
  static String schoolName;              // 静态变量
  // 构造器
  public Person(String name, int age) {
    this.name = name;
    this.age = age;
  }
  // 静态方法
  public static void showSchoolName(){
    System.out.println("学生所在学校为：" + schoolName);
  }

  public static void main(String[ ] args) {
    Person.schoolName = "马士兵教育";
    Person.showSchoolName();
  }
}
```

示例7-12 的运行结果如图7-7 所示。

通过示例7-12 观察到，static 修饰的方法中如果使用属性，只能使用静态属性，不可以使用非静态属性。同理，如果要调用方法，也只能调用静态方法，不可以调用非静态方法。

```
"C:\Program Files\Java\jdk-11.0.10\bin\java.exe"
学生所在学校为：马士兵教育

Process finished with exit code 0
```

图7-7　示例7-12运行结果

7.6.3　static修饰代码块

用{}将代码包围起来就形成了代码块。在代码块前加static关键字修饰，称之为静态代码块。静态代码块在类第一次被加载的时候加载入内存，执行时机早。一般用静态代码块完成初始化操作。

【示例7-13】静态代码块执行时机。

```
public class Person {
  // 属性
  String name;
  static int age;
  // 构造器
  public Person(String name) {
    System.out.println("构造器被执行！");
    this.name = name;
  }
  // 静态代码块
  static{
    System.out.println("静态代码块被执行！");
  }

  public static void main(String[] args) {
    Person.age = 10;
    System.out.println("-----------");
    Person p1 = new Person("张三");
    Person p2 = new Person("李四");
    Person p3 = new Person("王五");
  }
}
```

示例7-13的运行结果如图7-8所示。

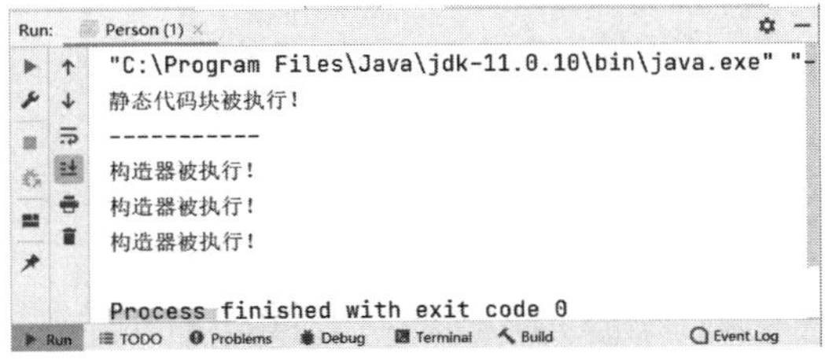

图7-8　示例7-13运行结果

从示例7-13的运行结果看出，静态代码块在Person类第一次被加载的时候就被调用了，并且只在最初被调用一次。

7.6.4 static 静态导包

相比前3种用法，第4种用法使用较少，了解即可。

【示例7-14】静态导包。

```
// 静态导包
import static java.lang.Math.*;          // 导入java.lang 下的 Math 类中的所有静态的内容

public class TestStatic {
   public static void main(String[ ] args) {
      System.out.println(random());
      System.out.println(PI);
      System.out.println(round(5.6));
   }
}
```

在导包处使用static 关键字，最后加上了“.*”，作用就是将 Math 类中的所有静态方法和静态属性直接导入。使用也非常简单，无需使用“类名.方法名”或“类名.属性名”的方式，直接采用“方法名”/“属性名”即可，就像使用该类自己的成员一样，方便简洁。

7.7 代码块

在7.6.节中简单地提到了代码块，用大括号{}包围的一段代码称之为代码块。按照代码块的声明位置不同，可以将代码块分为4种类型：普通代码块、构造代码块、静态代码块和同步代码块。本节重点讲解普通代码块和构造代码块，静态代码块已在7.6.3节中演示完毕，同步代码块参见第12章。

7.7.1 普通代码块

普通代码块一般可以用于约束变量的作用范围，方法名后的{}、分支结构中的{}、循环结构中的{}、方法体中的{}，这些都是普通代码块，如图7-9所示。

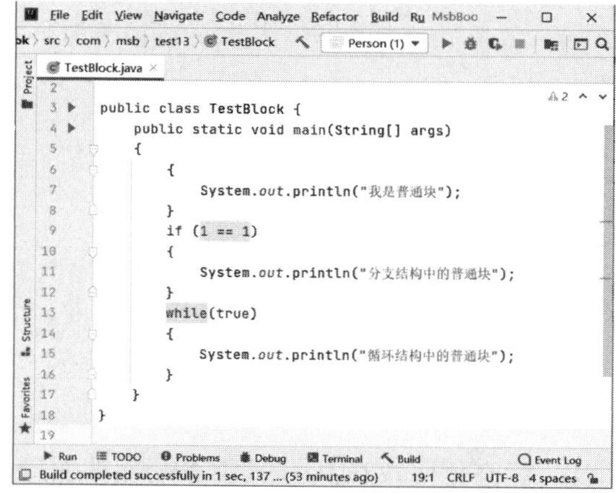

图 7-9　普通代码块

在图7-9 中，5～17 行、6～8 行、10～12 行、14～16 行，均为普通代码块。

7.7.2　构造代码块

构造代码块用来初始化成员变量，可以将所有构造方法共用的特征进行初始化。示例 7-15 融入了构造器、构造代码块、静态块。

【示例 7-15】构造器、构造代码块、静态块演示。

```
public class TestBlock2 {
  // 构造器
  public TestBlock2(){
    System.out.println("构造器被执行");
  }
  // 构造代码块
  {
    System.out.println("构造代码块被执行");
  }
  // 静态块
  static{
    System.out.println("静态块被执行");
  }

  public static void main(String[] args) {
    // 创建对象
    TestBlock2 t1 = new TestBlock2();
    TestBlock2 t2 = new TestBlock2();
    TestBlock2 t3 = new TestBlock2();
  }
}
```

示例 7-15 的运行结果如图 7-10 所示。

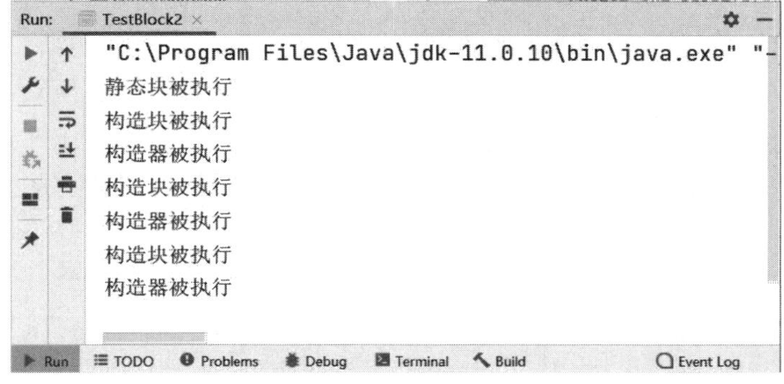

图 7-10　示例 7-15 运行结果

从示例 7-15 的运行结果可以看出，静态代码块优先被执行，并只执行一次。构造代码块的执行顺序优先于构造器。

7.8 包

在邮寄快递的时候，一定要将地址和收件人姓名写清楚，例如：中国北京市海淀区海淀文教园 A 座 8 层，马小二收。之所以这样写，是因为这个世界上叫“马小二”的人太多了，为了防止重名问题，使用了这种解决办法。在程序中定义各种各样的类，也会发生重名问题，为了解决这个问题，使用包来解决，包的本质就是文件夹。

包名格式为公司域名倒置+模块名，每个单词中间用“.”分隔，字母全部小写，如 com.mashibing.login、com.mashibing.task 等。包名中不可以使用操作系统的关键字，如 con、com1、nul 等。

在定义类的时候，类的第一行要声明类所在的包，声明包的语句必须放在非注释性代码的第一行。

【示例 7-16】包的声明。

```
package com.mashibing.testpackage;

public class Test {

}
```

如果要使用其他包中的类，就需要导入包操作，导入包的关键字为 import。

【示例 7-17】导入包操作。

```
package com.mashibing.testpackage;

import java.util.Scanner;          // 导入包操作

public class Test2 {
    public static void main(String[ ] args) {
        Scanner sc = new Scanner(System.in);
        System.out.println("请从键盘录入一个整数：");
        int num = sc.nextInt();
    }
}
```

注意，如果要使用的类在 java.lang 包中，那么可以无须导包，直接使用即可。

如果要导入包下所有的类，可以直接使用“.*”来完成，“.*”代表所有的意思，意为将包下所有类导入。

【示例 7-18】导入包下所有类。

```
package com.mashibing.testpackage;

// import java.util.Date;
// import java.util.Scanner;
import java.util.*;

public class Test3 {
    public static void main(String[] args) {
        Scanner sc = new Scanner(System.in);
```

```
        System.out.println("请键盘录入一个整数：");
        int num = sc.nextInt();

        Date d1 = new Date();
    }
}
```

静态导包在 7.6.4 节已演示完毕。

7.9　封装

本节将介绍面向对象的三大特性之一——封装。

经常有这样的操作，给某人的年龄属性进行赋值操作。

【示例 7-19】给对象设置年龄。

```
// 女孩类
class Girl{
    int age;
}
// 测试类
public class Test14 {
    public static void main(String[] args) {
        // 创建一个女孩类的具体对象
        Girl girl = new Girl();
        // 给女孩对象 girl 的年龄属性赋值
        girl.age = 36;
        // 输出女孩的年龄
        System.out.println("女孩的年龄：" + girl.age);
    }
}
```

示例 7-19 的运行结果如图 7-11 所示。

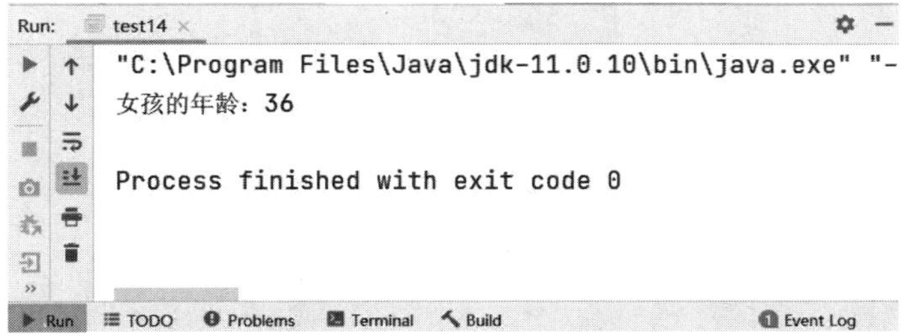

图 7-11　示例 7-19 运行结果

但是在实际生活中，询问女孩的年龄是很不礼貌的，女孩年龄往往也都是保密的。在程序中也经常出现类似年龄的变量，不想让你“轻易”访问。解决办法：可以将类中的属性进行私有化，在属性前用 private 修饰符进行修饰，那么这个属性就不能“轻易”被访问到了。如图 7-12 中程序报错所示。

```
package com.msb;

class Girl{//女孩类
    private int age;
}

public class Test14 {
    public static void main(String[] args) {
        //创建一个女孩类的具体的对象:
        Girl girl = new Girl();
        //给女孩对象girl的年龄属性赋值操作:
        girl.age = 36;
        //输出
        System
    }
}
```

'age' has private access in 'com.msb.Girl'
Create field 'age' in 'Girl' Alt+Shift+Enter More actions... Alt+Enter
com.msb.Girl
private int age

Build completed successfully in 1 sec, 488 ms (11 minutes ago)

图 7-12 程序报错

将属性私有化，外界不可以随意访问。但是age 这个属性，在某些情况下不想被外界访问，可是某些情况下又必须允许被外界访问，那怎么解决这个“矛盾”的问题呢？可以打开一个“口子”，这个“口子”就是为age 属性提供公有的方法，可以对属性进行设置、进行读取。

【示例 7-20】为age 属性提供公有的方法。

```
class Girl{        // 女孩类
  private int age;
  // 获取age 的值
  public int getAge() {
    return age;
  }
  // 设置age 的值
  public void setAge(int age) {
    this.age = age;
  }
}

public class Test14 {
  public static void main(String[] args) {
    // 创建一个女孩类的具体的对象
    Girl girl = new Girl();
    // 给女孩对象 girl 的年龄属性赋值
    girl.setAge(36);
    // 输出女孩的年龄
    System.out.println("女孩的年龄：" + girl.getAge());
  }
}
```

在为age 属性提供了public 修饰的公有方法后，就可以对age 进行设置和读取操作了。那么此时你可能有疑惑：这不是照样可以“肆无忌惮”地访问age 吗？似乎跟刚才的理论相矛盾。那么你再思考，

既然这个方法是开发者编写的，那么方法中的限制就可以根据实际的需求进行编写。对age属性的方法可以重新加入限制。

【示例7-21】公有方法加入限制条件。

```
class Girl{                // 女孩类
   private int age;
   // 获取age 的值
   public int getAge() {
          return age;
   }
   // 设置age 的值
   public void setAge(int age) {

      if (age >= 18) {  // 如果设置的年龄超过18 岁，那么年龄定为18 即可
         this.age = 18;
      }else{             // 如果设置的年龄在18 岁以下，那么可以直接赋值
         this.age = age;
      }
   }
}

public class Test14 {
   public static void main(String[] args) {
      // 创建一个女孩类的具体的对象
      Girl girl = new Girl();
      // 给女孩对象girl 的年龄属性赋值
      girl.setAge(36);
      // 输出女孩的年龄
      System.out.println("女孩的年龄：" + girl.getAge());
   }
}
```

示例7-21 的运行结果如图7-13 所示。

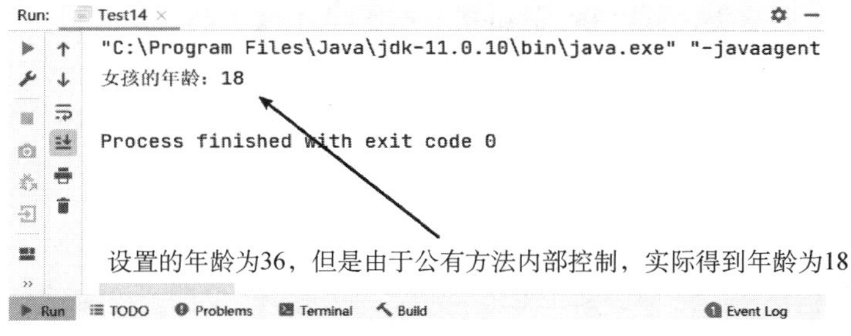

图7-13　示例7-21 运行结果

总结示例 7-20 和示例 7-21 的实现步骤如下。

- 将属性进行私有化，利用private 进行修饰。
- 编写公有方法，利用public 进行修饰，提供属性对应的设置和获取方法。
- 在赋值方法中根据实际需求进行合理限制。

上面的实现方式就是封装的一种。封装就是将类中的某些信息进行隐藏，不完全对外暴露，不允

许外界直接访问隐藏信息，而是提供一些暴露手段，利用暴露手段进行访问操作。通过权限修饰符来巧妙地控制访问权限，是封装中的重要手段。private 只是其中一个权限修饰符，其他修饰符还有default、protected、public。后续内容中会重点讲解权限修饰符。

7.10 继承

本节将介绍面向对象三大特性之二——继承。

7.10.1 继承的原理

所谓万事万物皆对象，对多个对象的“相像”部分进行抽取，形成了类。对多个“相像”的类进行抽取，抽取出父类，形成父类与子类的关系，就是继承。

下面列出几个类。

（1）学生类（Student）。

属性：姓名，年龄，身高，学生编号。

方法：吃饭，睡觉，聚会，学习。

（2）教师类（Teacher）。

属性：姓名，年龄，身高，教师编号。

方法：吃饭，睡觉，聚会，教学。

（3）员工类（Employee）。

属性：姓名，年龄，身高，员工编号。

方法：吃饭，睡觉，聚会，工作。

如果一一编写上述类，发现需要编写很多重复的属性（如姓名，年龄，身高）和方法（如吃饭，睡觉，聚会），这些类“共同”和“相像”的东西很多，都满足了人类的特点，所以向上抽取出一个类：人类。那么人类就可以作为父类，学生类、教师类、员工类作为子类，子类和父类之间属于继承关系。子类继承父类需要使用关键字extends。

首先，我们编写一个“人”的父类，这个父类有三个属性，即年龄、姓名和身高，它还有三个方法，即 eat( )、sleep( )和 meeting( )，如示例 7-22 所示。

【示例 7-22】编写父类。

```
public class Person {
  // 属性
  int age;             // 年龄
  String name;         // 姓名
  double height;       // 身高
  // 方法
  // 吃饭
  public void eat(){
    System.out.println("父类吃饭方法-可以编写具体业务逻辑");
  }
  // 睡觉
```

```
    public void sleep(){
        System.out.println("父类睡觉方法-可以编写具体业务逻辑");
    }
    // 聚会
    public void meeting(){
        System.out.println("父类聚会方法-可以编写具体业务逻辑");
    }
}
```

接下来，编写一个学生子类，这个子类继承自“人”父类，子类有一个特有属性学号和一个特有方法 study( )，如示例 7-23 所示。

【示例 7-23】编写子类（以学生类为例）。

```
public class Student extends Person{
    // 子类特有属性
    int sno;// 学号
    // 子类特有方法
    public void study(){
        System.out.println("学生类特有方法-可以编写具体业务逻辑");
    }
}
```

新建一个测试类，创建一个学生对象，调用父类和子类中的方法，并打印出结果，如示例 7-24 所示。

【示例 7-24】编写测试类。

```
public class Test {
    public static void main(String[ ] args) {
        // 创建学生类对象
        Student s = new Student();
        // 给属性进行赋值
        s.age = 19;
        s.name = "张三";
        s.height = 167.4;
        s.sno = 2021872;
        // 调用方法
        s.study();
        s.eat();
        s.sleep();
        s.meeting();
        // 使用属性
        System.out.println("学生年龄：" + s.age + ",学生姓名：" + s.height + ",学生学号：" + s.sno + ",学生身高："
+ s.height);
    }
}
```

示例 7-24 的运行结果如图 7-14 所示。

从示例 7-23 可以看出，如果没有继承父类的话，那么 Student 学生类在编写的时候就需要将所有的属性和方法编写进去，但是继承了父类以后，子类中只需要写子类特有的属性和方法即可。从图 7-14 的运行结果可以验证：虽然子类中没有定义 name、age、height 属性和 eat、sleep、meeting 方法，但是依然可以访问到以上属性和方法，说明继承父类以后，子类可以将父类的成员继承，提高代码的复用性。

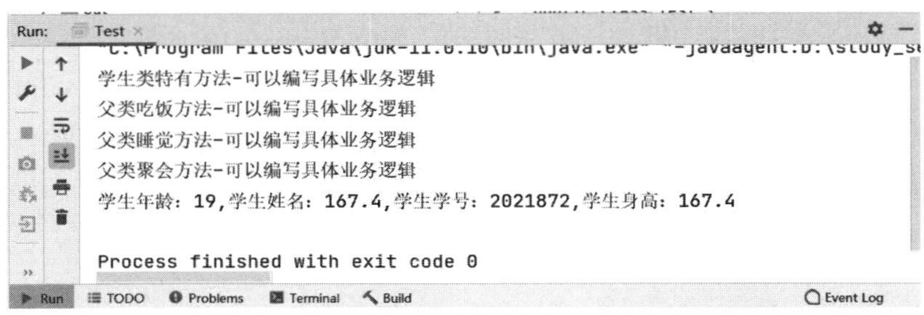

图7-14　示例7-24运行结果

7.10.2　继承的特性

实现继承可以提高代码的复用性，继承还有如下几个特性。

（1）C语言中可以实现多继承，但在Java中只能实现单继承，即一个子类只能有一个父类。

【示例7-25】Java单继承演示。

```
public class A {

}
class B {

}
class C extends A{
  // C 作为子类，只能有一个父类，要么继承 A 类，要么继承 B 类
}
```

示例7-25的运行结果如图7-15所示。

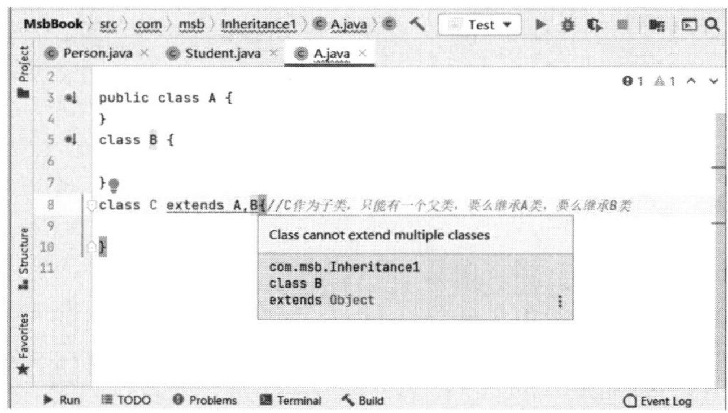

图7-15　示例7-25运行结果

（2）所有类都直接或间接地继承自Object类，如示例7-25中的类所示，满足单继承性，所以C类直接继承自A类，A类是否继承父类了呢？是的，A类继承自Object类，只是在代码中将extends Object省略了。所以A类直接继承自Object类，C类间接继承自Object类。Object类是所有类的根基父类。

（3）继承具备传递性。A类是B类的父类，B类是C类的父类，那么也可以说A类是C类的父类。

（4）一个类既可以是某种业务需求中的子类，也可以是某种业务需求中的父类。

7.10.3　方法的重写

在 5.5 节中讲解了方法的重载，本节重点讲解方法的重写，重载和重写一定要区分开。

所谓方法的重写，是建立在子类继承父类的前提下，当子类对父类提供的方法不满意时，不想直接继承使用，可对父类的方法在子类中进行重写，以更好地满足需求。

子类重写的方法和父类的方法要求方法名相同，形参列表相同。

【示例 7-26】方法的重写。

```
class Person {                          // 父类：人类
  // 吃饭方法
  public void eat(){
    System.out.println("食物种类很多");
  }
}
class Chinese extends Person{           // 子类：中国人
  @Override
  public void eat() {
    System.out.println("中国人喜欢吃大米、饺子、面条");
  }
}

public class Test {
  public static void main(String[ ] args) {
    // 定义一个中国人对象
    Chinese c = new Chinese();
    c.eat();
  }
}
```

示例 7-26 的运行结果如图 7-16 所示。

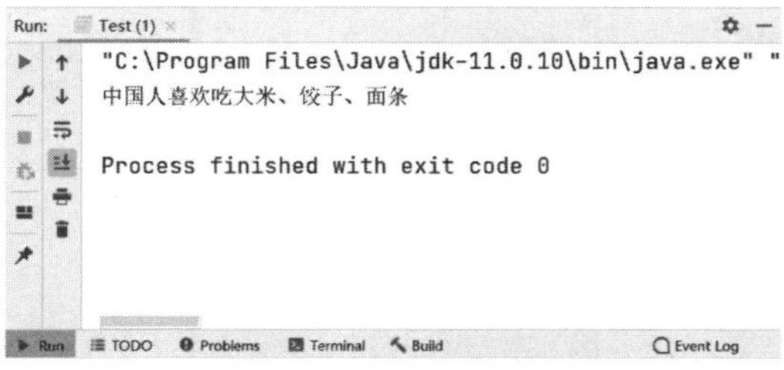

图 7-16　示例 7-26 运行结果

提示：

重写的方法名字和父类方法名字要求一致，参数列表也必须一致。父类权限修饰符要低于或等于子类。父类的返回值类型要大于或等于子类。

7.10.4　权限修饰符

在 7.9 节我们使用了 private 修饰符，private 修饰符是权限修饰符的一种，用来控制所修饰成员的

访问权限。权限修饰符一共 4 个：private、default、protected、public。private、default、protected、public 可以修饰属性或者方法，default、public 可以修饰类。表 7-1 展示了 4 种修饰符的访问权限。

表 7-1 权限修饰符访问权限

权限修饰符	同一个类	同一个包	子 类	所 有 类
private	√			
default	√	√		
protected	√	√	√	
public	√	√	√	√

提示：

如果修饰符为 default，default 可以省略。

7.10.5 super 关键字

在 7.5 节中学习了 this 关键字，this 关键字指代对象自身。super 关键字用法与之类似，但是指代的是父类。可以通过 super 关键字来访问父类的属性、方法、构造器。

super 关键字的作用如下。

- super 修饰属性，可以在本类中访问父类的属性。格式：super.属性名，其中 super.可以省略。
- super 修饰方法，可以在本类中访问父类的方法，提高代码的复用性。格式：super.方法名(参数列表)，其中 super.可以省略。
- super 修饰构造器，调用父类构造器，提高代码的复用性。调用空构造器格式：super()，调用有参构造器格式：super(参数列表)。super 修饰构造器时，必须放在构造器代码的第一行。

【示例 7-27】super 关键字的使用。

```
package com.msb.Inheritance3;

public class Person {
  // 属性
  private int age;
  private String name;
  // 构造器
  public Person() {

  }
  public Person(int age, String name) {
    this.age = age;
    this.name = name;
  }
  // setter 和 getter 方法
  public int getAge() {
    return age;
```

```
    }

    public void setAge(int age) {
        this.age = age;
    }

    public String getName() {
        return name;
    }

    public void setName(String name) {
        this.name = name;
    }
    // 方法
    public void eat(){
        System.out.println("爱吃美食");
    }
}

class Student extends Person{
    // 学号属性
    private int sno;
    // setter 和 getter 方法：
    public int getSno() {
        return sno;
    }

    public void setSno(int sno) {
        this.sno = sno;
    }
    // 构造器

    public Student() {

    }

    public Student(int age, String name, int sno) {
        super(age, name);     // 调用父类中两个参数的构造器
        this.sno = sno;
    }
    // 聚会方法
    public void meeting(){
        super.eat();             // 调用父类的方法
        System.out.println("我和" + super.getName() + "一起聚会");
    }
}
```

示例 7-27 中有如下两个细节需要了解。

● 父类属性如果被 private 修饰，那么子类不能通过 super.直接访问到，可以利用封装提供的 setter

和 getter 方法对 private 属性进行访问，通过 super.调用 setter 和 getter 方法。如果父类的属性被 default 修饰，那么子类和父类在同一个包中，就可以用 super.访问。

- 其实构造器的一行都会省略 super()，super()用来完成对父类成员的初始化操作。例如，示例 7-27 中的空构造器，其实第一行都有 super()，只是省略了。完整代码为如下。

```
public Student() {
  super();                    // 可省略不写
}
或者
public Person(int age, String name) {
  super();                    // 可省略不写
    this.age = age;
    this.name = name;
  }
```

7.10.6 项目驱动——比萨自助点餐系统

【项目目标】

通过本章的项目驱动案例体验面向对象编程的精髓。

【项目任务】

完成比萨自助点餐系统。控制台接收用户输入的信息，用户可以选择比萨的品种，包括培根比萨和水果比萨。

【项目逻辑】

将比萨定义为类，它的属性包括名称、价格和大小，编写其方法。比萨自助点餐系统的运行效果如图 7-17 所示。

程序运行控制台效果如下：

请选择你想要购买的比萨（1.培根比萨 2.水果比萨）： 1 请录入培根的克数： 23 请录入比萨的大小： 12 请录入比萨的价格： 103 比萨的名字是：培根比萨 比萨的大小是：12寸 比萨的价格：103元 培根的克数是：23克	请选择你想要购买的比萨（1.培根比萨 2.水果比萨）： 2 请录入你想要加入的水果： 榴莲、芒果、蓝莓 请录入比萨的大小： 10 请录入比萨的价格： 76 比萨的名字是：水果比萨 比萨的大小是：10寸 比萨的价格：76元 你要加入的水果：榴莲、芒果、蓝莓

图 7-17 项目运行效果

根据用户输入的信息产生具体的比萨对象。培根比萨和水果比萨继承自比萨类。比萨类是父类，培根比萨和水果比萨是子类，如图 7-18 所示。

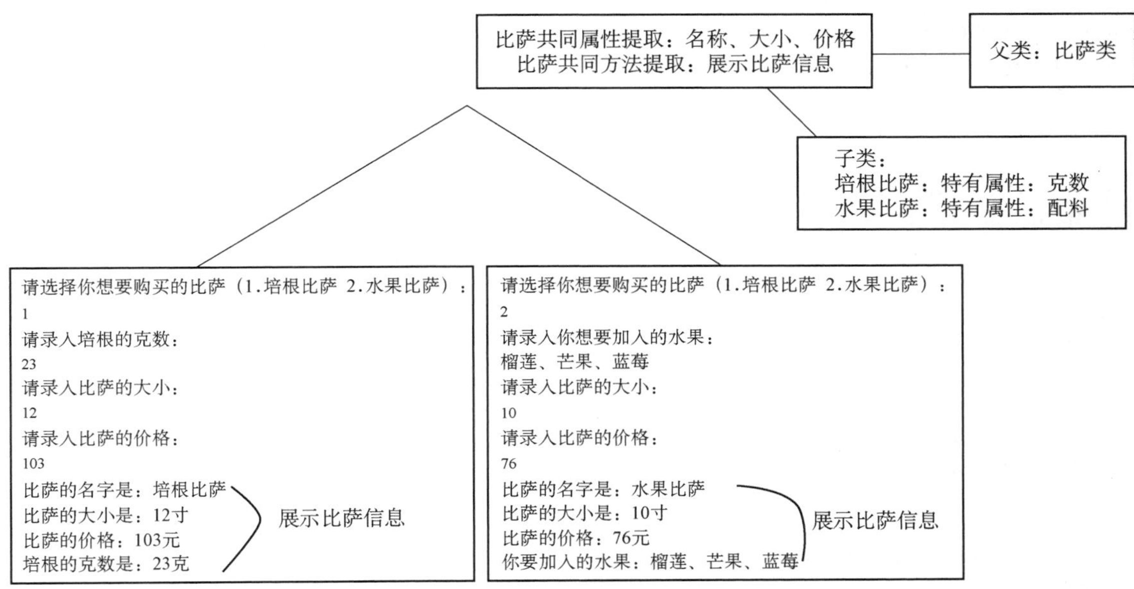

图 7-18　项目业务需求分析提取

【项目技能】

通过这个项目，掌握以下知识点。

- 编写父类和子类。
- 编写类的方法。
- 封装和继承的使用。

【项目步骤】

第一步，编写比萨类。
第二步，编写培根比萨类和水果比萨类。
第三步，编写测试类。

【项目过程】

第一步，按照需要先完成父类比萨类的编写。
【示例 7-28】编写父类比萨类。

```
package com.msb.Inheritance4;
/*
父类：比萨类
 */
public class Pizza {
   // 属性
   private String name;             // 名称
   private int size;                // 大小
   private int price;               // 价格
```

```
    // setter、getter 方法
    public String getName() {
        return name;
    }

    public void setName(String name) {
        this.name = name;
    }

    public int getSize() {
        return size;
    }

    public void setSize(int size) {
        this.size = size;
    }

    public int getPrice() {
        return price;
    }

    public void setPrice(int price) {
        this.price = price;
    }

    // 构造器
    public Pizza() {
        super();
    }

    public Pizza(String name, int size, int price) {
        this.name = name;
        this.size = size;
        this.price = price;
    }
    // 方法
    // 展示比萨信息
    public String showPizza(){
        return "比萨的名字是："+name+"\n 比萨的大小是："+size+"寸\n 比萨的价格："+price+"元";
    }
}
```

第二步，编写子类培根比萨类。

【示例 7-29】编写子类培根比萨类。

```
public class BaconPizza extends Pizza{
    // 属性
    private int weight;
    public int getWeight() {
        return weight;
```

```
  }
  public void setWeight(int weight) {
    this.weight = weight;
  }
  // 构造器
  public BaconPizza() {
  }
  public BaconPizza(String name, int size, int price, int weight) {
    super(name, size, price);
    this.weight = weight;
  }
  // 重写父类showPizza 方法
  @Override
  public String showPizza() {
    return super.showPizza()+"\n 培根的克数是："+weight+"克";
  }
}
```

第三步，编写子类水果比萨类。

【示例 7-30】编写子类水果比萨类。

```
public class FruitsPizza extends Pizza{
  // 属性
  private String burdening;// 配料
  public String getBurdening() {
    return burdening;
  }
  public void setBurdening(String burdening) {
    this.burdening = burdening;
  }
  // 构造器
  public FruitsPizza() {
  }
  public FruitsPizza(String name, int size, int price, String burdening) {
    super(name, size, price);
    this.burdening = burdening;
  }
  // 重写父类showPizza 方法
  @Override
  public String showPizza() {
    return super.showPizza()+"\n 你要加入的水果："+burdening;
  }
}
```

为了方便进行测试，我们专门编写了一个测试类。

【示例 7-31】编写测试类。

```
public class Test1 {
  public static void main(String[] args) {
    // 选择购买的比萨
    Scanner sc = new Scanner(System.in);
    System.out.println("请选择你想要购买的比萨（1.培根比萨 2.水果比萨）:");
    int choice = sc.nextInt();// 选择
```

```
        switch (choice){
            case 1:
                {
                    System.out.println("请录入培根的克数：");
                    int weight = sc.nextInt();
                    System.out.println("请录入比萨的大小：");
                    int size = sc.nextInt();
                    System.out.println("请录入比萨的价格：");
                    int price = sc.nextInt();
                    // 将录入的信息封装为培根比萨的对象
                    BaconPizza bp = new BaconPizza("培根比萨",size,price,weight);
                    System.out.println(bp.showPizza());
                }
                break;
            case 2:
                {
                    System.out.println("请录入你想要加入的水果：");
                    String burdening = sc.next();
                    System.out.println("请录入比萨的大小：");
                    int size = sc.nextInt();
                    System.out.println("请录入比萨的价格：");
                    int price = sc.nextInt();
                    // 将录入的信息封装为水果比萨的对象
                    FruitsPizza fp = new FruitsPizza("水果比萨",size,price,burdening);
                    System.out.println(fp.showPizza());
                }
                break;
        }
    }
}
```

运行测试类，分别选择培根比萨或水果比萨的运行结果，如图 7-19 和图 7-20 所示。

图 7-19 选择培根比萨运行结果

图 7-20　选择水果比萨运行结果

【项目拓展】

新能源汽车是汽车的一个品类，按照面向对象的思路，其实也是汽车大类的一个子类，模仿比萨的父类和子类，编写一个汽车父类，再分别编写燃油汽车和新能源汽车两个子类。

7.10.7　Object 类

Object 类是 Java 中所有类的根基父类。所有类都直接或间接地继承自 Object 类。

【示例 7-32】直接继承 Object 类（不省略）。

```
public class A extends Object{

}
```

一般若直接继承自 Object 类，那么 extends Object 可以省略不写。

【示例 7-33】直接继承 Object 类（省略）。

```
public class A {

}
```

【示例 7-34】间接继承 Object 类。

```
public class A /*extends Object*/{

}
class B extends A{

}
```

在示例 7-34 中，A 类直接继承自 Object 类，B 类直接继承自 A 类，所以间接继承自 Object 类。

Object 类作为根基父类，其所提供的方法子类自然都可以使用。其中最常用的一个方法就是 toString()方法。接下来对这个方法做重点介绍。

【示例 7-35】使用变量的值。

```
public class test15 {
    public static void main(String[] args) {
        int age = 10;
        System.out.println(age);
    }
}
```

示例 7-35 中输出的是基本数据类型的值，下面尝试输出引用数据类型对象的值。

【示例 7-36】输出对象的值。

```
public class Student {
    // 属性
    int age;
    String name;
    // 构造器
    public Student(int age, String name) {
        this.age = age;
        this.name = name;
    }
}
class Test16{
    public static void main(String[ ] args) {
        Student s = new Student(18,"丽丽");
        System.out.println(s);        // 直接输出 s 的值
    }
}
```

示例 7-36 的运行结果如图 7-21 所示。

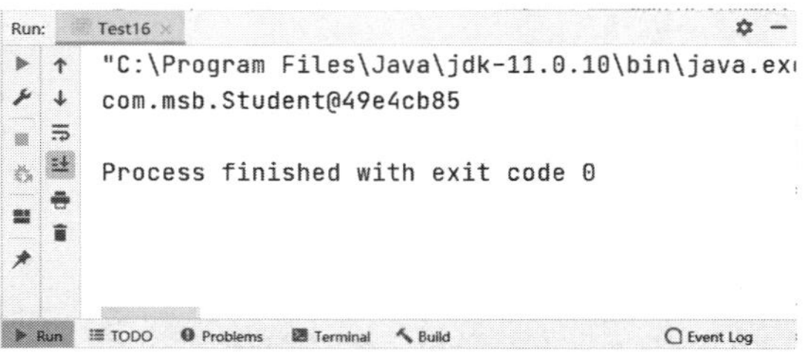

图 7-21　示例 7-36 运行结果

在示例 7-36 中，输出 s 的值不仅没有报错，在控制台上也出现了输出结果，这证明此种输出方式是可行的。其实表面上看到的是输出 s，实际是 s 对象隐式地调用了 toString()方法，只是对象的 toString()方法的调用可以省略不写。

完整地调用显示语句为 System.out.println(s.toString());。

在示例 7-36 中，明显看到 s 对象所属的 Student 类并没有定义 toString()方法，那么 toString()方法为什么可以使用呢？因为虽然 Student 类中没有定义 toString()方法，但是 Student 类继承自 Object 类，Object 类提供了 toString()方法，那么子类 Student 类将该方法继承，所以 Student 类的对象 s 可以直接调用 toString()方法。

toString()方法在 API 中的说明如图 7-22 所示。

toString

public String **toString**()

返回该对象的字符串表示。通常，toString 方法会返回一个“以文本方式表示”此对象的字符串。结果应是一个简明但易于读懂的信息表达式。建议所有子类都重写此方法。

Object 类的 toString 方法返回一个字符串，该字符串由类名（对象是该类的一个实例）、at 标记符“@”和此对象哈希码的无符号十六进制表示组成。换句话说，该方法返回一个字符串，它的值等于：

```
getClass().getName() + '@' + Integer.toHexString(hashCode())
```

返回：
该对象的字符串表示形式。

图 7-22　toString()方法在 API 中的说明

通过图 7-22 中的说明可以发现，一旦调用 toString()方法，会返回该对象的字符串表示，这个表示形式稍显麻烦。其具体含义可以理解为如下几点。

- getClass().getName()返回完全限定名称，格式为包名加类名的形式。
- “@”是拼接符号。
- Integer.toHexString(hashCode())返回以十六进制表示的哈希值对象。

很明显，返回上述信息对用户或开发者而言并不友好，当子类对父类提供的方法不满意时，可以对父类的方法进行重写，所以一般都在子类中重写 toString()方法。

【示例 7-37】子类重写 toString()方法。

```
public class Student {
   // 属性
   int age;
   String name;
   // 构造器
   public Student(int age, String name) {
      this.age = age;
      this.name = name;
   }
   // 重写 toString( )方法
   @Override
   public String toString() {
      return "Student{" +
            "age=" + age +
            ", name='" + name + '\'' +
            '}';
      }
}
class Test16{
   public static void main(String[ ] args) {
      Student s = new Student(18,"丽丽");
      System.out.println(s.toString());
   }
}
```

重写 toString()方法后，程序运行结果如图 7-23 所示。

```
Run:  Test16
"C:\Program Files\Java\jdk-11.0.10\bin\java.exe
Student{age=18, name='丽丽'}

Process finished with exit code 0
```

图 7-23　重写 toString()方法后程序运行结果

重写 toString()方法后，输出结果的可读性会提高。所以，一般建议在自定义类中重写 toString()方法，以便后续使用。

7.11　多态

本节介绍面向对象三大特性之三——多态。

7.11.1　多态的实现

多态是初学者比较难理解的一个知识点。我们用一个生活案例来引入：生活中的手机，有人使用安卓系统手机，有人使用苹果系统手机。那么可以将手机作为父类，安卓系统手机、苹果系统手机各作为子类，如图 7-24 所示。

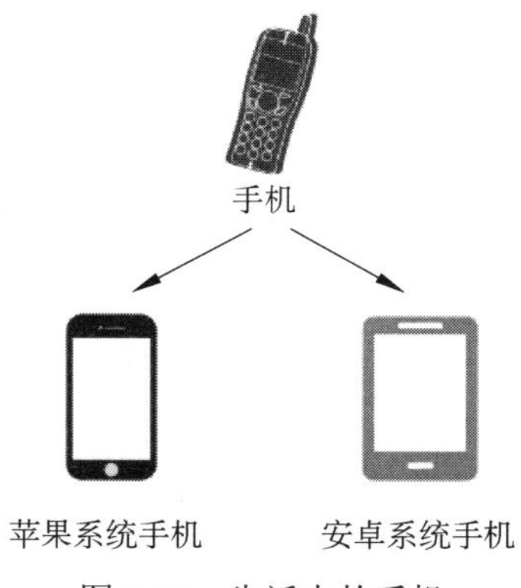

图 7-24　生活中的手机

【示例 7-38】手机案例演示。

```
public class Phone {
  // 通话方法
  public void communicate(){
     System.out.println("人类喜欢通过智能电话沟通");
  }
}

class AndroidPhone extends Phone{
```

```
    // 重写通话方法
    public void communicate(){
        System.out.println("使用安卓手机进行通话");
    }
}

class iPhone extends Phone{
    // 重写通话方法
    public void communicate(){
        System.out.println("使用苹果手机进行通话");
    }
}

class Test{
    public static void main(String[] args) {
        Phone p1 = new AndroidPhone();
        p1.communicate();
        Phone p2 = new iPhone();
        p2.communicate();
    }
}
```

示例7-38 的运行结果如图7-25 所示。

图7-25　示例7-38 运行结果

在示例7-38 中定义了父类 Phone 和AndroidPhone、iPhone 两个子类，在main 方法中分别创建了AndroidPhone 类和iPhone 类的对象，并且调用了communicate()方法。创建对象的格式，都是用父类引用指向子类对象的形式，同样的 Phone 手机可以展现出不同的形态，要么是安卓手机的形态，要么是苹果手机的形态，这就是多态的效果。

那么多态效果是怎么实现的呢？示例7-38 中已经完成了对应的必备步骤，如下所示。

（1）有父类子类的继承关系。示例中的 AndroidPhone 类和 iPhone 类作为子类，分别继承自Phone 类。

（2）子类重写父类方法。AndroidPhone 和iPhone 子类中重写了父类 Phone 类中的communicate()方法。

（3）父类引用指向子类对象。如 Phone p1 = new AndroidPhone();，Phone p2 = new iPhone();。等号左边父类是编译时对应的类型，等号右边类型是程序运行时对应的类型。

以上步骤是多态实现的必备步骤，缺一不可，没有继承就没有重写，没有重写父类引用指向子类对象也没有意义。

7.11.2 多态的表现形式

多态的表现形式有如下两种。

（1）父类作为方法的形参，具体传入子类对象。

【示例 7-39】父类作为方法的形参（使用示例 7-38 中的 AndroidPhone 类、iPhone 类、Phone 类）。

```
class Test2{
  public static void main(String[ ] args) {
    Phone p1 = new AndroidPhone();
    communicateByPhone(p1);
    Phone p2 = new iPhone();
    communicateByPhone(p2);
  }
  public static void communicateByPhone(Phone p){
    p.communicate();
  }
}
```

（2）父类作为方法的返回值，具体返回子类对象。

【示例 7-40】父类作为方法的返回值（使用示例 7-38 中的 AndroidPhone 类、iPhone 类、Phone 类）。

```
class Test3{
  public static void main(String[ ] args) {
    communicateByPhone(1);
  }
  public static Phone communicateByPhone(int choice){
    Phone p = null;
    if(choice == 1){
      p = new AndroidPhone();
    }
    if(choice == 2){
      p = new iPhone();
    }
    return p;
  }
}
```

第 2 种表现形式实际也是利用了简单工厂设计模式。可以继续完善项目驱动——比萨自助点餐系统，将示例 7-31 进一步完善，采用简单工厂设计模式。

【示例 7-41】多态的表现形式——简单工厂设计模式。

```
public class Test2 {
  // 这是一个 main 方法，是程序的入口
  public static void main(String[ ] args) {
    // 选择购买比萨
    Scanner sc = new Scanner(System.in);
    System.out.println("请选择你要购买的比萨（1.培根比萨  2.水果比萨）:");
    int choice = sc.nextInt();    // 选择
    // 通过工厂获取比萨
    Pizza pizza = PizzaStore.getPizza(choice);
    System.out.println(pizza.showPizza());
```

```
    }
}

class PizzaStore {
    public static Pizza getPizza(int choice){
        Scanner sc = new Scanner(System.in);
        Pizza p = null;
        switch (choice){
            case 1:
            {
                System.out.println("请录入培根的克数：");
                int weight = sc.nextInt();
                System.out.println("请录入比萨的大小：");
                int size = sc.nextInt();
                System.out.println("请录入比萨的价格：");
                int price = sc.nextInt();
                // 将录入的信息封装为培根比萨的对象
                BaconPizza bp = new BaconPizza("培根比萨",size,price,weight);
                p = bp;
            }
            break;
            case 2:
            {
                System.out.println("请录入你要加入的水果：");
                String burdening = sc.next();
                System.out.println("请录入比萨的大小：");
                int size = sc.nextInt();
                System.out.println("请录入比萨的价格：");
                int price = sc.nextInt();
                // 将录入的信息封装为水果比萨的对象
                FruitsPizza fp = new FruitsPizza("水果比萨",size,price,burdening);
                p = fp;
            }
            break;
        }
        return p;
    }
}
```

7.11.3　类型转换

在 2.5 节介绍了基本数据类型之间可以通过自动类型转换或强制类型转换的形式进行转换。引用数据类型之间同样可以进行类型转换，分为向上类型转换和向下类型转换。

1. 向上类型转换

引用数据类型的向上类型转换类似于基本数据类型的自动类型转换，是自动发生的，可以直接将子类对象赋值给父类引用，无须任何额外操作。

【示例7-42】向上类型转换（使用示例7-38 中的 AndroidPhone 类、iPhone 类、Phone 类）。

```
public class Test4 {
  public static void main(String[ ] args) {
    Phone p = new AndroidPhone();        // 发生向上类型转换
  }
}
```

其中p 对象的编译类型为Phone 类型，所以如果利用p 对象调用方法/属性，只能调用父类Phone 类中定义的方法/属性。子类特有的方法/属性是不能调用的。

2. 向下类型转换

示例7-42 中的p 对象编译类型为Phone 类型，只能调用父类Phone 类中定义的方法/属性，此时如果非想调用子类对象特有的方法/属性，必须进行向下类型转换，类似于基本数据类型的强制类型转换，需要通过“()”来强制完成。

【示例7-43】向下类型转换（使用示例7-38 中的 AndroidPhone 类、iPhone 类、Phone 类）。

```
public class Test5 {
  public static void main(String[ ] args) {
    Phone p = new AndroidPhone();
    AndroidPhone ap = (AndroidPhone)p;              // 发生向下类型转换
  }
}
```

将p 对象向下强制转换为ap 对象以后，ap 对象的编译类型就是AndroidPhone 类型了，可以调用子类中特有的方法/属性。

7.11.4 instanceof 运算符

instanceof 严格来说是Java 中的一个双目运算符，用来测试一个对象是否为一个类的实例，用法如下。

```
boolean result = o instanceof Cls;
```

其中o 是一个具体的对象，Cls 表示一个类/接口，当o 确实为Cls 类的直接或间接子类，以及当o 确实为 Cls 接口的直接或间接实现类时，结果返回true，否则返回false。

【示例7-44】instanceof 运算符的使用。

```
public class Test6 {
  public static void main(String[ ] args) {
    Phone p = new AndroidPhone();
    System.out.println("p 是否为 Phone 类的实例：" + (p instanceof Phone));
    System.out.println("p 是否为 AndroidPhone 类的实例：" + (p instanceof AndroidPhone));
    System.out.println("p 是否为iPhone 类的实例：" + (p instanceof iPhone));
    String s = "msb";
    System.out.println("s 是否为 String 类的实例：" + (s instanceof String));
  }
}
```

示例7-44 的运行结果如图7-26 所示。

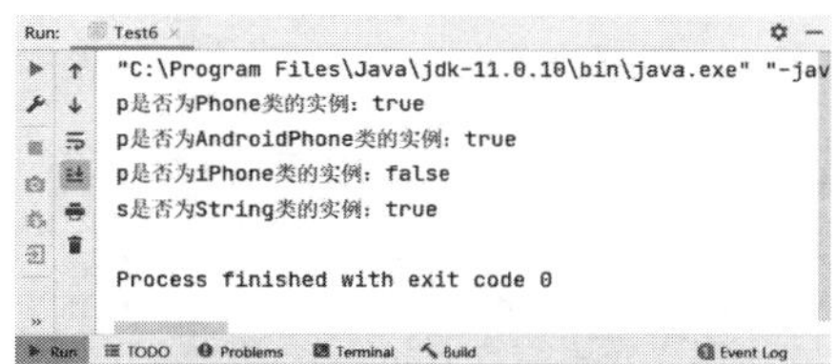

图 7-26　示例 7-44 运行结果

7.12　final 关键字

final 关键字可以修饰变量、方法和类，其作用各不相同。

7.12.1　final 修饰变量

final 修饰基本数据类型变量，其值不可以再被改变，这个变量也变成了一个字符常量。约定俗成的规定：名字字母全部大写。如果改变其值，会报错，如图 7-27 所示。

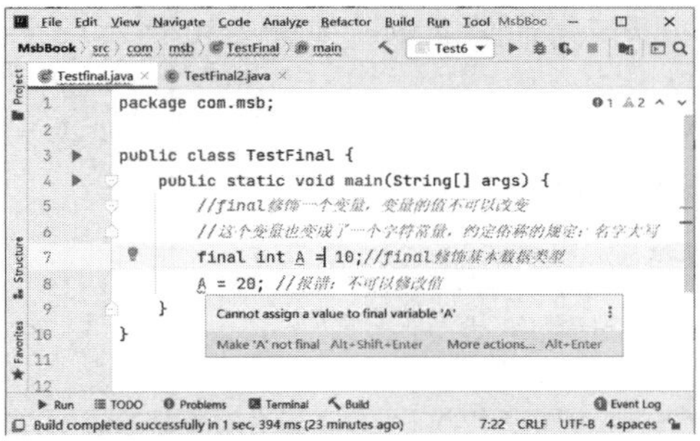

```
package com.msb;

public class TestFinal {
    public static void main(String[] args) {
        //final修饰一个变量，变量的值不可以改变
        //这个变量也变成了一个字符常量，约定俗称的规定：名字大写
        final int A = 10;//final修饰基本数据类型
        A = 20; //报错：不可以修改值
    }
}
```

Cannot assign a value to final variable 'A'

图 7-27　基本数据类型变量改变值报错

final 修饰引用数据类型变量，其属性值可以变动，但是地址不可以被修改，如图 7-28 所示。

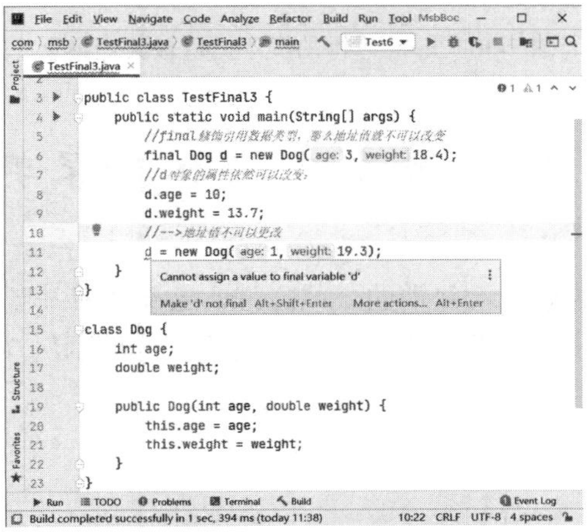

```
public class TestFinal3 {
    public static void main(String[] args) {
        //final修饰引用数据类型，那么地址值就不可以改变
        final Dog d = new Dog(age: 3, weight: 18.4);
        //d对象的属性依然可以改变：
        d.age = 10;
        d.weight = 13.7;
        //-->地址值不可以更改
        d = new Dog(age: 1, weight: 19.3);
    }
}

class Dog {
    int age;
    double weight;

    public Dog(int age, double weight) {
        this.age = age;
        this.weight = weight;
    }
}
```

Cannot assign a value to final variable 'd'

图 7-28　引用数据类型变量改变值报错

7.12.2 final 修饰方法

当 final 修饰方法时，该方法不能被子类重写，如图 7-29 所示。

```
package com.msb.test16;

public class Animal {
    final public void eat(){
        System.out.println("动物都需要喝水");
    }
}
class Dog extends Animal {
    @Override
    public void eat(){
```

'eat()' cannot override 'eat()' in 'com.msb.test16.Animal'; overridden method is final

Make 'Animal.eat' not final Alt+Shift+Enter More actions... Alt+Enter

图 7-29 方法被 final 修饰以后不可以被子类重写

7.12.3 final 修饰类

当 final 修饰类时，该类不可以被其他类继承，如图 7-30 所示。

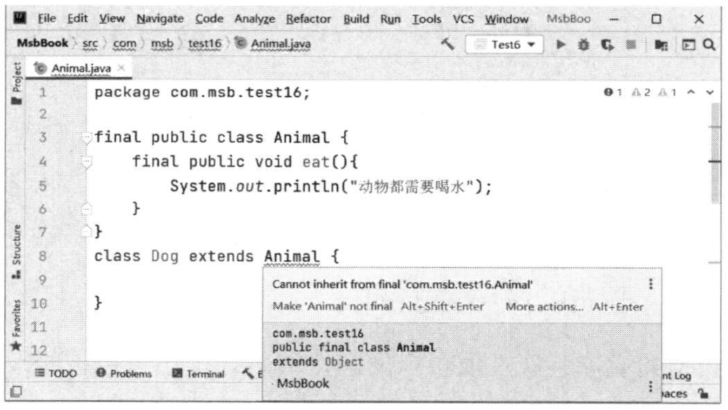

图 7-30 final 修饰的类不可以被其他继承

7.13 抽象方法和抽象类

子类在继承父类的过程中，会继承父类的一些方法。如果不能确定子类到底该如何实现，可以先将父类中的方法定义为抽象类，当子类继承时再进行具象化，如示例 7-45 所示。

【示例 7-45】方法的重写。

```
public class Animal {
  // 喊叫方法
  public void shout(){
    System.out.println("动物发出叫声");
```

```
    }
}

class Cat extends Animal {
    @Override
    public void shout() {
        System.out.println("小猫喵喵叫");
    }
}
```

示例 7-45 在子类 Cat 中重写了 shout()方法。程序中经常出现这样的情况，父类提供的方法，无论方法体如何编写，子类对父类的方法都不满意，即需要进行重写，所以此时父类的方法体无论怎么定义都没有意义。这种情况下，能不能直接砍掉父类的方法体呢？答案是可以的，但是需要在父类方法前加一个修饰符：abstract，使该方法变成一个抽象方法。一旦一个类中有抽象方法，那么当前方法所属的类也要变成一个抽象类。

【示例 7-46】抽象方法和抽象类的定义。

```
/*
抽象类
 */
public abstract class Animal {
    // 喊叫方法为抽象方法
    public abstract void shout();
}

class Cat extends Animal {
    @Override
    public void shout() {
        System.out.println("小猫喵喵叫");
    }
}
```

如果一个类中有抽象方法，那么该类一定是抽象类。反之，如果一个类是抽象类，那么其中可以有 0～n 个抽象方法。子类继承抽象类时就要重写父类中全部的抽象方法，如果没有全部重写，那么子类也要变成一个抽象类。

7.14　接口

7.14.1　接口的定义

接口和类是并列的关系，都属于引用数据类型的一种。类的定义使用关键字 class，接口的定义使用关键字 interface。接口用来定义一种能力，某个类要具备接口提供的能力，就要实现这个接口。

【示例 7-47】接口的定义 1。

```
public interface Flyable {

}
```

在 JDK1.8 之前，接口中只有两部分内容，其中修饰符可以省略不写。

（1）常量：固定修饰符为 public static final。

（2）抽象方法：固定修饰符为 public abstract。

在 JDK1.8 之后，新增了如下非抽象方法。

（1）被 public default 修饰的非抽象方法。

（2）静态方法。

按照如上定义，重新编写接口。

【示例 7-48】接口的定义 2。

```
public interface Flyable {
  // 常量
  public static final int NUM= 10;
  // 抽象方法
  public abstract void fly();
  // 非抽象方法
  public default void a(){
    System.out.println("-------Flyable---a()-----");
  }
  // 静态方法
  public static void b(){
    System.out.println("-------Flyable---b()------");
  }
}
```

接口定义好以后，可以被类实现。某个类想具备这个接口提供的功能，需要使用 implements 关键字来实现接口。一个类一旦实现接口，就要实现接口中定义的抽象方法（如果没有将全部的抽象方法实现，那么该类将变成一个抽象类）。

【示例 7-49】实现接口。

```
public class Plane implements Flyable{            // Plane 类具备 Flyable 接口提供的能力
  @Override
  public void fly() {
    System.out.println("飞机进入航线后会以一个非常安全的高度来飞行。");
  }
}
```

创建一个测试类，测试接口中的方法和常量，如示例 7-50 所示。

【示例 7-50】该接口的测试类。

```
public class Test1 {
  public static void main(String[ ] args) {
    // 创建 Plane 对象
    Plane p = new Plane();
    // 调用重写的 fly()方法
    p.fly();
    // 调用接口非抽象方法
    p.a();
    // 调用接口中静态方法
    Flyable.b();
```

```
        // 调用接口中常量
        System.out.println(p.NUM);
        System.out.println(Plane.NUM);
        System.out.println(Flyable.NUM);
        // 利用多态形式创建 Plane 对象
        Flyable f = new Plane();
        f.fly();
        f.a();
    }
}
```

7.14.2　接口的特性

接口存在如下特性。

（1）接口与接口之间可以继承，如示例 7-51 所示，B 接口继承 A 接口，相当于 B 接口具备了 a()方法和 b()方法，Demo 类实现 B 接口，那么就要重写全部的抽象方法，即重写 a()方法和 b()方法。

（2）类可以在继承其他类的同时实现接口，如示例 7-52 所示。

（3）类可以实现多个接口，如示例 7-53 所示。

【示例 7-51】接口继承接口。

```
public interface A {
    public abstract void a();
}

interface B extends A {
    public abstract void b();
}

class Demo implements B {
    @Override
    public void a() {
        System.out.println("重写 a 方法");
    }
    @Override
    public void b() {
        System.out.println("重写 b 方法");
    }
}
```

【示例 7-52】类可以在继承其他类的同时实现接口。

```
public interface A {
    public abstract void a();
}
class E {

}
class Test extends E implements A{
    @Override
    public void a() {

    }
}
```

【示例 7-53】类可以实现多个接口。

```
public interface A {
  public abstract void a();
}
interface F {
  public abstract void f();
}
class Test2 implements A,F {
  @Override
  public void a() {
    System.out.println("------Test2------a()-------");
  }

  @Override
  public void f() {
    System.out.println("------Test2------f()-------");
  }
}
```

7.15 内部类

类的组成包括属性、方法、构造器、代码块（普通代码块，静态代码块，构造代码块，同步代码块）和内部类。在 A 类的内部定义 B 类，B 类称为内部类，A 类称为外部类。根据内部类所在的位置，内部类可以分为 4 种：成员内部类、静态内部类、局部内部类和匿名内部类。

7.15.1 成员内部类

类中的属性可以称为成员变量，类中的方法可以称为成员方法，类中的内部类可以称为成员内部类，它们都属于类的成员。

【示例 7-54】成员内部类。

```
public class TestOuter1 {
  // 【1】定义成员变量
  int a = 10;
  // 【2】定义成员方法
  public void test1(){
    System.out.println("成员方法实现");
  }
  public void test2(){
    // 【7】外部类要访问内部类的成员，需要创建内部类的对象然后进行调用
    TestInner t = new TestInner();
    System.out.println(t.b);
    t.test3();
  }
  // 【3】定义成员内部类
  class TestInner{
```

```
    // 【4】内部类中可以定义属性
    int b = 20;
    // 【5】内部类中可以定义方法
    public void test3(){
      System.out.println("内部类中方法实现");
      // 【6】内部类中可以访问外部类的成员
      System.out.println(a);
      test1();
    }
  }

  public static void main(String[] args) {
    // 【8】创建内部类的对象
    // 【8-1】创建外部类对象
    TestOuter1 t = new TestOuter1();
    // 【8-2】通过外部类创建内部类对象
    TestInner ti = t.new TestInner();
    // 【9】调用内部类内容
    System.out.println(ti.b);
    ti.test3();
  }
}
```

7.15.2 静态内部类

在成员内部类前加static关键字进行修饰，此内部类就变成了静态内部类。静态内部类中只能访问外部类中被static修饰的成员。

【示例7-55】静态内部类。

```
public class TestOuter2 {
  // 【1】定义成员变量
  int a = 10;
  static int b = 20;
  // 【2】定义成员方法
  public void test1(){
    System.out.println("成员方法实现");
  }
  public static void test2(){
    System.out.println("成员方法实现");
  }
  // 【3】定义静态内部类
  static class TestInner{
    // 【4】静态内部类中定义方法
    public void test3(){
      // 【5】静态内部类中只能访问外部类中被static 修饰的内容
      System.out.println(b);
      test2();
    }
    // 【6】静态内部类中定义静态方法
    public static void test4(){
```

```
        System.out.println("内部类中静态方法");
    }
  }

  public static void main(String[] args) {
    // 【7】访问静态内部类中的方法
    TestInner t = new TestOuter2.TestInner();
    t.test3();
    // 【8】访问内部类中的静态方法
    TestOuter2.TestInner.test4();
  }
}
```

7.15.3 局部内部类

局部内部类的位置定义在方法中，又称方法内部类。方法内部类前不可以使用任何权限修饰符来修饰。定义在方法内部类中的成员在外部类中是无法访问的，只能在方法内部类所在的方法中访问。方法内部类可以访问外部类中内容。

【示例7-56】局部内部类。

```
public class TestOuter3 {
  // 【1】定义成员变量
  int a = 10;
  // 【2】定义成员方法
  public void test1(){
    System.out.println("成员方法实现");
  }
  public void test2(){
    // 【3】定义局部内部类（方法内部类）
    class TestInner{
      // 【4】局部内部类中定义方法
      public void test3(){
        // 【5】访问外部类成员
        System.out.println(a);
        test1();
      }
    }
    // 【6】在创建局部内部类的方法中访问局部内部类中的内容
    TestInner ti = new TestInner();
    ti.test3();
  }

  public static void main(String[] args) {
    // 【7】定义外部类对象，访问test2()方法
    TestOuter3 to = new TestOuter3();
    to.test2();
  }
}
```

7.15.4　匿名内部类

某些类在程序中，可能在临时情况下仅仅被使用一次，那么这些类就没有必要单独定义，这些类也没有直接的名字，所以该类称为匿名内部类。匿名内部类的使用，是在继承或者实现接口的前提下才可以生效。

【示例 7-57】匿名内部类。

```
interface TestInterface {
    public abstract void test1();
}

class Test{
    public static void main(String[] args) {
        // 【1】此处为创建匿名内部类的对象
        TestInterface t = new TestInterface(){
            // 【2】在内部实现 test1 方法
            @Override
            public void test1() {
                System.out.println("具体实现 test1 方法");
            }
        };
        // 【3】调用对象方法
        t.test1();
    }
}
```

示例 7-57 中明显是直接通过这种语法结构来定义匿名内部类的对象，完成后续调用。初学者学习匿名内部类可能会有些吃力，语法看上去很“怪异”，此处内容了解即可。

7.16　项目驱动——坦克大战之分解 1

【项目目标】

综合运用面向对象知识，并与后续章节知识进行衔接。

【项目任务】

本节开始设计完成坦克大战项目。坦克大战项目融汇了流程控制、数组、面向对象、集合、多线程等多个知识点，所以将项目拆分为 3 个部分。

坦克大战游戏中需要 GUI 技术，读者不必特意学习 GUI 知识，可以在练习中进行学习。

【项目技能】

通过这个项目，掌握以下知识点。

- 面向对象编程三大特性：封装、继承、多态。
- GUI 用户界面。

【项目过程】

坦克大战项目的整个实现过程比较复杂，所以在过程中进行了详细标注，利用序号讲解，并在代码中配合注释，讲解序号和代码注释序号保持一致，方便读者查看。

（1）通过构建 JFrame 类的对象来构建游戏窗体。

（2）通过 setTitle 方法设置游戏窗体的标题。

（3）调用 setBounds 方法并设置 4 个参数：游戏窗体在屏幕中的 x 轴坐标和 y 轴坐标，游戏窗体的宽和高。

（4）调用 setResizable 方法传入 false，使游戏窗口大小不可调节。

（5）通过 setDefaultCloseOperation 方法设置关闭窗口的同时程序随之停止。

（6）调用 setVisible 方法传入 true 让窗体显现出来。

（7）构建面板类 GamePanel，该类需要继承 JPanel 类才具备面板的能力。面板后续要放入窗体中，所有内容是画在面板上的，窗体承载面板，面板承载游戏内容。窗体和面板的关系如图 7-31 所示。

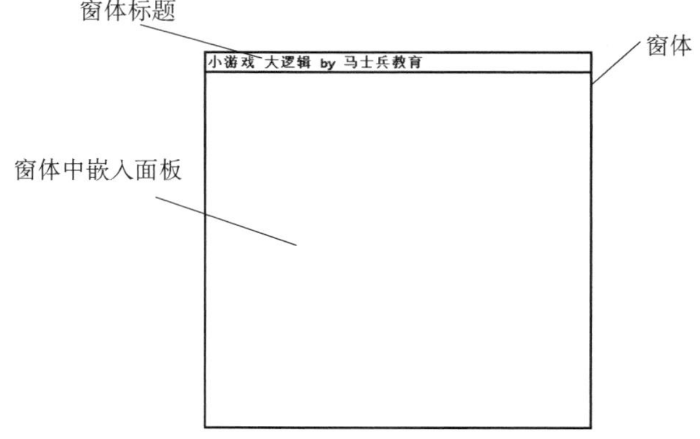

图 7-31　窗体和面板的关系

（8）加入空构造器，以备后续初始化操作。

（9）重写 paintComponent 方法，所有画图的动作都在该方法中执行，该方法由底层自动调用，我们只要画内容即可。

（10）在面板中自定义背景色。背景色通过 Color 对象封装，传入 setBackground 方法中。

（11）在测试类中新建面板对象。

（12）将面板加入游戏窗体中。

首先，编写测试类，如示例 7-58 所示。

【示例 7-58】测试类。

```
import javax.swing.*;

public class StartGame {
   public static void main(String[ ] args) {
      // 1.创建一个窗体
      JFrame jf = new JFrame();
      // 2.给窗体设置一个标题
      jf.setTitle("小游戏  大逻辑  by  马士兵教育");
```

```
        // 3.设置游戏窗口 x,y 坐标，游戏窗口的宽、高
        jf.setBounds(400,100,800,800);
        // 4.设置游戏窗口大小不可调节
        jf.setResizable(false);
        // 5.关闭窗口的同时，程序随之关闭
        jf.setDefaultCloseOperation(WindowConstants.EXIT_ON_CLOSE);
        // 11.新建面板对象
        GamePanel gp = new GamePanel();
        // 12.将窗体中加入面板
        jf.add(gp);
        // 6.窗体显现
        jf.setVisible(true);
    }
}
```

接下来创建面板类，如示例 7-59 所示。

【示例 7-59】面板类。

```
import javax.swing.*;
import java.awt.*;
// 7.创建面板类
public class GamePanel extends JPanel {
    // 8.定义空构造器
    public GamePanel(){
    }
    // 9.重写 paintComponent 方法
    @Override
    protected void paintComponent(Graphics g) {
        super.paintComponent(g);
        // 10.面板中加入背景色
        this.setBackground(new Color(236, 240, 255));
    }
}
```

运行测试类，窗体和面板已经构建好，如图 7-32 所示。

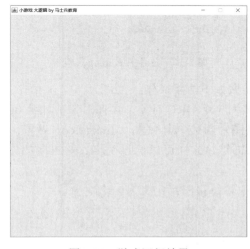

图 7-32　游戏运行效果

游戏中所涉及的图片要提前准备好，如图 7-33 所示为程序需要的所有图片的截图。

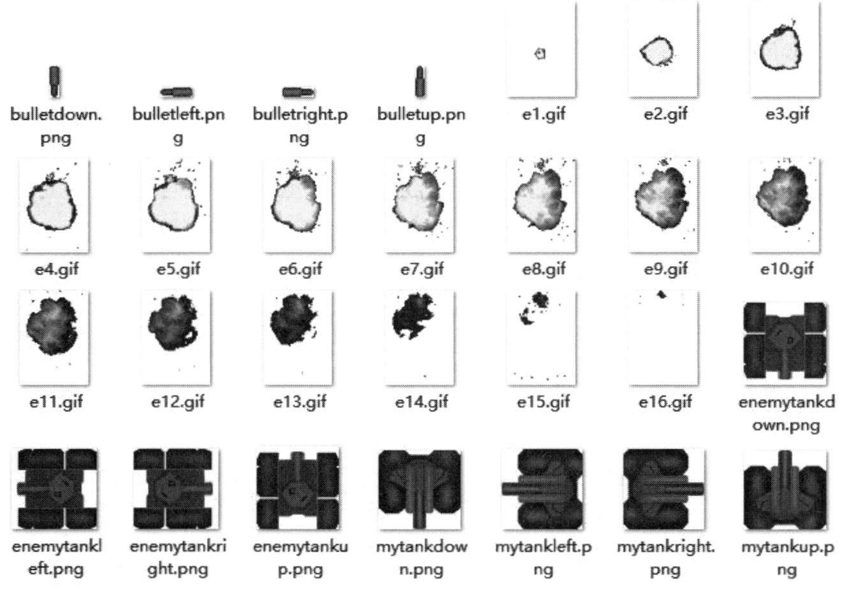

图 7-33　游戏中所需全部图片截图

将逻辑代码存入 com.msb.tank001 包下，将游戏中所需图片全部粘贴放入 images 包（自定义包）下，如图 7-34 所示。

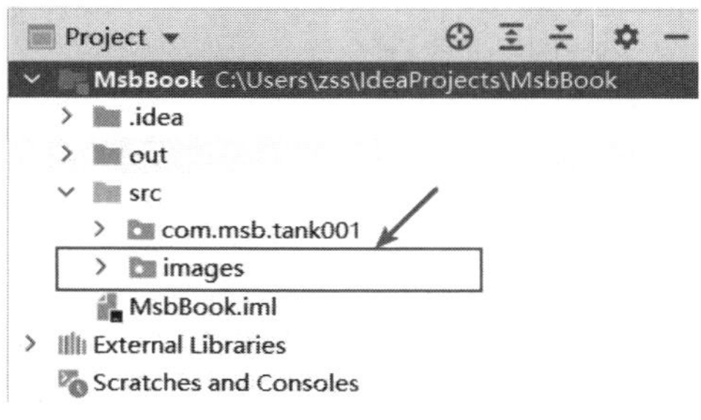

图 7-34　图片放入 images 包中

涉及的每一张图片，都需要做如下两步操作。

（13）先将图片的路径封装为一个 URL 对象，再在对象前加上 static 修饰符。

（14）根据图片的路径，将图片封装为具体图片 ImageIcon 对象，通过构造器将 URL 对象作为参数传入。在对象前加上 static 修饰符，这样可以通过类名、对象名的方式直接访问到图片对象，如示例 7-60 所示。

【示例 7-60】在 Images 类中将每张图片定义为一个对象。

```
import javax.swing.*;
import java.net.URL;
```

```
public class Images {
    // 13.将图片的路径封装为一个对象
    public static URL mytankupURL = Images.class.getResource("/images/mytankup.png");
    // 14.将图片封装为程序中的一个对象
    public static ImageIcon mytankupImg = new ImageIcon(mytankupURL);
    // 13.将图片的路径封装为一个对象
    public static URL mytankdownURL = Images.class.getResource("/images/mytankdown.png");
    // 14.将图片封装为程序中的一个对象
    public static ImageIcon mytankdownImg = new ImageIcon(mytankdownURL);
    // 13.将图片的路径封装为一个对象
    public static URL mytankleftURL = Images.class.getResource("/images/mytankleft.png");
    // 14.将图片封装为程序中的一个对象
    public static ImageIcon mytankleftImg = new ImageIcon(mytankleftURL);
    // 13.将图片的路径封装为一个对象
    public static URL mytankrightURL = Images.class.getResource("/images/mytankright.png");
    // 14.将图片封装为程序中的一个对象
    public static ImageIcon mytankrightImg = new ImageIcon(mytankrightURL);
    // 13.将图片的路径封装为一个对象
    public static URL enemytankupURL = Images.class.getResource("/images/enemytankup.png");
    // 14.将图片封装为程序中的一个对象
    public static ImageIcon enemytankupImg = new ImageIcon(enemytankupURL);
    // 13.将图片的路径封装为一个对象
    public static URL enemytankdownURL = Images.class.getResource("/images/enemytankdown.png");
    // 14.将图片封装为程序中的一个对象
    public static ImageIcon enemytankdownImg = new ImageIcon(enemytankdownURL);
    // 13.将图片的路径封装为一个对象
    public static URL enemytankleftURL = Images.class.getResource("/images/enemytankleft.png");
    // 14.将图片封装为程序中的一个对象
    public static ImageIcon enemytankleftImg = new ImageIcon(enemytankleftURL);
    // 13.将图片的路径封装为一个对象
    public static URL enemytankrightURL = Images.class.getResource("/images/enemytankright.png");
    // 14.将图片封装为程序中的一个对象
    public static ImageIcon enemytankrightImg = new ImageIcon(enemytankrightURL);
    // 13.将图片的路径封装为一个对象
    public static URL bulletdownURL = Images.class.getResource("/images/bulletdown.png");
    // 14.将图片封装为程序中的一个对象
    public static ImageIcon bulletdownImg = new ImageIcon(bulletdownURL);
    // 13.将图片的路径封装为一个对象
    public static URL bulletleftURL = Images.class.getResource("/images/bulletleft.png");
    // 14.将图片封装为程序中的一个对象
    public static ImageIcon bulletleftImg = new ImageIcon(bulletleftURL);
    // 13.将图片的路径封装为一个对象
    public static URL bulletrightURL = Images.class.getResource("/images/bulletright.png");
    // 14.将图片封装为程序中的一个对象
    public static ImageIcon bulletrightImg = new ImageIcon(bulletrightURL);
    // 13.将图片的路径封装为一个对象
    public static URL bulletupURL = Images.class.getResource("/images/bulletup.png");
    // 14.将图片封装为程序中的一个对象
    public static ImageIcon bulletupImg = new ImageIcon(bulletupURL);
}
```

根据面向对象的思维，即万事万物皆对象，将程序中涉及的坦克定义为具体的坦克类。

坦克类的设计思路如下。

（15）定义属性 tankX，用来表示坦克的 x 轴坐标。

（16）定义属性 tankY，用来表示坦克的 y 轴坐标。

（17）定义属性 speed，用来表示坦克的行驶速度。

（18）定义属性 width，用来表示坦克的宽。

（19）定义属性 height，用来表示坦克的高。

（20）定义属性 group，用来区分是敌军坦克还是我军坦克，GOOD 用来表示我军坦克，BAD 用来表示敌军坦克。

（21）定义属性 dir，用来表示坦克的初始方向。

（22）定义属性 living，用来表示坦克是否死亡，值为 false 即坦克死亡，值为 true 即坦克生存。

（23）定义属性 p，用来集成 GamePanel 面板，可方便地调用面板中的各种内容。

（24）定义构造器，可以初始化 4 个参数：x 轴坐标、y 轴坐标、是敌军坦克还是我军坦克、集成 GamePanel 面板。

（25）定义画坦克的方法，判断如果坦克死亡，就立即停止画坦克；如果坦克未死亡，就要区分是我军坦克还是敌军坦克，按照坦克的上、下、左、右 4 个方向来画坦克。

逐步完成坦克类，如示例 7-61 所示。

【示例 7-61】坦克类。

```
import java.awt.*;

public class Tank {
  // 15.坦克的 x 轴坐标
  int tankX;
  // 16.坦克的 y 轴坐标
  int tankY;
  // 17.坦克的行驶速度
  int speed = 5;
  // 18.坦克的宽
  int width = Images.mytankupImg.getIconWidth();
  // 19.坦克的高
  int height = Images.mytankupImg.getIconHeight();
  // 20.区分是敌军坦克还是我军坦克
  String group;
  // 21.定义坦克的初始方向
  String dir;
  // 22.坦克是否死亡
  boolean living = true;   // 定义初始没死亡
  // 23.类中集成 GamePanel 面板
  GamePanel p ;
  // 24.构造器
  public Tank(int tankX, int tankY, String group, GamePanel p) {
    this.tankX = tankX;
    this.tankY = tankY;
```

```
        this.group = group;
        this.p = p;
    }
    // 25.定义画坦克的方法
    public void paint(GamePanel p, Graphics g){
        // 坦克死了就不画了
        f(!living){
          return;
        }
        if(this.group == "GOOD"){          // 我军坦克
            if(dir == "UP"){
                Images.mytankupImg.paintIcon(p,g,tankX, tankY);
        }
        if(dir == "DOWN"){
            Images.mytankdownImg.paintIcon(p,g,tankX, tankY);
            }
        if(dir == "LEFT"){
            Images.mytankleftImg.paintIcon(p,g,tankX, tankY);
            }
        if(dir == "RIGHT"){
            Images.mytankrightImg.paintIcon(p,g,tankX, tankY);
        }
    }else{                                 // 敌军坦克
            if(dir == "UP"){
                Images.enemytankupImg.paintIcon(p, g,tankX, tankY);
            }
            if(dir == "DOWN"){
                Images.enemytankdownImg.paintIcon(p, g,tankX, tankY);
            }
            if(dir == "LEFT"){
                Images.enemytankleftImg.paintIcon(p, g,tankX, tankY);
            }
            if(dir == "RIGHT"){
                Images.enemytankrightImg.paintIcon(p, g,tankX, tankY);
            }
        }
    }
}
```

坦克类定义好以后，在面板类中加入如下内容，如示例7-62 所示。

（26）定义主战坦克。

（27）定义初始化方法，用于初始化面板中需要的元素内容。

（28）初始化我军坦克首次出现的坐标位置，x 轴为250，y 轴为500，并定义为我军坦克，传入GOOD。

（29）初始化我军坦克方向为向上。

（30）在构造器中调用init 方法，这样在创建面板对象并调用空构造器时，所有初始化操作就一并完成了。

（31）在 paintComponent 方法中调用画坦克的方法，这样在面板上就会出现静止的坦克了。

【示例 7-62】在面板类中加入内容。

```
import javax.swing.*;
import java.awt.*;

// 7.创建面板类
public class GamePanel extends JPanel {
  // 26.定义主战坦克
  Tank myTank;

  // 27.定义 init 初始化方法
  public void init(){
    // 28.初始化主战坦克坐标
    myTank = new Tank(250,500,"GOOD",this);
    // 29.初始坦克的运动方向
    myTank.dir = "UP";
  }
  // 8.定义构造器
  public GamePanel(){
    // 30.调用 init 方法
    init();
  }
  // 9.重写 paintComponent 方法
  @Override
  protected void paintComponent(Graphics g) {
    super.paintComponent(g);
    // 10.在面板中加入背景色
    this.setBackground(new Color(236, 240, 255));
    // 31.画坦克
    myTank.paint(this,g);
  }
}
```

编写好上述操作以后，运行测试类 StartGame，运行效果如图 7-35 所示。

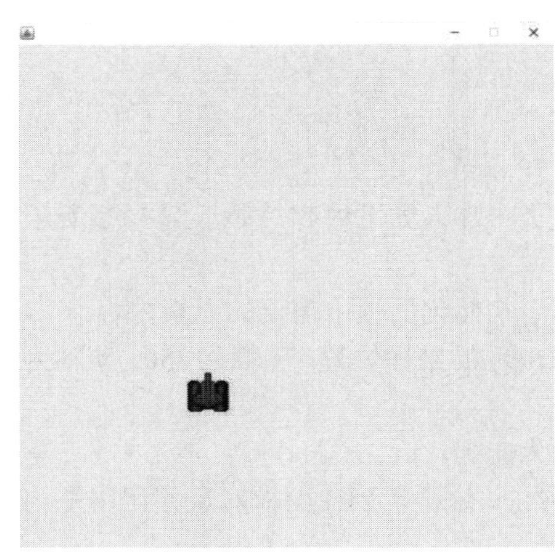

图 7-35　游戏运行效果

本章小结

本章重点对面向对象的三大特性继承、封装、多态进行讲解，其中继承提高代码的复用性，封装提高代码的安全性，多态提高程序的扩展性，在后续的实际应用中将发挥重大作用。同时还讲解了一些关键字，如 this、super、static 和 final。

练习题

一、填空题

1. ____________是一种特殊方法，它的名字必须与它所在的类的名字完全相同，并且不用写返回值类型，在创建对象实例时由new 运算符自动调用。

2. 用关键字____________修饰的成员变量是类变量，类变量是指不管类创建了多少对象，系统仅在第一次调用类的时候为类变量分配内存，所有对象共享该类的类变量。

3. 在一个类文件中的关键字package、import、class 出现的可能顺序是____________。

4. 使用关键字 ____________来调用同类的其他构造方法，优点同样是以最大限度地提高代码的利用程度，减少程序的维护工作量。

5. 执行 Person p = new Person();语句后，将在____________中给 Person 对象分配空间，并在栈内存中给引用变量p 分配空间，存放 Person 对象的引用。

二、选择题（单选/多选）

1. 使用权限修饰符（　　）修饰的类的成员变量和成员方法，可以被当前包中所有类访问，也可以被它的子类（同一个包以及不同包中的子类）访问。

A. public　　B. protected　　C. 默认　　D. private

2. 以下关于this 和super 关键字的说法错误的是（　　）。

A. this 关键字指向当前对象自身，super 关键字指向当前对象的直接父类

B. 在main 方法中可以存在this 或super 关键字，但不能同时存在

C. this 和super 关键字都可以访问成员属性、成员方法和构造方法

D. 在一个类的构造方法中可以同时使用this 和super 关键字来调用其他构造方法

3. 关于 Java 中的多态，以下说法不正确的是（　　）。

A. 多态不仅可以减少代码量，还可以提高代码的可扩展性和可维护性

B. 把子类转换为父类，称为向下转型，自动进行类型转换

C. 多态是指同一个实现接口，使用不同的实例而执行不同的操作

D. 继承是多态的基础，没有继承就没有多态

三、实操题

1. 请使用面向对象的思想，设计自定义类，描述出租车和家用轿车的信息。

自定义类：

（1）出租车类。

属性：车型，车牌，所属出租公司。

方法：启动，停止。

（2）家用轿车类。

属性：车型，车牌，车主姓名。

方法：启动，停止。

要求：

（1）分析出租车和家用轿车的公共成员，提取出父类——汽车类。

（2）利用继承机制实现出租车类和家用轿车类。

（3）编写测试类，分别测试汽车类，出租车类和家用轿车类对象的相关方法。

（4）定义名为car的包存放汽车类、出租车类、家用轿车类和测试类。

2. 某公司要开发名为“我爱购物狂”的购物网站，请使用面向对象的设计思想描述商品信息。

要求：

（1）分析商品类别和商品详细信息的属性和方法，设计商品类别类和商品详细信息类。

（2）在商品详细信息类中通过属性描述该商品所属类别。

（3）设置属性的私有访问权限，通过公有的get、set方法实现对属性的访问。

（4）编写测试类，测试商品类别类和商品详细信息类的对象及相关方法（测试数据自定）。

（5）创建包info，存放商品类别类和商品详细信息类；创建包test，存放测试类。

参考分析思路：

（1）商品类别类。

属性：类别编号，类别名称。

（2）商品详细信息类。

属性：商品编号，商品名称，所属类别，商品数量（大于0），商品价格（大于0）。

方法：盘点的方法，描述商品信息。内容包括商品名称、商品数量、商品价格、现在商品总价，以及所属类别信息。

第 8 章

异　　常

本章学习目标

- 了解异常的使用情形。
- 掌握异常的捕获机制。
- 了解 throw 和 throws 关键字的区别。
- 了解自定义异常。

本章着重介绍程序在出现异常以后如何应对，关键字：try、catch、finally、throw、throws 等知识点。了解自定义异常，后续可以在实际开发中按照需求进行自定义。使用异常处理机制，可以减少代码冗余。

8.1　异常的引入

什么是异常？在生活中，汽车行驶在马路上突然抛锚，正在工作的计算机突然宕机，这些不正常的情况就是生活中的异常。在异常出现以后，一定要想办法解决问题，不能因此而中断正常的生活。程序中的异常也是一样的道理，当正在执行的程序出现非正常情况时，也要及时处理以保证程序能够继续执行。

从键盘录入两个整数进行除法操作，运行后发现当除数为 0 时，程序会出现异常；当录入的数字不是整数时，程序也会出现异常，如示例 8-1 所示。

【示例 8-1】程序出现异常。

```
import java.util.Scanner;

public class Test1 {
  // 这是一个 main 方法，是程序的入口
  public static void main(String[ ] args) {
    // 实现一个功能：从键盘录入两个数，求商
    Scanner sc = new Scanner(System.in);
    System.out.println("请录入第一个数：");
    int num1 = sc.nextInt();
    System.out.println("请录入第二个数：");
    int num2 = sc.nextInt();
    System.out.println("商："+num1/num2);
  }
}
```

示例 8-1 程序正常运行的结果如图 8-1 所示。但是在一些特殊情况下难免会出现一些异常情况。例如，ArithmeticException 或 InputMismatchException 异常，如图 8-2 和图 8-3 所示，在程序出现异常或漏洞以后，开发者应想办法处理这些异常。

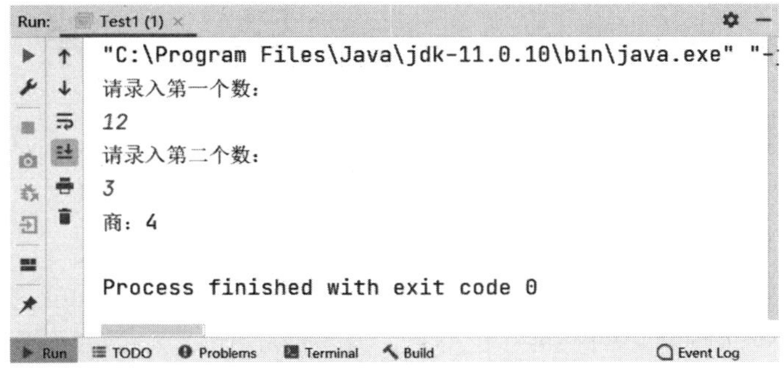

图 8-1　程序正常运行结果

```
Run: Test1 (1)
"C:\Program Files\Java\jdk-11.0.10\bin\java.exe" "-javaagent:D:\study_setup\IDEAIC\Int
请录入第一个数:
12
请录入第二个数:
0
Exception in thread "main" java.lang.ArithmeticException Create breakpoint : / by zero
    at com.msb.testexception.Test1.main(Test1.java:14)

Process finished with exit code 1
```

图 8-2　除数为 0 时程序出现异常

```
Run: Test1 (1)
"C:\Program Files\Java\jdk-11.0.10\bin\java.exe" "-javaagent:D:\study_setup\IDEA
请录入第一个数:
2.6
Exception in thread "main" java.util.InputMismatchException Create breakpoint
    at java.base/java.util.Scanner.throwFor(Scanner.java:939)
    at java.base/java.util.Scanner.next(Scanner.java:1594)
    at java.base/java.util.Scanner.nextInt(Scanner.java:2258)
    at java.base/java.util.Scanner.nextInt(Scanner.java:2212)
    at com.msb.testexception.Test1.main(Test1.java:11)
```

图 8-3　录入非整数时程序出现异常

示例 8-2 为异常提供了解决办法。

【示例 8-2】利用 if-else 分支结构处理程序中的异常。

```
import java.util.Scanner;

public class Test2 {
  // 这是一个main 方法，是程序的入口
  public static void main(String[ ] args) {
    // 实现一个功能：从键盘录入两个数，求商
    Scanner sc = new Scanner(System.in);
```

```
    System.out.println("请录入第一个数：");
    if (sc.hasNextInt()) {
      int num1 = sc.nextInt();
      System.out.println("请录入第二个数：");
      if (sc.hasNextInt()) {
        int num2 = sc.nextInt();
        if (num2 == 0) {
          System.out.println("对不起，除数不能为0");
        } else {
          System.out.println("商：" + num1 / num2);
        }
      } else {
          System.out.println("对不起，你录入的不是int 类型的数据！");
      }
    } else {
      System.out.println("对不起，你录入的不是int 类型的数据！");
    }
  }
}
```

程序正常运行的结果如图 8-4 所示。

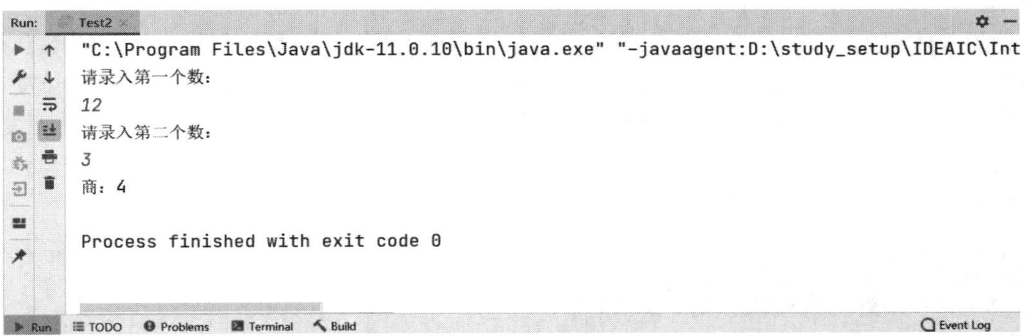

图 8-4　程序正常运行的结果

当除数为 0 时，程序也可以正常运行，如图 8-5 所示。

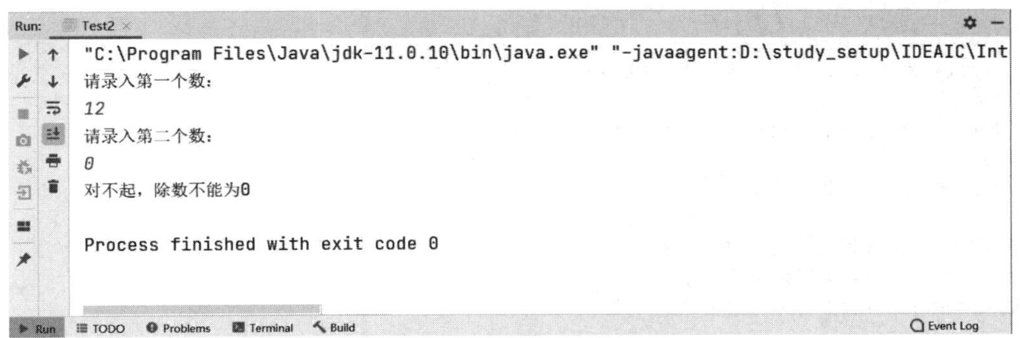

图 8-5　除数为 0 时程序正常运行

当录入的数据不是整数时，程序也可以正常运行，如图 8-6 所示。

```
Run:  Test2 ×
"C:\Program Files\Java\jdk-11.0.10\bin\java.exe" "-javaagent:D:\study_setup\IDEAIC\Int
请录入第一个数：
3.6
对不起，你录入的不是int类型的数据！

Process finished with exit code 0
```

图 8-6　录入非整数时程序正常运行

示例 8-2 通过分支结构修补了程序中的漏洞，处理了异常。

8.2　利用 try-catch-finally 机制捕获异常

如图 8-4～图 8-6 中的结果显示，示例 8-2 程序中的异常和漏洞都已经被处理了，但是示例 8-2 中的优化程序使用了大量的 if-else 分支结构，导致代码结构臃肿。业务代码和处理异常的代码混合在一起，导致程序的可读性变差，开发者需要用大量的时间来考虑修补漏洞的逻辑，除此之外，开发者很难处理所有异常。不过 Java 提供了 try-catch-finally 机制可以进行异常的捕获，从而使异常的处理变得简单，如示例 8-3 所示。

【示例 8-3】利用 try-catch-finally 机制捕获异常。

```
public class Test3 {
  public static void main(String[ ] args) {
    // 实现一个功能：从键盘录入两个数，求商
    try{
      Scanner sc = new Scanner(System.in);
      System.out.println("请录入第一个数：");
      int num1 = sc.nextInt();
      System.out.println("请录入第二个数：");
      int num2 = sc.nextInt();
      System.out.println("商："+num1/num2);
    }catch(Exception ex){
      System.out.println("对不起，程序出现异常！");
    }finally {
      System.out.println("----谢谢你使用计算器----");
    }
    System.out.println("异常处理后的代码 1");
    System.out.println("异常处理后的代码 2");
    System.out.println("异常处理后的代码 3");
  }
}
```

程序正常运行的结果如图 8-7 所示。

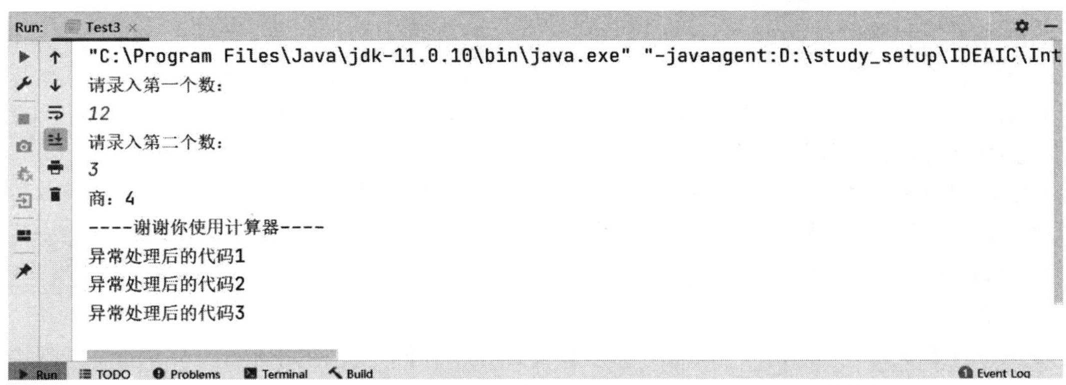

图 8-7　程序正常运行的结果

当除数为0时，程序正常运行，如图8-8所示。

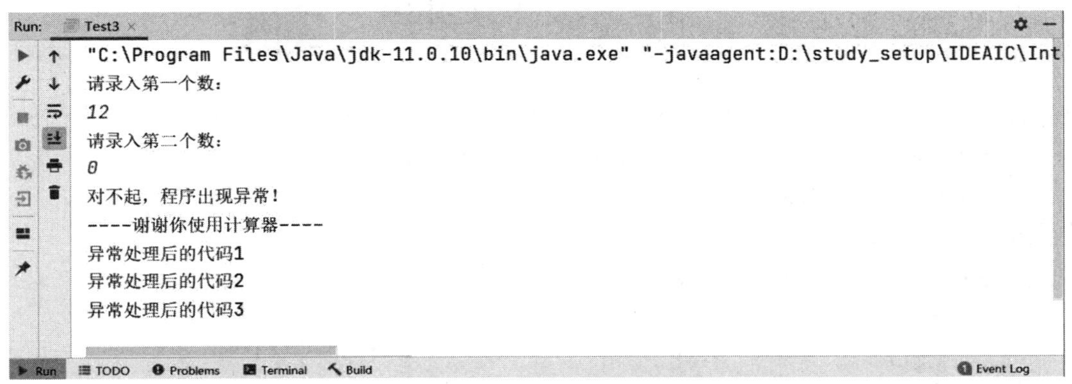

图 8-8　除数为 0 时程序正常运行

当录入非整数时，程序正常运行，如图8-9所示。

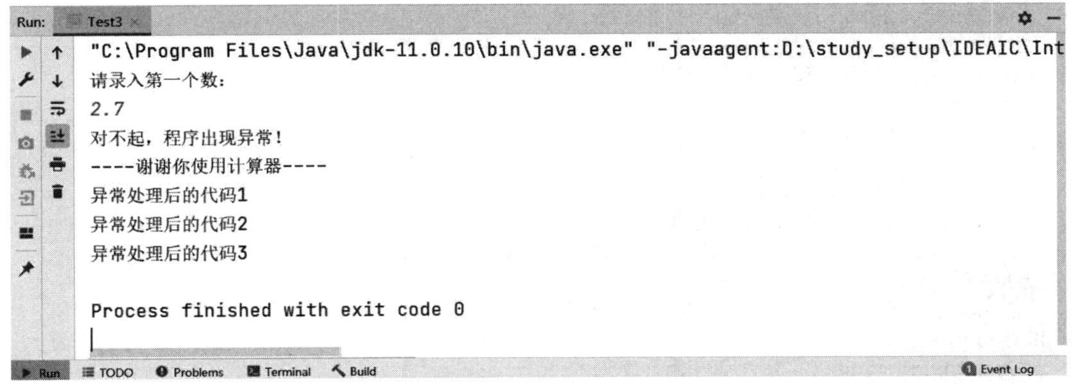

图 8-9　录入非整数时程序正常运行

从图8-7～图8-9所示的运行结果发现，利用try-catch-finally机制可以顺利进行异常的捕获，且代码清晰简单。try-catch-finally机制的原理如下。

- 把可能出现异常的代码放入 try 代码块中，底层将异常封装为对象，然后被 catch 后面的()中的那个异常对象接收，接收后执行 catch 后面的{}里面的代码，然后 try-catch 后面的代码继续执行（示例 8-3 程序中可能出现 ArithmeticException 或 InputMismatchException 异常，都可以被 catch 后面的()中的那个异常对象接收）。
- 如果 try 代码块中没有异常，则 catch 代码块中代码不执行。
- 如果 try 代码块中有异常，则 catch 进行捕获。如果 catch 后的()中异常类型和 try 中出现的异常类型匹配，执行 catch 中的代码进行捕获。如果类型不匹配，不执行 catch 中的代码。不能成功捕获异常，程序依旧会出现异常，使程序中断，后续代码不再执行。
- 只要将必须执行的代码放入 finally 中，那么 finally 代码块无论如何一定会执行。一般会将流资源关闭、网络资源关闭、数据库资源关闭等代码放入 finally 代码块中。

8.3 多重 catch

如示例 8-3 所示，try 代码块中出现的异常，只要和 catch 后面()中的类型匹配，就会执行 catch 代码块中代码，但是不同类型的异常的处理并没有分开，多种异常的处理结果一样且形式单一。为此 Java 中提供了多重 catch 机制，可将不同的异常分开进行处理，如示例 8-4 所示。

【示例 8-4】多重 catch。

```
import java.util.InputMismatchException;
import java.util.Scanner;

public class Test4 {
   public static void main(String[ ] args) {
      // 实现一个功能：从键盘录入两个数，求商
      try{
         Scanner sc = new Scanner(System.in);
         System.out.println("请录入第一个数：");
         int num1 = sc.nextInt();
         System.out.println("请录入第二个数：");
         int num2 = sc.nextInt();
         System.out.println("商："+num1/num2);
      }catch(ArithmeticException ex){
         System.out.println("对不起，除数不可以为0");
      }catch(InputMismatchException ex){
         System.out.println("对不起，你录入的数据不是int 类型的数据");
      }catch(Exception ex){
         System.out.println("对不起，你的程序出现异常");
      }finally {
         System.out.println("----谢谢你使用计算器----");
      }
   }
}
```

当录入非整数时，程序正常运行，如图 8-10 所示。

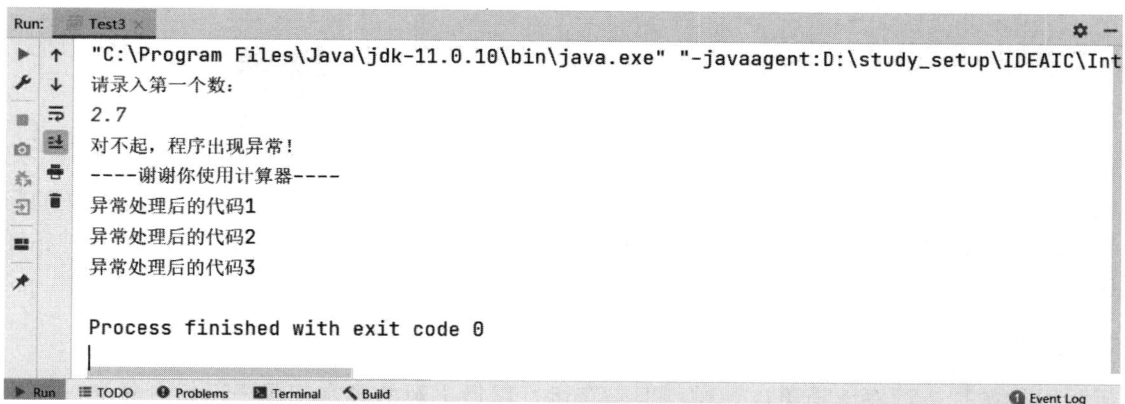

图 8-10　录入非整数时程序正常运行

当除数为 0 时，程序正常运行，如图 8-11 所示。

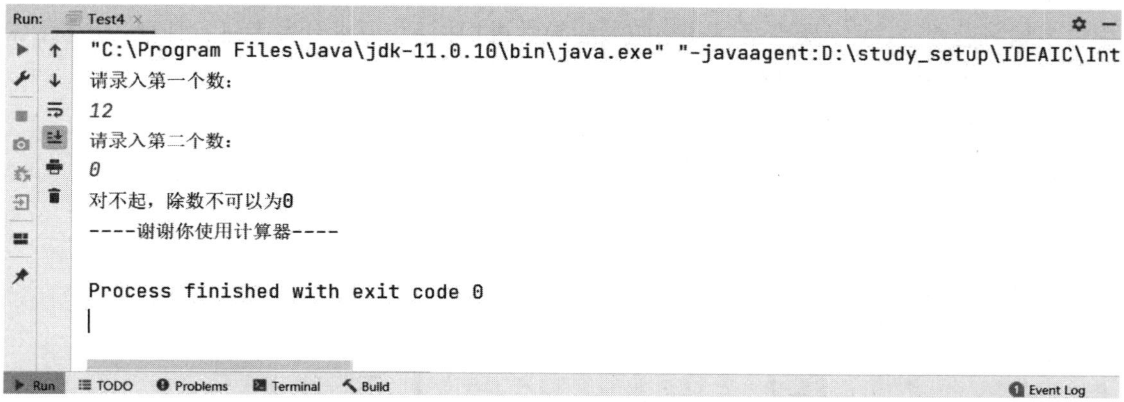

```
Run: Test4
"C:\Program Files\Java\jdk-11.0.10\bin\java.exe" "-javaagent:D:\study_setup\IDEAIC\Int
请录入第一个数：
12
请录入第二个数：
0
对不起，除数不可以为0
----谢谢你使用计算器----

Process finished with exit code 0
```

图 8-11　除数为 0 时程序正常运行

在 JDK1.7 以后，异常处理提供了新的方式，即可以用“|”符号并列连接，如 Integer 类源码中的 getInteger 方法，如图 8-12 所示。

```
@Contract(value = "_, !null -> !null; null, _ -> param2", pure = true)
public static Integer getInteger(String nm, Integer val) {
    String v = null;
    try {
        v = System.getProperty(nm);
    } catch (IllegalArgumentException | NullPointerException e) {
    }
    if (v != null) {
        try {
            return Integer.decode(v);
        } catch (NumberFormatException e) {
        }
    }
    return val;
}
```

图 8-12　异常并列处理方式

8.4 异常的分类

程序中出现的错误和异常，它们上层的父类是Throwable类。错误是指程序本身无法解决的问题，如内存溢出、JVM 系统内部错误等。异常是指程序本身可以解决的问题，程序中会出现各种各样的异常，这些异常可以分为两大类。

1. 运行时异常

运行时异常是指程序编译可以通过，但是在运行以后出现的异常都属于运行时异常。例如，示例 8-1 中出现的 ArithmeticException 或 InputMismatchException 异常都属于运行时异常。

2. 检查时异常

在程序编写过程中，编译器直接对非常明显的异常进行提示，要求开发者进行捕获，防患于未然，如果没有捕获，则程序不会编译成功。

异常的分类如图8-13 所示。

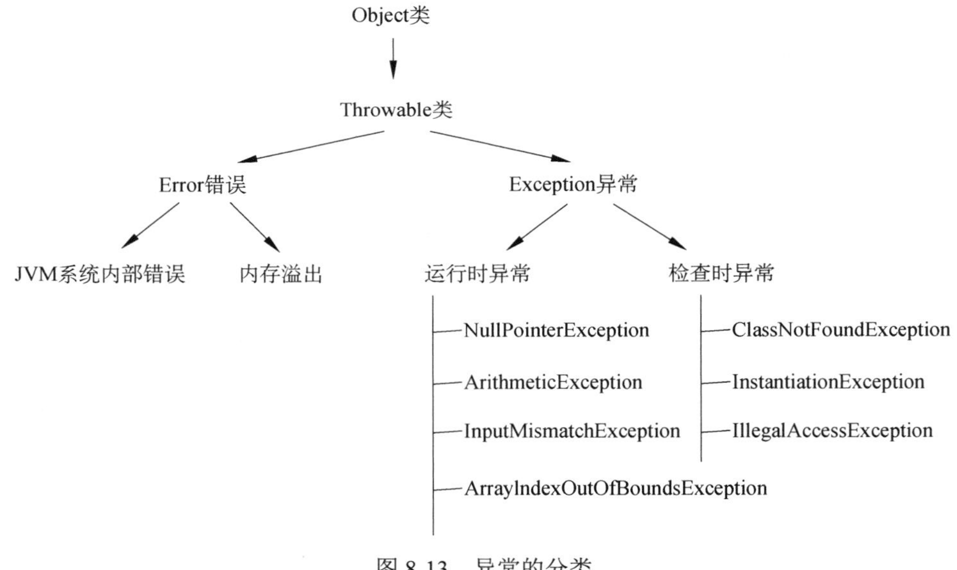

图 8-13 异常的分类

8.5 throws 关键字

对于程序中可预见的异常，可以通过try-catch 机制进行捕获处理，但是程序的某个方法逻辑编写好以后，在不确定是否会出现异常的情况下，可以在方法的声明处通过throws 关键字来告知该方法可能出现异常，如遇异常需要进行处理。如示例8-5 中在方法的声明处抛出异常。

【示例8-5】方法声明处抛出异常。

```
public class Test5 {
  public static void test() throws Exception{
    System.out.println("具体的方法逻辑");
    System.out.println("这个方法中的异常未知");
  }
}
```

在示例8-5中的test()方法的声明处利用throws关键字声明异常，即调用test()方法以后，如遇异常需要进行处理，如图8-14所示。

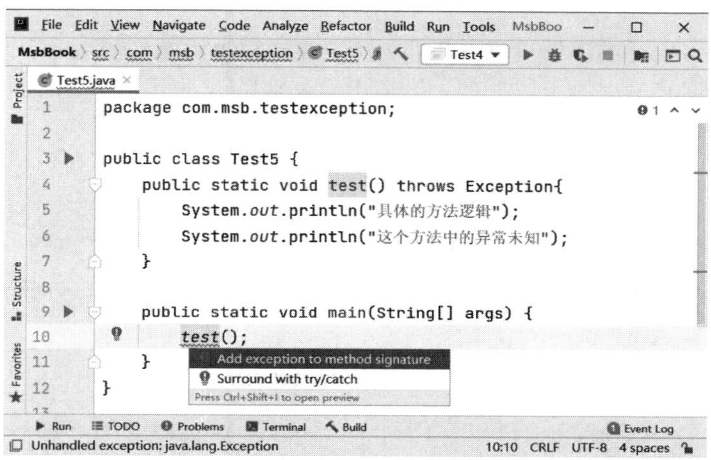

图 8-14　调用 test( ) 方法提示解决办法

从图8-14中IDEA的代码提示处可以看出，这个异常的处理方式有两种。

方式1：进行try-catch捕获处理，如示例8-6所示。

【示例8-6】try-catch捕获处理test()方法的异常。

```
public class Test5 {
  public static void test() throws Exception{
    System.out.println("具体的方法逻辑");
    System.out.println("这个方法中的异常未知");
  }

  public static void main(String[ ] args) {
    try {
      test();
    } catch (Exception e) {
      e.printStackTrace();
    }
  }
}
```

方式2：再次利用throws关键字抛出异常，交给上层处理，如示例8-7所示。

【示例 8-7】再次抛出异常处理。

```
public class Test5 {
  public static void test() throws Exception{
    System.out.println("具体的方法逻辑");
    System.out.println("这个方法中的异常未知");
  }

  public static void main(String[] args) throws Exception {
    test();
  }
}
```

方式 1 可以理解为“自己的事情自己做”，即遇到问题，解决问题。方法 2 可以理解为“推卸责任”，即遇到问题，再次“推脱”，交给上层处理，谁调用谁处理。

8.6 throw 关键字

throw 关键字的作用是人为制造异常，人为主动抛出异常。抛出异常后交给调用者处理，如示例 8-8 所示。

【示例 8-8】当除数为 0 时抛出异常。

```
public class Test6 {
  public static void devide(){
    Scanner sc = new Scanner(System.in);
    System.out.println("请录入第一个数：");
    int num1 = sc.nextInt();
    System.out.println("请录入第二个数：");
    int num2 = sc.nextInt();
    if(num2 == 0 ){          // 除数为 0 ，制造异常
      // 制造运行时异常
      throw new Exception();
    }else{
      System.out.println("商："+num1/num2);
    }
  }
}
```

当除数 num2 为 0 时制造异常，意味着在方法的调用处一定会处理异常，因此要在方法的声明处加上异常的声明，方法的调用者可以有两种处理方式。

方式 1：进行 try-catch 捕获处理，如示例 8-9 所示。

【示例 8-9】try-catch 捕获处理。

```
public class Test6 {
  public static void main(String[ ] args) {
    try {
      devide();
    } catch (Exception e) {
```

```
            e.printStackTrace();
        }
    }
    public static void devide() throws Exception {
        Scanner sc = new Scanner(System.in);
        System.out.println("请录入第一个数：");
        int num1 = sc.nextInt();
        System.out.println("请录入第二个数：");
        int num2 = sc.nextInt();
        if(num2 == 0 ){          // 除数为0 ，制造异常
            // 制造运行时异常
            throw new Exception();
        }else{
            System.out.println("商："+num1/num2);
        }
    }
}
```

方式2：再次利用throws关键字抛出异常，交给上层处理，如示例8-10所示。

【示例8-10】利用throws关键字抛出异常。

```
import java.util.Scanner;

public class Test6 {
    public static void main(String[ ] args) throws Exception {
        devide();
    }
    public static void devide() throws Exception {
        Scanner sc = new Scanner(System.in);
        System.out.println("请录入第一个数：");
        int num1 = sc.nextInt();
        System.out.println("请录入第二个数：");
        int num2 = sc.nextInt();
        if(num2 == 0 ){          // 除数为0 ，制造异常
            // 制造运行时异常
            throw new Exception();
        }else{
            System.out.println("商："+num1/num2);
        }
    }
}
```

8.7　throw 和 throws 的区别

throw 和 throws 关键字的区别如下。

1. 位置不同

- throw：在方法内部。

- throws：在方法的声明处。

2. 内容不同

- throw＋ 异常对象（检查时异常，运行时异常）。
- throws＋ 异常的类型（可以是多种类型，用逗号进行拼接）。

3. 作用不同

- throw：异常出现的源头，制造异常。
- throws：在方法的声明处告诉方法的调用者，这个方法中可能会出现声明的异常，调用者需要对这些异常进行后续的处理。

8.8 自定义异常

Java 中提供了各种各样的异常类，但是系统提供的异常类有时不能完全满足开发者的需求，所以可以自定义异常类型。虽然是自定义的异常类型，但也必须继承异常的父类 Exception 类或其子类，如示例 8-11 中为自定义异常类型。

【示例 8-11】自定义异常类型。

```
public class MyException extends Exception{
  // 定义构造器
  public MyException() {
    super();                // 调用父类构造器
  }

  public MyException(String message) {
    super(message);       // 调用父类构造器
  }
}
```

继承 Exception 类后，MyException 类才是一个真正的异常类。异常定义完成后，程序中可以通过 throw 关键字抛出自定义异常，如示例 8-12 所示。

【示例 8-12】抛出自定义异常。

```
public class Test7 {
  public static void main(String[] args) throws Exception {
    devide();
  }
  public static void devide() throws Exception {
    Scanner sc = new Scanner(System.in);
    System.out.println("请录入第一个数：");
    int num1 = sc.nextInt();
    System.out.println("请录入第二个数：");
    int num2 = sc.nextInt();
    if(num2 == 0 ){          // 除数为 0 ，制造异常
      // 制造运行时异常
```

```
            throw new MyException("除数为0，出现异常---自定义异常");
        }else{
            System.out.println("商："+num1/num2);
        }
    }
}
```

除数为 0 时，示例 8-12 抛出异常，如图 8-15 所示。

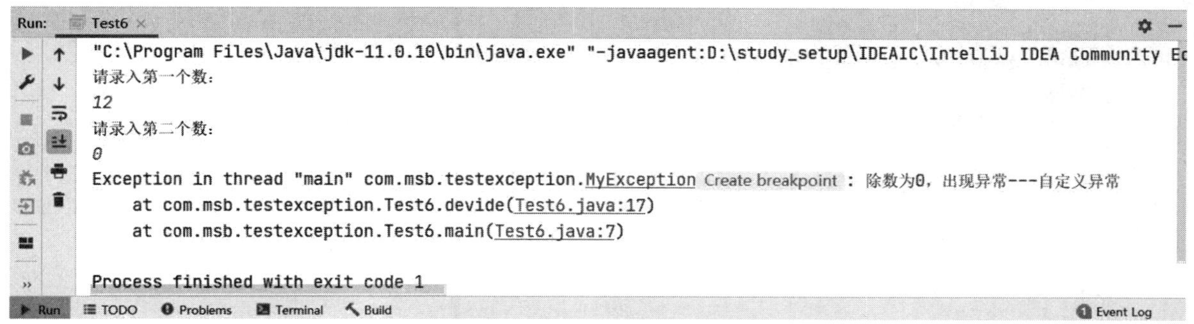

图 8-15　除数为 0 时抛出异常

在示例 8-12 中调用 devide()方法，可以使用 try-catch 捕获异常，也可以使用 throws 关键字抛出异常。示例 8-12 中为利用 throws 关键字抛出异常的解决办法。

本章小结

本章首先讲解程序出现异常后如何进行捕获，通过关键字 try、catch、finally、throw、throws 来处理程序中的异常。然后讲解了异常的分类，包括运行时异常和检查时异常，最后讲解了自定义异常。

练习题

一、填空题

1. ____________机制是一种非常有用的辅助性程序设计方法，采用这种方法可以使得在程序设计时，将程序的正常流程与错误处理分开，有利于代码的编写和维护。

2. Java 异常处理中，如果一个方法中出现了多个 Checked 异常，可以在方法声明中使用关键字____________声明抛出，各异常类型之间使用逗号分隔。

3. 异常是由 Java 应用程序抛出和处理的非严重错误，如所需文件没有找到、用零作除数、数组下标越界等。异常可分为两类：Checked 异常和____________。

4. 在 Java 中对于程序可能出现的检查时异常，要么使用 try-catch 语句捕获并处理它，要么使用____________语句抛出它，由上一级调用者来处理。

二、选择题（单选/多选）

1. 以下关于异常代码的执行结果是（　　）。

```
public class Test {
  public static void main(String args[ ]) {
    try {
            System.out.println("try");
            return;
    } catch(Exception e){
            System.out.println("catch");
    }finally {
            System.out.println("finally");
    }
  }
}
```

A. try
catch
finally

B. catch
finally

C. try
finally

D. try

2. 在异常处理中，如释放资源、关闭文件等由（　　）来完成。

A. try 子句　　B. catch 子句　　C. finally 子句　　D. throw 子句

3. 下面选项中有关 Java 异常处理模型的说法错误的是（　　）。

A. 一个 try 代码块只能有一条 catch 语句

B. 一个 try 代码块中可以不使用 catch 语句

C. catch 代码块不能单独使用，必须始终与 try 代码块在一起

D. finally 代码块可以单独使用，不是必须与 try 代码块在一起

三、实操题

编写程序接收用户输入的分数信息，如果分数为0～100，输出成绩。如果分数不在该范围内，抛出异常信息，提示分数必须为0～100。

要求：使用自定义异常实现。

第9章

常 用 类

本章学习目标

- 掌握 File 类、包装类、Math 类、Random 类、枚举类。
- 掌握日期相关的类。
- 掌握 String、StringBuilder、StringBuffer 类的区别。

本章着重对 Java 中常用的一些辅助类做讲解，这些类在实际开发中都会有所应用。

9.1 File 类

所谓“万事万物皆对象”，要想在Java 程序中操作盘符中的文件或目录，需要将所操作内容封装为File 类的对象后才可在程序中使用。通过文件或目录的路径，将文件或目录封装为对象，通过对象的方法对其进行访问，可以进行创建/删除文件、查看文件/目录的长度、查看是否隐藏等一系列操作。

9.1.1 操作文件

通过文件的路径将文件封装为一个 File 类的对象，操作该对象即可完成对路径下对应的文件操作。首先在 D 盘根目录下创建一个名为test 的文本文件，在程序中创建 File 类对象如示例 9-1 所示。

【示例 9-1】将文件封装为 File 类对象。

```
import java.io.File;

public class Test1 {
  public static void main(String[ ] args) {
    // 使用绝对路径 - 方式1 ： 用"\\"进行拼接
    File f1 = new File("d:\\test.txt");
    // 使用绝对路径 - 方式2 ： 用"/"进行拼接
    File f2 = new File("d:/test.txt");
    // 使用绝对路径 - 方式3 ： 用"File.separator"进行拼接
    // File.separator 属性帮我们获取当前操作系统的路径拼接符号
    File f3 = new File("d:" + File.separator + "test.txt");
    // 使用相对路径 - 相对当前项目，路径可以省略
    File f4 = new File("test.txt");
  }
}
```

File 类中操作文件的常用方法如表 9-1 所示。

表 9-1　File 类中操作文件的常用方法

方 法 名	返回值类型	方法描述
canRead()	boolean	判断是否可读取文件
canWrite()	boolean	判断是否可修改文件
getName()	String	返回文件名称
getParent()	String	返回上级目录
isDirectory()	boolean	判断是否是目录
isFile()	boolean	判断是否是文件
isHidden()	boolean	判断是否隐藏
length()	long	返回文件长度
exists()	boolean	判断文件是否存在
delete()	boolean	删除文件
createNewFile()	boolean	创建新文件
getAbsolutePath()	String	获取绝对路径
getPath()	String	获取相对路径
toString()	String	返回路径名字符串

创建一个 File 类对象，然后利用表 9-1 中的方法对该 File 类对象进行操作，如示例 9-2 所示。

【示例9-2】File 类操作文件常用方法练习。

```
import java.io.File;
import java.io.IOException;

public class Test2 {
  public static void main(String[ ] args) throws IOException {
    // 将文件封装为一个 File 类的对象
    File f = new File("d:\\test.txt");
    // 常用方法
    System.out.println("文件是否可读：" + f.canRead());
    System.out.println("文件是否可写：" + f.canWrite());
    System.out.println("文件的名字：" + f.getName());
    System.out.println("上级目录：" + f.getParent());
    System.out.println("是否是一个目录：" + f.isDirectory());
    System.out.println("是否是一个文件：" + f.isFile());
    System.out.println("是否隐藏：" + f.isHidden());
    System.out.println("文件的大小：" + f.length());
    System.out.println("是否存在：" + f.exists());
    // 跟路径相关的方法
    System.out.println("绝对路径：" + f.getAbsolutePath());
    System.out.println("相对路径：" + f.getPath());
    System.out.println("toString:" + f.toString());

    if(f.exists()){// 如果文件存在，将文件删除
```

```
        f.delete();
    }else{// 如果不存在，就创建这个文件
        f.createNewFile();
    }

    System.out.println("是否存在：" + f.exists());
  }
}
```

示例9-2 的运行结果如图9-1 所示。

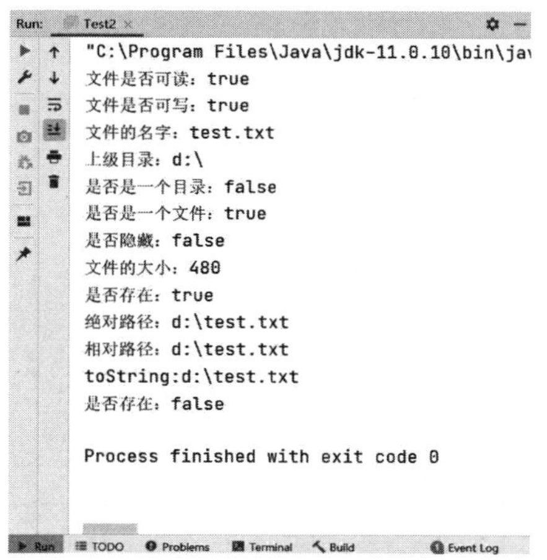

图9-1　示例9-2 运行结果

9.1.2　操作目录

File 类不仅可以操作文件，还可以操作盘符上的目录（文件夹）。通过目录的路径将目录封装为一个 File 类的对象，通过操作该对象完成对路径对应的目录的操作。

表9-1 中介绍的方法，除了操作文件之外也可以用于操作目录，操作目录还有另外一些常用方法如表9-2 所示。

表 9-2　操作目录的常用方法

方 法 名	返回值类型	方法描述
mkdir()	boolean	创建单层目录
mkdirs()	boolean	创建多层目录
list()	String[ ]	返回文件夹下目录/文件对应名字的数组
listFiles()	File[ ]	文件夹下目录/文件对应的数组

在 D 盘根目录下创建一个名为 Demo 的目录，在程序中创建 File 类对象并进行操作，如示例9-3 所示。

【示例9-3】File 类操作目录常用方法练习。

```
public class Test3 {
  // 这是一个 main 方法，是程序的入口
```

```
public static void main(String[ ] args) {
    // 将目录封装为 File 类的对象
    File f = new File("D:\\Demo");
    System.out.println("目录是否可读：" + f.canRead());
    System.out.println("目录是否可写：" + f.canWrite());
    System.out.println("目录的名字：" + f.getName());
    System.out.println("上级目录：" + f.getParent());
    System.out.println("是否是一个目录：" + f.isDirectory());
    System.out.println("是否是一个文件：" + f.isFile());
    System.out.println("是否隐藏：" + f.isHidden());
    System.out.println("是否存在：" + f.exists());
    System.out.println("绝对路径：" + f.getAbsolutePath());
    System.out.println("相对路径：" + f.getPath());
    System.out.println("toString:" + f.toString());
    // 跟目录相关的方法
    File f2 = new File("D:\\a\\b\\c");
    // 创建目录
    // f2.mkdir();                    // 创建单层目录
    f2.mkdirs();                      // 创建多层目录

    // 遍历目录下内容
    String[] list = f.list();         // 文件夹下目录/文件对应名字的数组
    for(String s : list){
      System.out.println(s);
    }
    System.out.println("=========================");
    File[] files = f.listFiles();     // 作用更加广泛
    for(File file : files){
      System.out.println(file.getName() + "," + file.getAbsolutePath());
    }
  }
}
```

示例9-3 的运行结果如图9-2 所示。

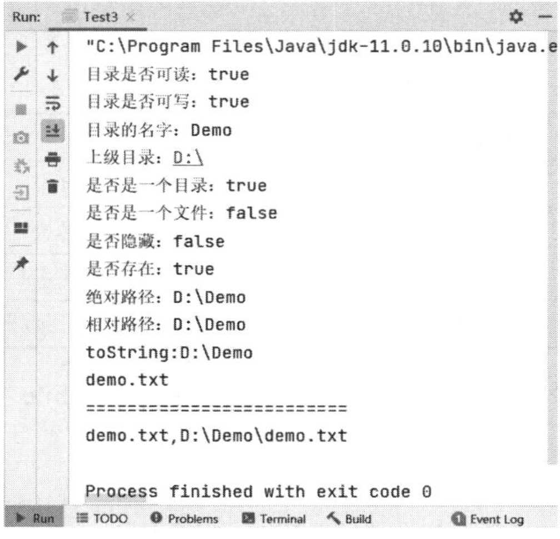

图9-2　示例9-3 的运行结果

9.2　包装类

9.2.1　包装类的引入

基本数据类型就是操作字面值，简单明了。在基本数据类型的字面值基础上，加入一些属性、方法、构造器，将基本数据类型封装为一个类，这个类就是包装类。基本数据类型有8种，对应的包装类就是8种，如表9-3 所示。

表 9-3　8 种包装类

基本数据类型	包 装 类
byte	Byte
short	Short
int	Integer
long	Long
float	Float
double	Double
char	Character
boolean	Boolean

既然已经有基本数据类型了，为什么还要使用包装类呢？Java 是一种面向对象的语言，最擅长操作的就是各种各样的类；第 6 章介绍了数组，数组可以存放基本数据类型，也可以存放引用数据类型，第 10 章中的集合也可以用来存数据，但是集合只能存放引用数据类型，这意味着基本数据类型不能存入集合中，因此需要将基本数据类型转换为包装类这个引用数据类型后才可以存入集合中。

提示：

包装类和基本数据类型各有使用场景，并不是学习包装类后就不再使用基本数据类型了。

9.2.2　包装类的使用

包装类一共有 8 种，在本节我们以 Integer 包装类为案例进行讲解。

Integer 类所属的包为java.lang 包，所以可以直接使用，无须导入java.lang 包。Interger 类直接继承自 Number 类，间接继承自Object 类。这个类被 final 修饰，证明其不能有子类且不能被继承。Integer 类对应的int 类型的字面值为value 属性，包装类是对基本数据类型的封装，所以对int 类型封装产生了Integer 类。源码中的重要代码截取如下所示。

```
package java.lang;
import...;
public final class Integer extends Number implements Comparable<Integer> {
    private final int value;
}
```

Integer 类中最常用的构造器如下。

```
public Integer(int value) {
    this.value = value;
}
```

从构造器中发现，在创建Integer类对象的同时，就已经将int基本数据类型进行了封装，将基本数据类型的值赋给了Integer中的value属性。同时包装类提供了自动装箱机制，可以直接将int类型转换为Integer类型，代码如下所示。

```
Integer i = 33;                    // 自动装箱
```

包装类也提供了自动拆箱机制，可以将Integer类型转变为int类型，代码如下所示。

```
Integer i = new Integer(33);
int num = i;                       // 自动拆箱
```

通过Integer的属性可以获取Integer能表示的最大值和最小值，代码如下所示。

```
System.out.println("获取最大值：" + Integer.MAX_VALUE);
System.out.println("获取最小值：" + Integer.MIN_VALUE);
```

Integer类的常用方法如表9-4所示。

表9-4　Integer 类的常用方法

方 法 名	返回值类型	方法描述
compareTo(Integer anotherInteger)	int	在数字上比较两个 Integer 对象
intValue()	int	将 Integer 类型转换为 int 类型
parseInt(String s)	int	将 String 类型转换为 int 类型
toString()	String	将 Integer 类型转换为 String 类型

【示例9-4】Integer 类的常用方法练习。

```
public class TestInteger {
  public static void main(String[ ] args) {
    // compareTo：只返回 3 个值：0,-1,1
    Integer i1 = new Integer(6);
    Integer i2 = new Integer(12);
    /*
    如果该 Integer 等于 Integer 参数，则返回 0 值；
    如果该 Integer 在数字上小于 Integer 参数，则返回小于 0 的值；
    如果该 Integer 在数字上大于 Integer 参数，则返回大于 0 的值（有符号的比较）
    */
    System.out.println(i1.compareTo(i2));
    // intValue() ：将 Integer 类型转换为 int 类型
    Integer i3 = 130;
    int i = i3.intValue();
    System.out.println(i);
    // parseInt(String s) ：将 String 类型转换为 int 类型
    int i4 = Integer.parseInt("12");
    System.out.println(i4);
```

```
    // toString：将 Integer 类型转换为 String 类型
    Integer i5 = 130;
    System.out.println(i5.toString());
  }
}
```

9.3　Math 类

Math 类位于java.lang 包中，可以直接使用无须导入java.lang 包。类被final 修饰时，表示该类不能有子类。Math 类的构造器被private 修饰，意味着只能在Math 类中访问构造器，在类外不可访问，且不可以创建Math 类的对象。Math 类中的属性和方法前都被static 修饰符修饰，可以直接通过“类名.属性名”或者“类名.方法名”的方式进行访问。Math 类的源码重要部分截取如下所示。

```
package java.lang;
import...;
public final class Math {
    // 私有构造器
    private Math() { }
    // 属性被 static 修饰
    public static final double PI = 3.14159265358979323846;
    // 方法被 static 修饰
    public static double cos(double a) {
      return StrictMath.cos(a);
    }
}
```

Math 类的常用方法如表9-5 所示。

表 9-5　Math 类的常用方法

方 法 名	返回值类型	方法描述
abs(double a)	double	返回 double 值的绝对值
random()	double	返回带正号的 double 值，该值大于或等于 0.0 且小于 1.0
ceil(double a)	double	向上取整
floor(double a)	double	向下取整
round(double a)	long	四舍五入
max(int a, int b)	int	返回两个 int 值中较大的一个
min(int a, int b)	int	返回两个 int 值中较小的一个

创建一个测试类 TestMath，利用表 9-5 中的方法对 TestMath 进行操作，如示例 9-5 所示。

【示例9-5】Math 类的常用方法练习。

```
public class TestMath {
  public static void main(String[ ] args) {
    // 常用属性
    System.out.println(Math.PI);
```

```
    // 常用方法
    System.out.println("随机数：" + Math.random());// [0.0,1.0)
    System.out.println("绝对值：" + Math.abs(-80));
    System.out.println("向上取值：" + Math.ceil(9.1));
    System.out.println("向下取值：" + Math.floor(9.9));
    System.out.println("四舍五入：" + Math.round(3.5));
    System.out.println("取大的那个值：" + Math.max(3, 6));
    System.out.println("取小的那个值：" + Math.min(3, 6));
  }
}
```

示例9-5 的运行结果如图9-3 所示。

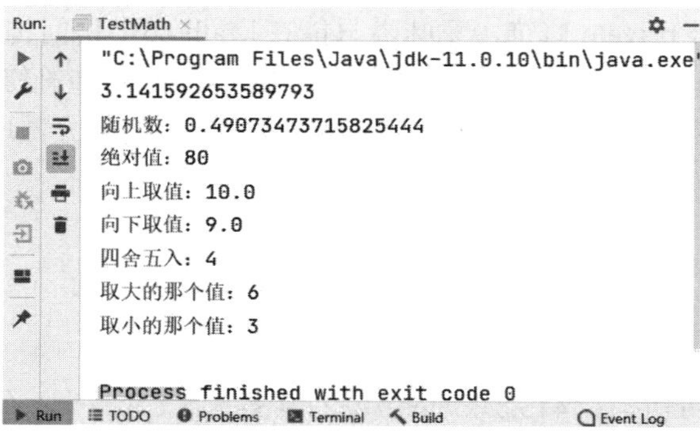

图9-3　示例9-5 的运行结果

9.4　Random 类

要产生一个随机数，可以通过 Math 类的 random()方法来实现。本节介绍另一种方法：使用 Random 类。

Random 类的两个构造器如表 9-6 所示。

表 9-6　Random 类的构造器

构造器声明	描　　述
Random()	创建一个新的随机数生成器
Random(long seed)	使用单个 long 种子创建一个新的随机数生成器

其中 Random（long seed）为有参构造器，需要传入一个long 类型的参数，这个long 类型的参数就像是一颗“种子”，只要传入同一颗“种子”，得到的随机数就永远是相同的，如示例9-6 所示。

【示例9-6】利用有参构造器生成随机数。

```
import java.util.Random;

public class TestRandom1 {
  // 这是一个 main 方法，是程序的入口
  public static void main(String[ ] args) {
```

```
        Random r = new Random(66);
        for (int i = 0; i < 10; i++) {
            int num = r.nextInt();
            System.out.println(num);
        }
    }
}
```

示例9-6 中通过同一颗“种子”产生的10个随机数，无论程序运行多少次，结果都是一样的，如图9-4 所示。

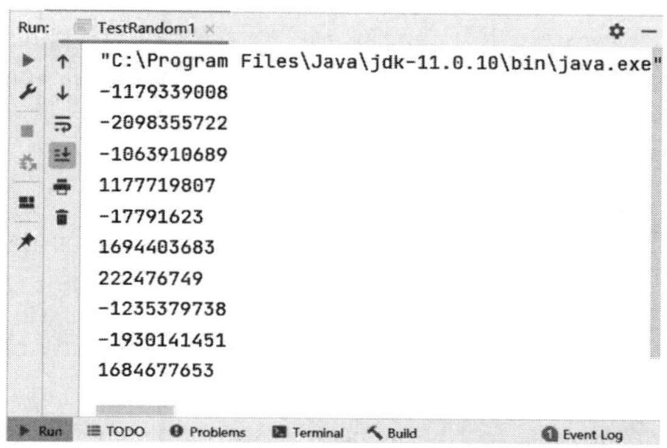

图9-4　示例9-6 运行结果

使用空参构造器生成随机数，如示例9-7 所示。

【示例9-7】利用空参构造器生成随机数。

```
import java.util.Random;

public class TestRandom1 {
    // 这是一个main 方法，是程序的入口
    public static void main(String[ ] args) {
        Random r = new Random();
        for (int i = 0; i < 10; i++) {
            int num = r.nextInt();
            System.out.println(num);
        }
    }
}
```

运行示例9-7 代码发现，每次运行产生的随机数都不同。这是什么原因呢？单击鼠标进入空构造器的源码发现，Random()构造器底层调用了有参构造器，且每次传入不同的“种子”，正是由于“种子”不同，导致产生的随机数也不同。

Random 中最常用的一个方法是nextInt(int n)方法，此方法会返回一个在0（包括）和指定值n（不包括）之间均匀分布的int 类型的随机数，如示例9-8 所示。

【示例9-8】newInt(int n)方法展示。

```
import java.util.Random;

public class TestRandom1 {
```

```
    // 这是一个main 方法，是程序的入口
    public static void main(String[ ] args) {
        Random r = new Random();
        for (int i = 0; i < 10; i++) {
            int num = r.nextInt(10);
            System.out.println(num);
        }
    }
}
```

示例9-8 的运行结果如图9-5 所示。

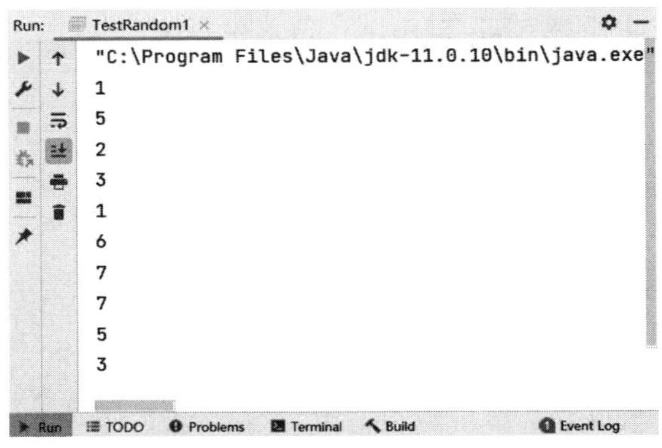

图9-5　示例9-8 运行结果

在示例9-8 的 nextInt 方法中传入参数10，nextInt 方法可产生在0（包括）和10（不包括）之间均匀分布的int 类型随机数。

9.5　枚举类

通常定义类时使用关键字class，通过类可以定义无数个对象，如学生类，可以定义无数个学生对象：张三、李四、王五等。但是有些类，其对象的个数是有限的且固定的，那这个类就可以定义为枚举类，利用关键字enum 来声明。如季节类，其对象只有春、夏、秋、冬 4 个，此时季节类就可以定义为枚举类。将 4 个对象直接封装在枚举类的定义中，如示例9-9 所示。

【示例9-9】定义季节枚举类。

```
public enum Season {
    SPRING,
    SUMMER,
    AUTUMN,
    WINTER;
}
```

在示例9-9 中，多个对象之间用逗号进行分隔，最后一个对象后面用分号结束。其中每个对象前都有隐性修饰符：public static final，这些修饰符全部可以省略不写，外界可以通过“类名.对象名”访问每个对象，如示例9-10 所示。

【示例 9-10】访问枚举对象。

```
public class TestSeason {
  public static void main(String[ ] args) {
    System.out.println(Season.AUTUMN);
    System.out.println(Season.SPRING);
  }
}
```

Java 编译器会对 enum 关键字定义的枚举进行处理，将其转换为java.lang 包下的 Enum 类的一个子类来完成，所以也会隐式继承一些方法，枚举类的常用方法的用法如示例 9-11 所示。

【示例 9-11】枚举类的常用方法。

```
public class TestSeason2 {
  public static void main(String[ ] args) {
    // 【1】toString()方法：获取对象的名称
    Season autumn = Season.AUTUMN;
    System.out.println("枚举对象名称：" + autumn/*.toString()*/);// AUTUMN
    System.out.println("--------------------");
    // 【2】values 方法：返回枚举类对象的数组
    Season[] values = Season.values();
    for(Season s : values){// 将数组中每个枚举对象遍历
      System.out.println(s/*.toString()*/);
    }
    System.out.println("--------------------");
    // 【3】valueOf 方法：通过对象名字获取这个枚举对象
    // 注意：传入对象的名字必须正确，否则会抛出异常
    Season autumn1 = Season.valueOf("AUTUMN");
    System.out.println("获取枚举对象" + autumn1/*.toString()*/);
  }
}
```

示例 9-11 的运行结果如图 9-6 所示。

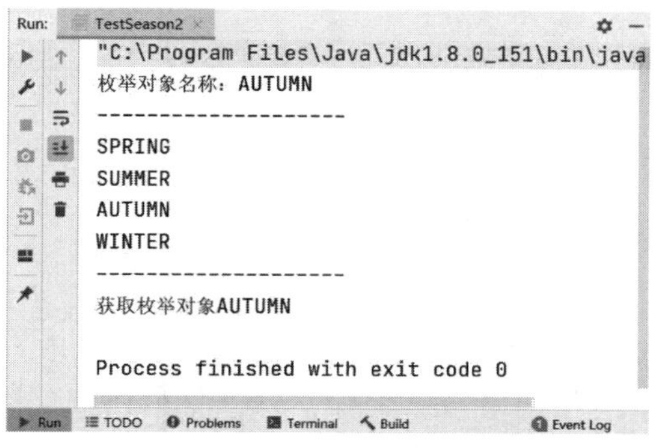

图 9-6　示例 9-11 运行结果

枚举类可用于switch 分支结构中，如示例 9-12 所示。

【示例 9-12】在 switch 分支结构中使用枚举类。

```
public class TestSeason3 {
  public static void main(String[] args) {
```

```
    Season season = Season.SPRING;
    // switch 后面的()中可以传入枚举类型
    switch (season){
      case SPRING:
        System.out.println("春暖花开");
        break;
      case SUMMER:
        System.out.println("烈日炎炎");
        break;
      case AUTUMN:
        System.out.println("秋高气爽");
        break;
      case WINTER:
        System.out.println("冰雪纷飞");
        break;
    }
  }
}
```

9.6 日期时间类

本节着重讲解与日期时间相关的类。

9.6.1 Date 类

JDK 中提供了两个 Date 类，一个位于 java.util 包下，另一个位于 java.sql 包下。java.util.Date 类是 java.sql.Date 类的父类。

1. java.util.Date 类

Date 类可以表示日期和时间，Date 类中的很多方法已经废弃了，因此不推荐开发者使用。示例 9-13 展示了 Date 类中方法的使用。

【示例 9-13】java.util.Date 类的使用。

```
import java.util.Date;

public class TestDate1 {
  public static void main(String[ ] args) {
    // 创建 Date 对象，表示当前时间
    Date d = new Date();
    System.out.println("java.util.Date 表示时间：" + d);
    // 废弃方法的举例使用
    System.out.println(d.getYear());        // 返回数字 + 1900 = 当前年份
    System.out.println(d.getMonth());       // 返回数字 + 1 = 当前月份
    System.out.println(d.getDate());        // 返回当前日期
    // 返回当前时间距离 1970 年 1 月 1 日 00:00:00 以来的毫秒数
    System.out.println("获取毫秒数：" + d.getTime());
```

```
    }
}
```

示例 9-13 的运行结果如图 9-7 所示。

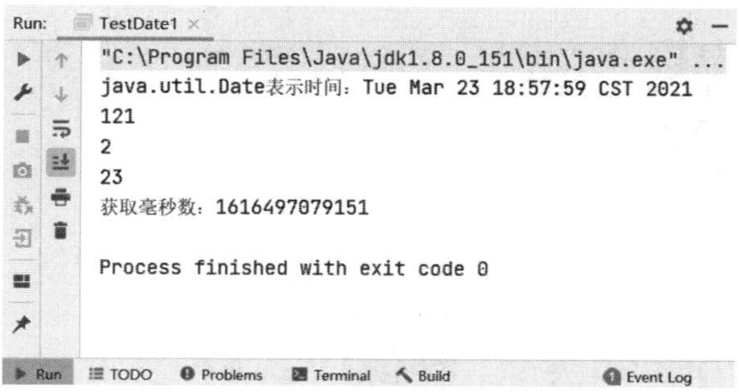

图 9-7　示例 9-13 运行结果

2. java.sql.Date 类

java.util.Date 类是 java.sql.Date 类的父类。从示例 9-13 可以看出，java.util.Date 类可以表示年月日时分秒，但是 java.sql.Date 类只能表示年月日，如示例 9-14 所示。

【示例 9-14】java.sql.Date 类的使用。

```
public class TestDate2 {
  public static void main(String[ ] args) {
    // java.sql.Date 类创建对象需要使用有参构造器，传入一个 long 类型的参数
    Date d = new Date(1616497079151L);
    System.out.println("java.sql.Date 表示时间：" + d);
  }
}
```

示例 9-14 的运行结果如图 9-8 所示。

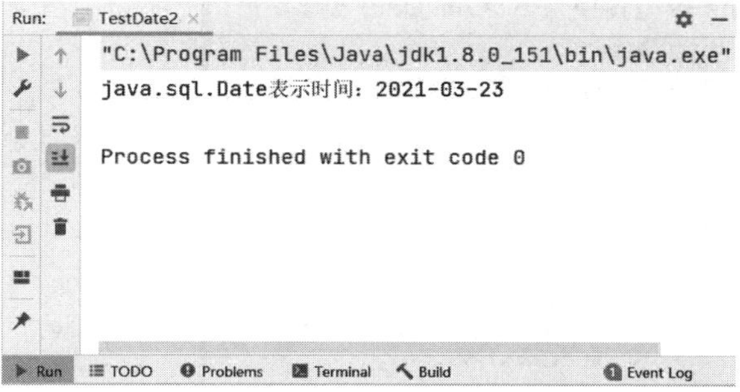

图 9-8　示例 9-14 运行结果

3. java.sql.Date 类和 java.util.Date 类相互转换

java.sql.Date 类和 java.util.Date 类可以进行相互转换，如示例 9-15 所示。

【示例 9-15】java.sql.Date 类和 java.util.Date 类相互转换。

```
import java.sql.Date;
```

```
public class TestDate3 {
  public static void main(String[ ] args) {
    // 【1】利用向上转型，将java.sql.Date 转换为java.util.Date
    java.util.Date date = new Date(1592055964263L);

    // 【2】将java.util.Date 转换为java.sql.Date
    // 【2-1】先创建java.util.Date 类对象
    java.util.Date d = new java.util.Date();
    // 【2-2】利用构造器转换
    Date sqlDate = new Date(d.getTime());
  }
}
```

9.6.2 SimpleDateFormat 类

做项目时，在前端会获取一些日期传入后台进行处理，前台接收到的日期一般都是一个字符串，所以需要将String 类型转换为java.util.Date类型。示例9-16 就是将String 类型转换为java.util.Date 类型的一种方式。

【示例9-16】String 类型转换为java.util.Date 类型。

```
import java.util.Scanner;

public class TestDate4 {
  public static void main(String[ ] args) {
    // 【1】从键盘录入日期
    Scanner sc = new Scanner(System.in);
    System.out.println("请键盘录入日期：");
    String strDate = sc.next();
    // 【2】将 String 类型转换为java.sql.Date 类型
    java.sql.Date sqlDate = java.sql.Date.valueOf(strDate);
    // 【3】将java.sql.Date 类型转换为java.util.Date 类型
    java.util.Date utilDate = sqlDate;
    System.out.println("转换后的日期为：" + utilDate);
  }
}
```

示例9-16 的运行结果如图9-9 所示。

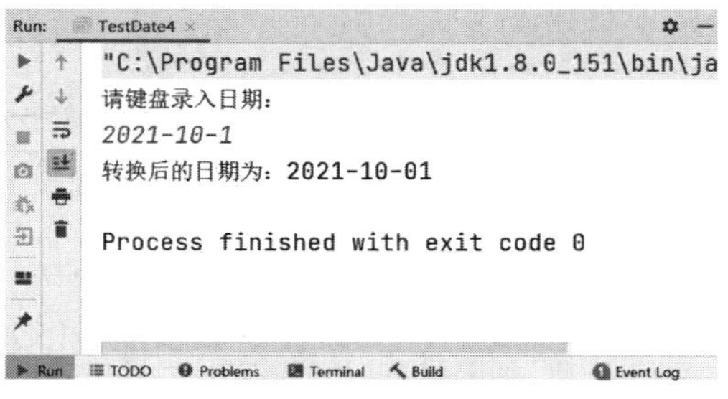

图9-9　示例9-16 运行结果

示例9-16 将String 类型转换为java.util.Date类型，但是示例中字符串的格式必须固定为“yyyy-

mm-dd ”的形式，否则一律报错，如图9-10所示。

```
Run:   TestDate4
"C:\Program Files\Java\jdk1.8.0_151\bin\java.exe" ...
请键盘录入日期:
2021/10/01
Exception in thread "main" java.lang.IllegalArgumentException Create breakpoint
    at java.sql.Date.valueOf(Date.java:143)
    at com.msb.testfile.TestDate4.main(TestDate4.java:12)

Process finished with exit code 1
```

图9-10 String格式错误出现异常

因为字符串格式必须固定为“yyyy-mm-dd”的形式，代码的局限性太大，所以需要一种可以随意指定格式的方式，JDK提供了SimpleDateFormat类帮助进行类型转换，即可以将String类型按照任意指定的格式转换为java.util.Date类型，如示例9-17所示。

【示例9-17】利用SimpleDateFormat类将String类型转换为java.util.Date类型。

```
import java.text.DateFormat;
import java.text.ParseException;
import java.text.SimpleDateFormat;
import java.util.Date;

public class TestSimpleDateFormat1 {
  public static void main(String[ ] args) throws ParseException {
    // 【1】在SimpleDateFormat构造器中传入指定的格式：传入要使用的格式即可
    DateFormat df = new SimpleDateFormat("yyyy-MM-dd HH:mm:ss");
    // 【2】利用parse方法进行转换，将String类型转换为java.util.Date类型
    Date d = df.parse("2021-10-1 12:23:56");
    System.out.println("转换后的java.util.Date为：" + d);
  }
}
```

示例9-17的运行结果如图9-11所示。

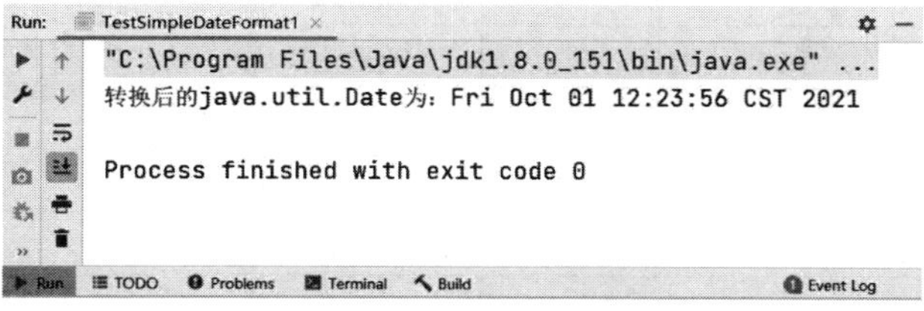

图9-11 示例9-17运行结果

SimpleDateFormat类也可以将java.util.Date类型转换为String类型，如示例9-18所示。

【示例9-18】利用SimpleDateFormat类将java.util.Date类型转换为String类型。

```
import java.text.DateFormat;
import java.text.SimpleDateFormat;
import java.util.Date;

public class TestSimpleDateFormat2 {
```

```
    public static void main(String[ ] args) {
        // 【1】在 SimpleDateFormat 构造器中传入指定的格式：传入要使用的格式即可
        DateFormat df = new SimpleDateFormat("yyyy-MM-dd HH:mm:ss");
        // 【2】将 Date 类型转换为 String 类型
        String format = df.format(new Date());
        System.out.println("转换为 String：" + format);
    }
}
```

示例9-18 的运行结果如图9-12 所示。

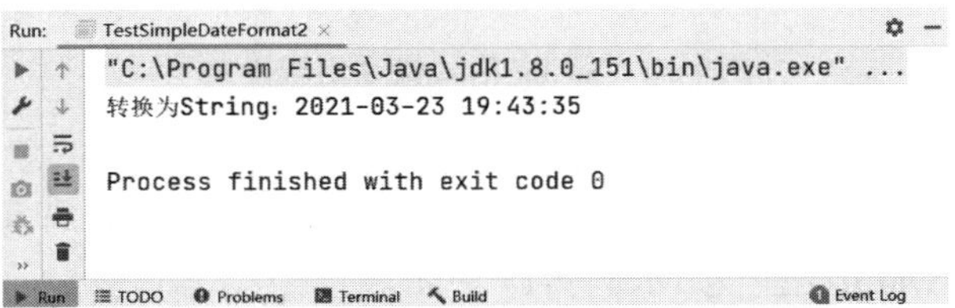

图9-12　示例9-18 运行结果

日期和时间格式由以下模式和字母进行拼接，如表9-7 所示。

表 9-7　日期时间模式字母

字　母	日期或时间元素	类　型	示　例
G	Era 标识符	Text	AD
y	年	Year	1996; 96
M	年中的月份	Month	July; Jul; 07
w	年中的周数	Number	27
W	月份中的周数	Number	2
D	年中的天数	Number	189
d	月份中的天数	Number	10
F	月份中的星期	Number	2
E	星期中的天数	Text	Tuesday; Tue
a	am/pm 标记	Text	PM
H	一天中的小时数（0～23）	Number	0
k	一天中的小时数（1～24）	Number	24
K	am/pm 中的小时数（0～11）	Number	0
h	am/pm 中的小时数（1～12）	Number	12
m	小时中的分钟数	Number	30
s	分钟中的秒数	Number	55
S	毫秒数	Number	978
z	时区	General time zone	Pacific Standard Time; PST; GMT-08:00
Z	时区	RFC 822 time zone	−0800

9.6.3 Calendar 类

Date 类中之所以有很多废弃的方法，是因为其已被 Calendar 日历类所替代。通过 Calendar 日历类可以完成对年月日时分秒的操作。Calendar 日历类是一个抽象类，不可以直接创建对象，需要通过静态方法 getInstance()或者子类 GregorianCalendar()来完成对象的创建，如示例 9-19 所示。

【示例 9-19】创建 Calendar 对象。

```
import java.util.Calendar;
import java.util.GregorianCalendar;

public class TestCalendar1 {
   public static void main(String[ ] args) {
      Calendar cal = new GregorianCalendar();
      Calendar cal2 = Calendar.getInstance();
   }
}
```

Calendar 日历类的常用属性如表 9-8 所示。

表 9-8 Calendar 日历类的常用属性

属 性 名	属性类型	属性描述
DATE	int	表示一个月中的某天
DAY_OF_MONTH	int	表示一个月中的某天，它与 DATE 是同义词。一个月中第一天的值为 1
YEAR	int	年份的 get 和 set 的字段数字
MONTH	int	月份的 get 和 set 的字段数字，一年中的第一个月的值为 0

Calendar 日历类的常用方法如表 9-9 所示。

表 9-9 Calendar 日历类的常用方法

方 法 名	返回值类型	方法描述
get(int field)	int	返回给定日历字段的值
set(int field,int value)	void	将给定的日历字段设置为给定值
getActualMaximum(int field)	int	返回指定日历字段可能拥有的最大值
getActualMinimum(int field)	int	返回指定日历字段可能拥有的最小值

创建一个测试类 TestCalendar2，利用表 9-8 和表 9-9 中的方法对 TestCalendar2 进行操作，如示例 9-20 所示。

【示例 9-20】Calendar 日历类的常用方法。

```
import java.util.Calendar;
import java.util.GregorianCalendar;

public class TestCalendar2 {
   public static void main(String[ ] args) {
      // 【1】创建 Calendar 对象
      Calendar cal = new GregorianCalendar();
```

```
    // 【2】get 方法，传入参数：Calendar 中定义的常量
    System.out.println("表示年份：" + cal.get(Calendar.YEAR));
    System.out.println("表示月份：" + cal.get(Calendar.MONTH));          // 月份从 0 开始表示 1 月
    System.out.println("表示日期：" + cal.get(Calendar.DATE));
    System.out.println("表示一周中第几天：" + cal.get(Calendar.DAY_OF_WEEK));
    System.out.println("获取当月日期的最大天数：" + cal.getActualMaximum(Calendar.DATE));
    System.out.println("获取当月日期的最小天数：" + cal.getActualMinimum(Calendar.DATE));
    // 【3】set 方法：可以改变 Calendar 中的内容
    cal.set(Calendar.YEAR,1990);          // 改变年
    cal.set(Calendar.MONTH,3);            // 改变月
    cal.set(Calendar.DATE,16);            // 改变日
  }
}
```

示例9-20 的运行结果如图9-13 所示。

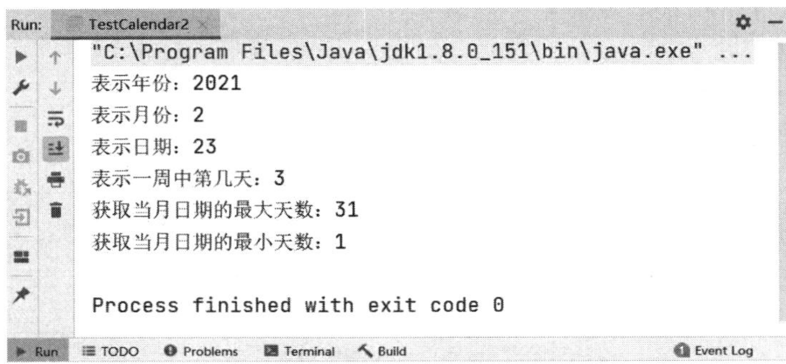

图9-13　示例9-20 运行结果

利用 Calendar 类完成日历的编写，请按照示例9-21 中的注释【1】～【15】进行学习。

【示例9-21】日历编写。

```
import java.util.Calendar;
import java.util.Scanner;

public class TestCalendar3 {
  public static void main(String[ ] args) {
    // 【1】从键盘录入日期-字符串类型
    Scanner sc = new Scanner(System.in);
    System.out.println("请输入你要查看的日期：（提示：请按照如 2022-10-16 的格式书写）");
    String strDate = sc.next();
    // 【2】将 String 类型转换为 Calendar 类型
    // 【2-1】将 String 类型转换为 Date 类型
    java.sql.Date date = java.sql.Date.valueOf(strDate);
    // 【2-2】将 Date 类型转换为 Calendar 类型
    Calendar cal = Calendar.getInstance();
    cal.setTime(date);
    // 【3】星期提示
    System.out.println("日\t 一\t 二\t 三\t 四\t 五\t 六\t");
    // 【4】获取本月的最大天数
    int maxDay = cal.getActualMaximum(Calendar.DATE);
```

```
    // 【5】获取当前日期中的日
    int nowDay = cal.get(Calendar.DATE);
    // 【6】将日期调为本月的1号
    cal.set(Calendar.DATE,1);
    // 【7】获取这个1号是本周的第几天
    int num = cal.get(Calendar.DAY_OF_WEEK);
    // 【8】每月1号前面空出来的天数
    int day = num - 1;
    // 【9】引入1个计数器
    int count = 0;              // 计数器的开始值为0
    // 【10】在日期前将空格打印出来
    for (int i = 1; i <= day; i++) {
      System.out.print("\t");
    }
    // 【11】空出来的日子也要放入计数器
    count = count + day;
    // 【12】遍历：从1号开始到maxDay号进行遍历
    for (int i = 1; i <= maxDay ; i++) {
      // 【13】如果遍历的i和当前日子一样的话，后面多拼一个*
      if(i == nowDay){
        System.out.print(i+"*"+"\t");
      }else{
        System.out.print(i+"\t");
      }
      // 【14】每在控制台输出一个数字，计数器做加1操作
      count++;
      // 【15】当计数器的个数是7的倍数时，就换行
      if(count % 7 == 0){
        System.out.println();
      }
    }
  }
}
```

示例9-21的运行结果如图9-14所示。

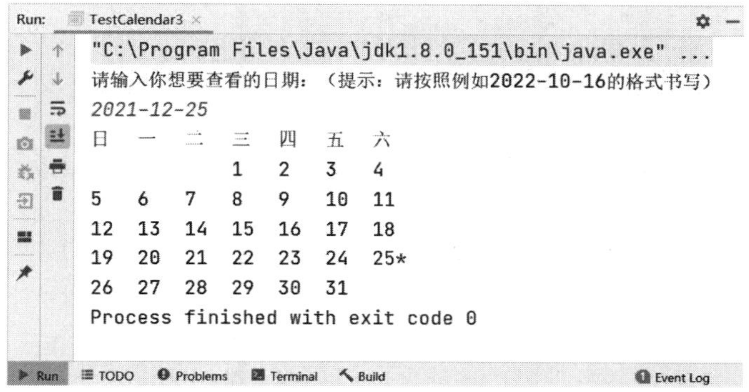

图9-14 示例9-21运行结果

9.6.4 LocalDateTime 类

在 JDK1.8 中新增了表示日期和时间的类：LocalDateTime 类。通过静态方法 now()可获取当前日期和时间，如示例 9-22 所示。

【示例 9-22】获取实例对象。

```
import java.time.LocalDateTime;

public class TestLocalDateTime1 {
  public static void main(String[ ] args) {
    // 完成实例化：通过now()方法获取当前的日期和时间
    LocalDateTime localDateTime = LocalDateTime.now();
    System.out.println(localDateTime);
  }
}
```

示例 9-22 的运行结果如图 9-15 所示。

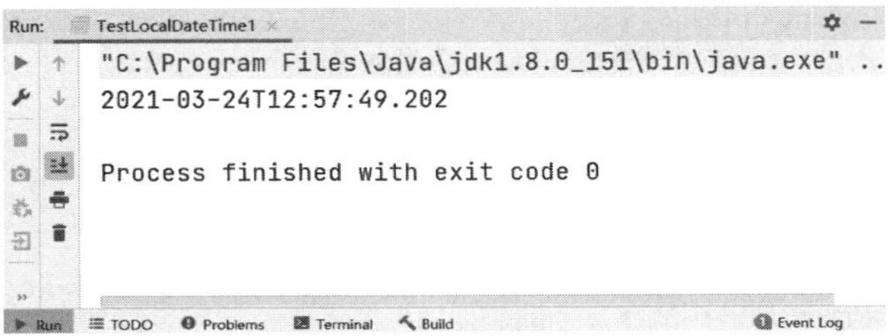

图 9-15　示例 9-22 运行结果

也可以通过 of 方法获取指定的日期和时间，如示例 9-23 所示。

【示例 9-23】获取指定日期和时间。

```
import java.time.LocalDateTime;

public class TestLocalDateTime2 {
  public static void main(String[ ] args) {
    LocalDateTime of = LocalDateTime.of(2022, 12, 23, 13, 24, 15);
    System.out.println(of);
  }
}
```

示例 9-23 的运行结果如图 9-16 所示。

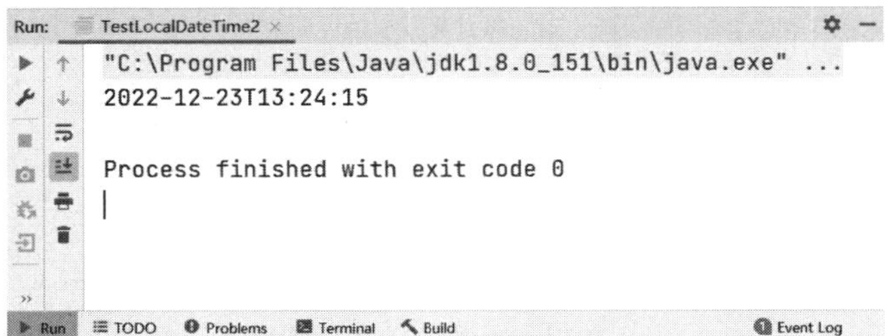

图 9-16　示例 9-23 运行结果

LocalDateTime 类的常用方法如示例9-24 所示。

【示例9-24】LocalDateTime 类的常用方法。

```
import java.time.LocalDateTime;

public class TestLocalDateTime1 {
  public static void main(String[ ] args) {
    // 完成实例化：通过 now()方法获取当前的日期和时间
    LocalDateTime localDateTime = LocalDateTime.now();
    System.out.println(localDateTime);
    // 常用方法
    System.out.println("获取当前年份：" + localDateTime.getYear());
    System.out.println("使用 Month 枚举获取月份字段：" + localDateTime.getMonth());
    System.out.println("获取当前月份值：" + localDateTime.getMonthValue());
    System.out.println("获取是本月第几天：" + localDateTime.getDayOfMonth());
    System.out.println("获取枚举星期几字段：" + localDateTime.getDayOfWeek());
    System.out.println("获取时间字段：" + localDateTime.getHour());
    System.out.println("获取分钟字段：" + localDateTime.getMinute());
    System.out.println("获取秒字段：" + localDateTime.getSecond());
  }
}
```

示例9-24 的运行结果如图9-17 所示。

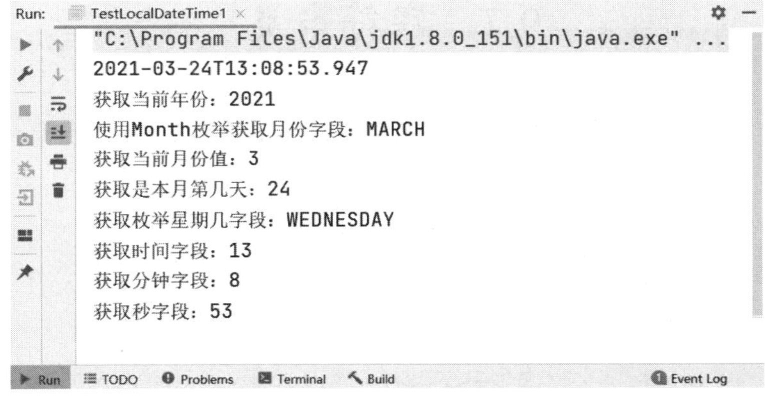

图9-17　示例9-24 运行结果

9.6.5　DateTimeFormatter 类

JDK1.8 中提供了一个新的日期时间格式化类：DateTimeFormatter 类，此类同样可以完成日期时间对象与 String 类型的转换，如示例 9-25 所示。

【示例9-25】利用 format 方法将日期时间对象转换为String 类型对象。

```
import java.time.LocalDateTime;
import java.time.format.DateTimeFormatter;

public class TestDateTimeFormatter {
  public static void main(String[ ] args) {
```

```
        // 【1】自定义格式。如 yyyy-MM-dd hh:mm:ss 格式，按照需求定义即可
        DateTimeFormatter df = DateTimeFormatter.ofPattern("yyyy-MM-dd hh:mm:ss");
        // 【2】创建 LocalDateTime 对象，获取当前时间
        LocalDateTime now = LocalDateTime.now();
        // 【3】利用format 方法将 LocalDateTime 类型转换为 String 类型
        String format = df.format(now);
    }
}
```

【示例9-26】利用parse 方法将 String 类型对象转换为日期时间对象。

```
import java.time.format.DateTimeFormatter;
import java.time.temporal.TemporalAccessor;

public class TestDateTimeFormatter {
    public static void main(String[ ] args) {
        // 【1】自定义格式。如 yyyy-MM-dd hh:mm:ss 格式，按照需求定义即可
        DateTimeFormatter df = DateTimeFormatter.ofPattern("yyyy-MM-dd hh:mm:ss");
        // 【2】利用parse 方法将 String 类型转换为日期时间类型
        TemporalAccessor parse = df.parse("2020-06-15 03:22:03");
    }
}
```

9.7 字符串类

羊肉串是一种非常好吃的食物，为什么叫羊肉串呢？将一块一块的羊肉串在一起组成的就是羊肉串，如图 9-18 所示。

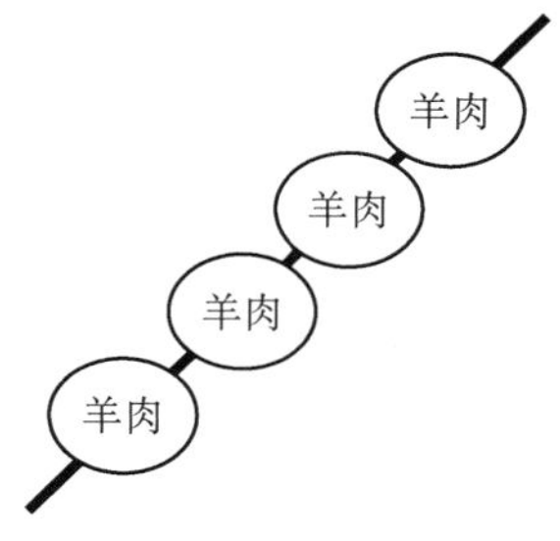

图9-18　羊肉串图

Java 中有一个特别常用的类——字符串类，为什么叫字符串呢？将一个一个的字符，如“你”“a”“%”等串在一起，用双引号“”包含起来，就形成了字符串，如“你a%”“我爱 Java”等。

Java 中可以定义字符串的类有 3 个：String 类、StringBuilder 类、StringBuffer 类。

9.7.1 String 类

String 类位于java.lang 包中，可以直接使用无须导入java.lang 包。String 类被final 修饰，不能存在子类，不可被继承。String 底层其实就是一个char 类型的数组，每定义一个字符串，在最底层就是用char

类型数组进行存储。截取 String 类源码中的关键性代码如下所示。

```
package java.lang;
import ...;
public final class String{
   // 底层是char 类型数组
   private final char value[ ];
}
```

定义一个字符串如 String s = "nihao";，利用 IDEA 的debug 模式验证底层是char 类型数组，如图9-19所示。

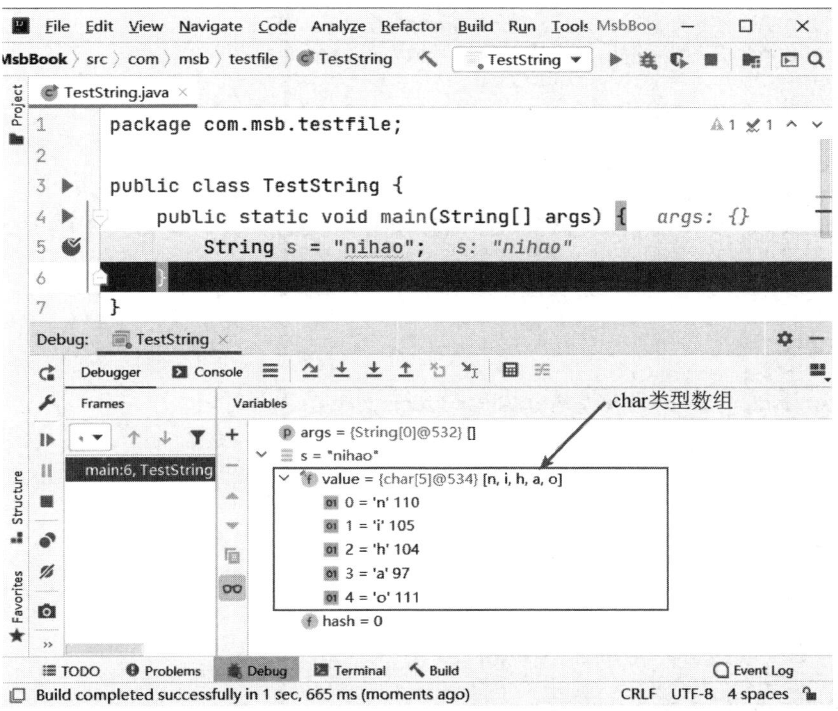

图 9-19　利用 debug 模式验证字符串底层是 char 类型数组

可以通过直接赋值的方式创建 String 类的对象，也可以利用构造器完成初始化对象的操作，如示例 9-27 所示。

【示例 9-27】创建 String 类的对象。

```
public class TestString {
  public static void main(String[ ] args) {
    // 方式 1：直接赋值
    String s1 = "nihao";
    // 方式 2：利用构造器完成初始化对象操作
    String s2 = new String();
    String s3 = new String("nihao");
    String s4 = new String(new char[]{'n','i','h','a','o'});
  }
}
```

String 类属于不可变字符串，底层 char 类型数组被 final 修饰，意味着字符串一旦被创建，它的内容是不可变的，如需修改，只能创建新字符串。String 类提供了多个常用方法供使用，如示例 9-28 所示。

【示例 9-28】String 类的常用方法。

```
import java.util.Arrays;

public class TestString2 {
    public static void main(String[ ] args) {
        String s = "abcdefghijk";
        System.out.println("字符串的长度为：" + s.length());
        System.out.println("字符串是否为空：" + s.isEmpty());
        System.out.println("获取字符串的下标对应的字符为：" + s.charAt(2));
        // 字符串比较
        String s1 = new String("abc");
        String s2 = new String("abc");
        System.out.println("两个字符串内容是否相等：" + s1.equals(s2));
        // 字符串截取、拼接
        System.out.println("字符串从指定索引处的字符开始截取，直到此字符串末尾：" + s.substring(3));
        // 返回：字符串从 3 索引处开始，直到索引 6 - 1 处的字符
        System.out.println("字符串按照索引区间截取：" + s.substring(3, 6));
        System.out.println("字符串的合并/拼接操作：" + s.concat("123456"));
        // 字符串替换
        String s3 = "abcdefghijk";
        System.out.println("字符串中字符的替换" + s3.replace('a', 'u'));

        // 按照指定的字符串进行分割为数组的形式
        String s4 = "a-b-c-d-e-f";
        String[] strs = s4.split("-");
        System.out.println(Arrays.toString(strs));

        // 转大小写的方法
        String s5 = "abc";
        System.out.println("" + s5.toUpperCase());
        String s6 = "ABC";
        System.out.println("" + s6.toLowerCase());

        // 去除首尾空格
        String s7 = "     a   b   c     ";
        System.out.println("去除首尾空格：" + s7.trim());

        // toString()
        String s8 = "abc";
        System.out.println("输出字符串字面值：" + s8.toString());

        // 转换为 String 类型
        System.out.println("其他类型转为 String 类型：" + String.valueOf(6.5));
        System.out.println("其他类型转为 String 类型：" + String.valueOf(123));
        System.out.println("其他类型转为 String 类型：" + String.valueOf(false));
    }
}
```

示例 9-28 的运行结果如图 9-20 所示。

```
"C:\Program Files\Java\jdk1.8.0_151\bin\java.exe" ..
字符串的长度为：11
字符串是否为空：false
获取字符串的下标对应的字符为：c
两个字符串内容是否相等：true
字符串从指定索引处的字符开始截取，直到此字符串末尾：defghijk
字符串按照索引区间截取：def
字符串的合并/拼接操作：abcdefghijk123456
字符串中的字符的替换ubcdefghijk
[a, b, c, d, e, f]
ABC
abc
去除首尾空格：a  b  c
输出字符串字面值：abc
其他类型转为String类型：6.5
其他类型转为String类型：123
其他类型转为String类型：false
```

图9-20　示例9-28运行结果

9.7.2　StringBuilder类

String类属于不可变字符串，一旦创建就不能更改，若要更改字符串的内容，只能创建新的字符串对象。本节学习的StringBuilder类属于可变字符串，可以在字符串本身的基础上进行一系列的操作，这都源于StringBuilder底层的数组扩容原理，使得StringBuilder类的效率变高。

StringBuilder类继承自AbstractStringBuilder抽象类，AbstractStringBuilder抽象类中有两个重要的属性：value和count，被StringBuilder类继承使用，这也是StringBuilder类底层最重要的属性，即StringBuilder类底层也是靠char类型数组组成的。

```
char[] value;    // The value is used for character storage.        —— value 用于底层字符存储
int count;       // The count is the number of characters used.  —— count 用于计算 value 数组中被使用的数量
```

可通过空构造器进行初始化操作：StringBuilder sb = new StringBuilder();，查看StringBuilder空构造器的源码如下。

```
public StringBuilder() {
    super(16);
}
```

在StringBuilder空构造器内部调用了父类的有参构造器，并传入16，继续查看如下父类构造器的源码。

```
AbstractStringBuilder(int capacity) {         // 实参传入16
    value = new char[capacity];              // value = new char[16];
}
```

从源码中可以看出，当调用构造器时，在创建StringBuilder对象的同时底层创建了一个长度为16的char类型数组，内存分析简图如图9-21所示。

可以通过StringBuilder对象的append方法进行字符串的追加，将每个字符放置在char类型数组中，但是char类型数组的长度为16，只能放入16个字符，长度一旦超出16，就要实现数组的扩容，即创建一个新的数组，并将value的指向从旧数组变为新数组，数组扩容内存分析简图如图9-22所示。

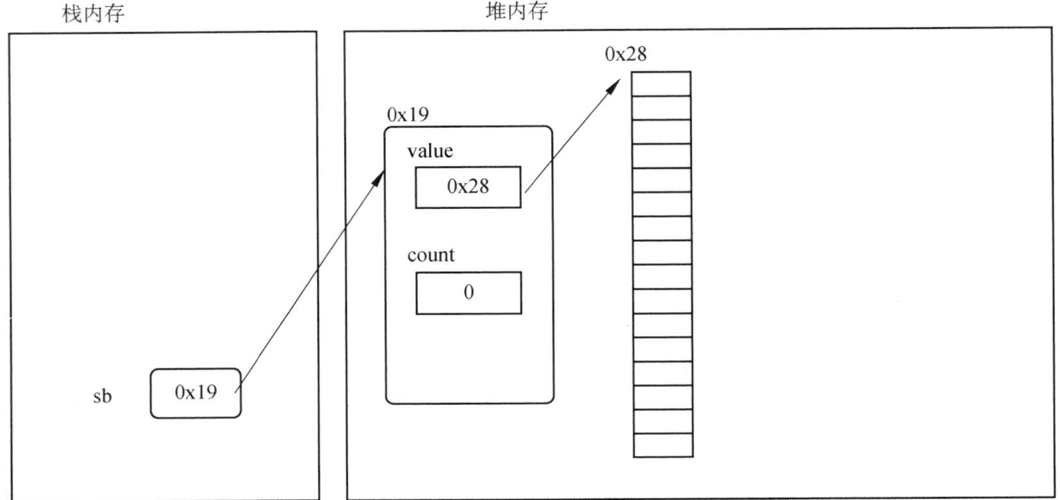

图 9-21　内存分析简图

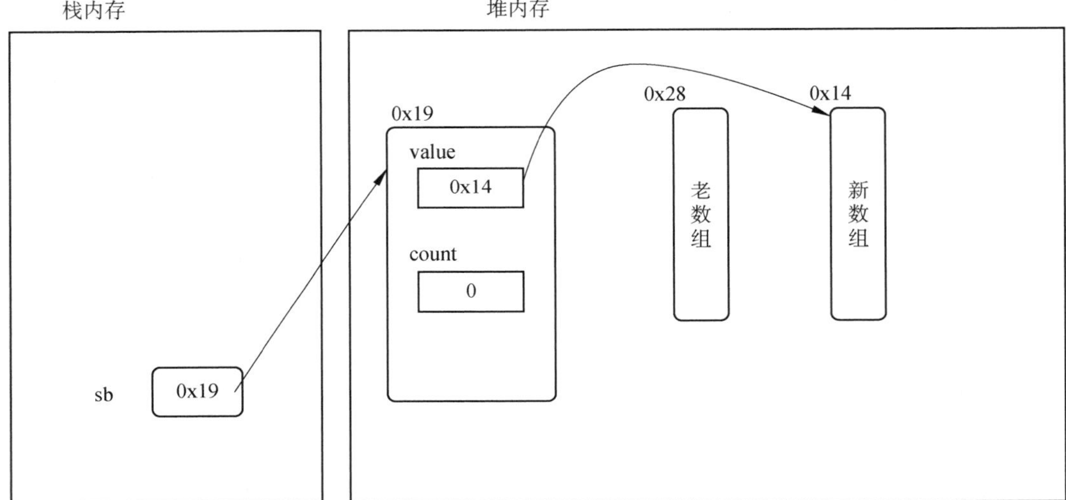

图 9-22　数组扩容内存分析简图

StringBuilder 类的常用方法如示例 9-29 所示。

【示例 9-29】StringBuilder 类的常用方法。

```
public class TestStringBuilder {
  public static void main(String[ ] args) {
    StringBuilder sb = new StringBuilder("你好 Java123456");
    // 【1】追加字符串
    sb.append("abc");
    System.out.println("追加字符串后：" + sb);
    // 【2】删除内容
    // 按照区间删除字符
    sb.delete(3, 6);          // 删除位置在[3,6)上的字符
    System.out.println("删除区间位置的字符后内容为：" + sb);
```

```
    // 删除指定位置的字符
    sb.deleteCharAt(3);   // 删除位置在 3 上的字符
    System.out.println("删除指定位置的字符后内容为：" + sb);
    // 【3】修改：插入内容
    StringBuilder sb1 = new StringBuilder("JavaPhpHtmlCssJs");
    // 指定位置插入内容
    sb1.insert(3, ",");      // 在下标为 3 的位置上插入
    System.out.println("指定位置插入内容：" + sb1);

    // 【4】修改：替换内容
    StringBuilder sb2 = new StringBuilder("$2 你好吗 5980947");
    // 在区间位置替换内容
    sb2.replace(3, 5, "python");      // 在下标[3,5)位置上插入字符串
    System.out.println("在区间位置插入内容：" + sb2);
    // 在指定位置替换内容
    sb2.setCharAt(3, '!');
    System.out.println("指定位置替换内容：" + sb2);
    // 【5】查询操作
    StringBuilder sb3 = new StringBuilder("asdfa");
    // 根据字符串的索引进行遍历
    for (int i = 0; i < sb3.length(); i++) {
      System.out.print(sb3.charAt(i) + "\t");            // charAt 方法获取指定位置的元素
    }
    System.out.println();                  // 换行操作
    // 【6】字符串截取操作
    // 截取[2,4)位置上的字符，返回的是一个新的字符串，对原 StringBuilder 没有影响
    String str = sb3.substring(2,4);
    System.out.println("截取后的新字符串：" + str);
    System.out.println("原字符串为："+ sb3);
  }
}
```

示例 9-29 的运行结果如图 9-23 所示。

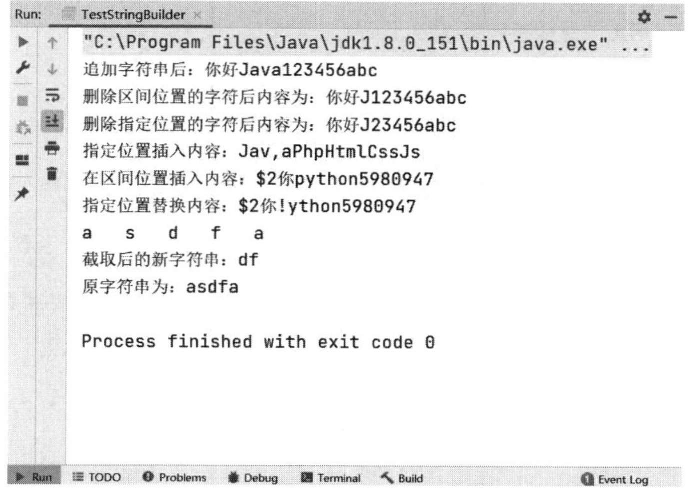

图 9-23　示例 9-29 运行结果

9.7.3 StringBuffer 类

StringBuffer 类同样是可变字符串，其使用方式和 StringBuilder 类似，将示例 9-29 中 StringBuilder 类替换为 StringBuffer 类后发现结果一样，如示例 9-30 所示。

【示例 9-30】StringBuffer 类的常用方法。

```
public class TestStringBuffer {
  public static void main(String[ ] args) {
    StringBuffer sb = new StringBuffer("你好 Java123456");
    // 【1】追加字符串
    sb.append("abc");
    System.out.println("追加字符串后：" + sb);
    // 【2】删除内容
    // 按照区间删除字符
    sb.delete(3, 6);                   // 删除位置在[3,6)上的字符
    System.out.println("删除区间位置的字符后内容为：" + sb);
    // 删除指定位置的字符
    sb.deleteCharAt(3);                // 删除位置在 3 上的字符
    System.out.println("删除指定位置的字符后内容为：" + sb);
    // 【3】修改：插入内容
    StringBuffer sb1 = new StringBuffer("JavaPhpHtmlCssJs");
    // 指定位置插入内容：
    sb1.insert(3, ",");                // 在下标为 3 的位置上插入
    System.out.println("指定位置插入内容：" + sb1);

    // 【4】修改：替换内容
    StringBuffer sb2 = new StringBuffer("$2 你好吗 5980947");
    // 在区间位置替换内容：
    sb2.replace(3, 5, "python");       // 在下标[3,5)位置上插入字符串
    System.out.println("在区间位置插入内容：" + sb2);
    // 在指定位置替换内容：
    sb2.setCharAt(3, '!');
    System.out.println("指定位置替换内容：" + sb2);
    // 【5】查询操作
    StringBuffer sb3 = new StringBuffer("asdfa");
    // 根据字符串的索引进行遍历：
    for (int i = 0; i < sb3.length(); i++) {
         System.out.print(sb3.charAt(i) + "\t");   // charAt 方法获取指定位置的元素
    }
    System.out.println();// 换行操作
    // 【6】字符串截取操作
    String str = sb3.substring(2,4);  // 截取[2,4)位置上的字符，返回的是一个新的字符串，对原 StringBuilder 没
有影响
    System.out.println("截取后的新字符串：" + str);
    System.out.println("原字符串为："+ sb3);
  }
}
```

示例 9-30 的运行结果如图 9-24 所示。

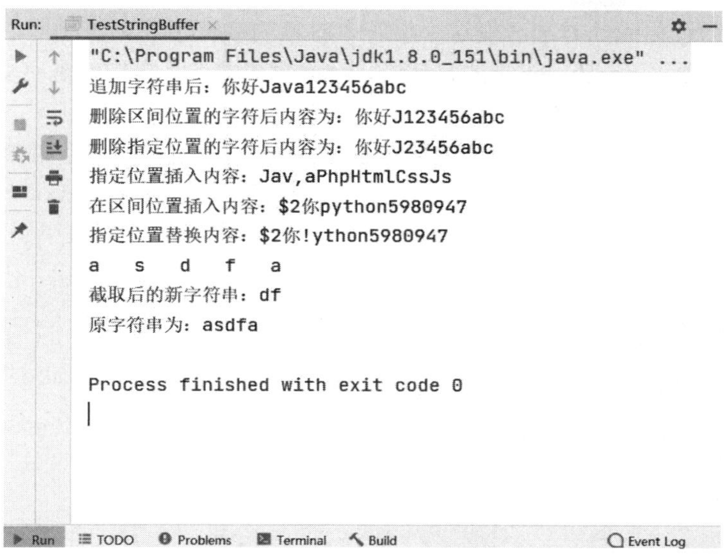

图 9-24　示例 9-30 运行结果

从示例 9-29 和示例 9-30 可以看出，StringBuffer 类和 StringBuilder 类的用法相似，常用方法也相同，但是二者也有不同之处，如表 9-10 所示。

表 9-10　StringBuffer 类和 StringBuilder 类的不同之处

类　　名	出现时代	效　　率	安 全 性
StringBuilder 类	JDK1.5 开始	效率高	线程不安全
StringBuffer 类	JDK1.0 开始	效率低	线程安全

本章小结

本章讲解常用的各种辅助类，File 类在后续会结合 I/O 流配套使用，包装类会与集合配套使用，枚举类在项目中应用比较多，因此必须要掌握。日期相关类新版和旧版都要了解，因为它们在实际开发中都有人使用。一定要清楚 String、StringBuilder、StringBuffer 的区别。

练习题

一、填空题

1. Java 中每个基本类型在java.lang 包中都有一个相应的包装类，把基本类型数据转换为对象，其中包装类 Integer 是____________的直接子类。

2. 在 Java 中使用java.lang 包中的____________类来创建一个字符串对象，它代表一个字符序列是可变的字符串，可以通过相应的方法改变这个字符串对象的字符序列。

3. StringBuilder 类是 StringBuffer 类的替代类，两者的共同点是它们都是可变长度的字符串，其中线程安全的类是____________。

4. DateFormat 类可以实现字符串和日期类型之间的格式转换，其中将日期类型转换为指定的字符串格式的方法名是____________。

5. 使用 Math.random( )返回带正号的double 值，该值大于或等于0.0 且小于1.0。使用该函数生成[30,60]的随机整数的语句是____________。

二、选择题（单选/多选）

1. 分析如下 Java 代码，程序编译后的运行结果是（　　）。

```
public static void main(String[ ] args) {
  String str=null;
  str.concat("abc");
  str.concat("def");
  System.out.println(str);
}
```

A. null　　B. abcdef

C. 编译错误　　D. 运行时出现 NullPointerException 异常

2. 以下关于 Test StringBuffer 类的代码的执行结果是（　　）。

```
public class TestStringBuffer {
  public static void main(String args[ ]) {
    StringBuffer a = new StringBuffer("A");
    StringBuffer b = new StringBuffer("B");
    mb_operate(a, b);
    System.out.println(a + "." + b);
  }
  static void mb_operate(StringBuffer x, StringBuffer y) {
    x.append(y);
    y = x;
  }
}
```

A. A.B　　B. A.A　　C. AB.AB　　D. AB.B

3. 对于语句 String s="my name is kitty"，以下选项中可以从其中截取“kitty”的是（　　）。

A. s.substring(11,16)　　B. s.substring(11)

C. s.substring(12,17)　　D. s.substring(12,16)

第 10 章

集 合

本章学习目标

- 了解集合的使用原因。
- 了解集合的体系结构。
- 掌握 ArrayList、LinkedList、HashMap、TreeMap 集合。

要了解集合整体的体系结构，需要将 List 接口、Set 接口、Map 接口下的集合一一掌握，这些集合在实际开发工作中都可能会用到。其中 ArrayList、LinkedList、HashMap、TreeMap 是学习的重中之重。

10.1 使用集合的原因

数组和集合都可以对多个数据进行存储，它们被统称为容器。

在第 6 章中重点讲解了数组，从数组的学习中得知数组有如下特点。

（1）数组长度固定，一旦数组声明确定长度以后，不可更改。

（2）数组声明时需要指定数组类型，一旦类型确定，该数组就只能存放这一种数据类型的数据。

另外，数组也有如下缺点。

（1）数组一旦声明则长度不可以更改，这一点是特点也是缺点。

（2）数组删除、增加元素操作效率低，需要大量挪动元素位置。

（3）数组中实际存放元素的数量无法获取。

（4）数组中元素可重复，不可重复的数组不能满足。

正是因为数组有这些缺点，所以才出现了集合这个容器来弥补这些缺点。

10.2 集合的体系结构

本章我们要学习多种集合，为什么要学习不同种类的集合呢？因为不同种类的集合底层的数据结构不同，所以不同集合的特点也不同。Collection 接口和 Map 接口下集合的体系结构及继承、实现关系如图 10-1 和图 10-2 所示。

其中 Collection 接口下的集合属于单列集合，每次存储单个数据；Map 接口下的集合属于双列集合，数据成对存储，即存放“键值对”。

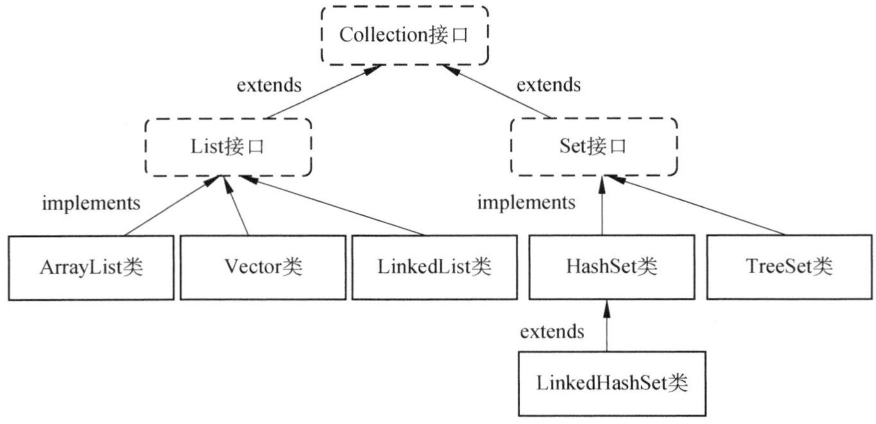

图 10-1　Collection 接口下集合的体系结构

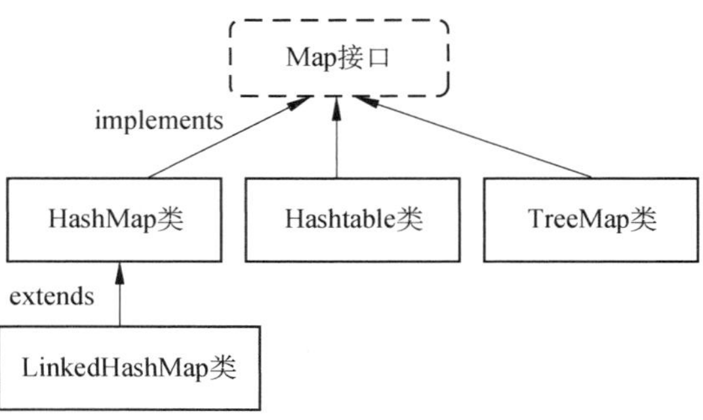

图 10-2　Map 接口下集合的体系结构

10.3　Collection 接口

Collection 接口是单列集合的最上层接口，该接口提供了很多常用的抽象方法，如表 10-1 所示。

表 10-1　Collection 接口中常用的抽象方法

方 法 名	返回值类型	方法描述
add(E e)	boolean	向集合中添加指定元素
clear()	void	清空集合中元素
contains(Object o)	boolean	判断集合中是否包含指定元素
equals(Object o)	boolean	比较此集合与指定对象是否相等

续表

方 法 名	返回值类型	方法描述
isEmpty()	boolean	判断集合是否为空
iterator()	Iterator	对集合进行迭代遍历
remove(Object o)	boolean	删除集合中指定元素
size()	int	返回集合中实际元素数量

由于 Collection 接口是单列集合的最上层接口，所以表 10-1 中提供的常用抽象方法都会被子接口 List 和 Set 继承使用，即 List 接口和 Set 接口也同样具备这些抽象方法。在后续知识的讲解中会对这些方法进行应用。

10.4　List 接口

10.4.1　List 接口中常用方法

List 接口继承自 Collection 接口，所以 Collection 接口中的方法在 List 接口中同样具备。除此之外，List 接口中也额外提供了一些常用的抽象方法，如表 10-2 所示。

表 10-2　List 接口中常用的抽象方法

方 法 名	返回值类型	方法描述
add(int index, E element)	void	在集合的指定位置添加元素
get(int index)	E	从指定索引处获取元素
remove(int index)	E	删除指定索引处元素
remove(Object o)	boolean	删除指定元素
set(int index, E element)	E	修改指定位置元素

从表 10-2 中可以看出，List 接口中的常用抽象方法都和索引相关。

10.4.2　List 接口实现类之 ArrayList 类

ArrayList 类实现 List 接口，间接实现自 Collection 接口，是一个非常常用的集合。表 10-1 和表 10-2 中的抽象方法在 ArrayList 类中都进行了实现。

ArrayList 类底层由数组实现，该数组是可变长度数组，当传入元素的数量大于数组长度时，底层数组会进行扩容，所以 ArrayList 类打破了数组长度的不可变性。底层是由数组实现，ArrayList 集合优点是通过索引查询元素效率高，缺点是增加、删除元素时效率低，需要移动大量的元素，ArrayList 类底层的数据结构如图 10-3 所示。

索引	元素
0	元素1
1	元素2
2	元素3
3	元素4
4	…
5	
6	
7	
8	
9	

图 10-3　ArrayList 类底层数据结构

接下来开始对 ArrayList 类的常用方法进行应用。

【示例 10-1】向 ArrayList 集合中添加元素。

```
import java.util.ArrayList;

public class TestArrayList {
  public static void main(String[ ] args) {
    // 定义一个集合
    ArrayList list = new ArrayList();
    // 利用 add 方法添加元素
    list.add("java");
    list.add("python");
    list.add("php");
    list.add("java");
    list.add("c++");
    // 查看集合中元素数量
    System.out.println("集合中元素数量：" + list.size());
    // 查看集合中元素
    System.out.println("集合中元素查看：" + list);
  }
}
```

示例 10-1 的运行结果如图 10-4 所示。

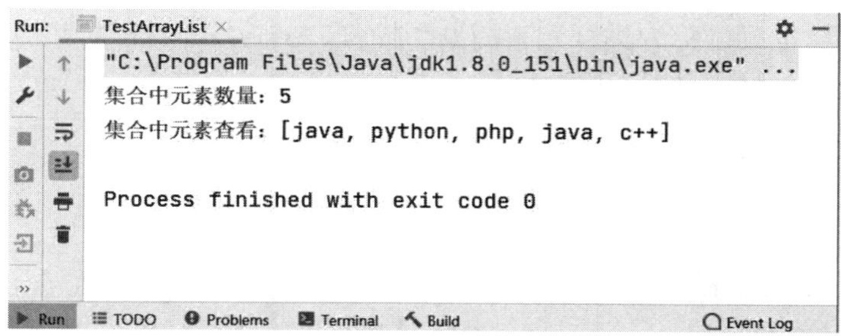

图 10-4　示例 10-1 运行结果

从示例 10-1 运行结果可以看出，ArrayList 集合可以存储有序、重复的数据。除此之外，还可以对 ArrayList 集合进行删除、修改元素等操作，如示例 10-2 所示。

【示例 10-2】对 ArrayList 集合进行删除、修改、判断操作。

```
import java.util.ArrayList;

public class TestArrayList2 {
  public static void main(String[ ] args) {
    // 定义一个集合
    ArrayList list = new ArrayList();
    // 利用 add 方法添加元素
    list.add("java");
    list.add("python");
    list.add("php");
    list.add("java");
    list.add("c++");
    // 判断集合中是否包含某个元素
    System.out.println("集合中是否包含指定元素：" + list.contains("php"));
    // 删除元素
    list.remove("c++");     // 删除"c++"元素
    list.remove(1);         // 删除下标为 1 的元素
    System.out.println("删除元素后集合中内容为：" + list);
    // 修改操作
    list.set(0,"android");
    System.out.println("修改元素后集合中内容为：" + list);
  }
}
```

示例 10-2 的运行结果如图 10-5 所示。

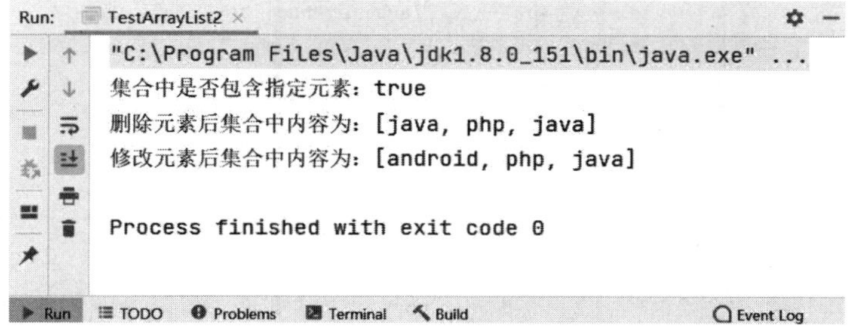

图 10-5　示例 10-2 运行结果

对集合元素的查看，也可以称为集合元素的遍历操作，ArrayList 集合的遍历方式如示例 10-3 所示。

【示例 10-3】ArrayList 集合的遍历方式。

```
import java.util.ArrayList;
import java.util.Iterator;

public class TestArrayList3 {
  public static void main(String[ ] args) {
    // 定义一个集合
    ArrayList list = new ArrayList();
    // 利用 add 方法添加元素
    list.add("java");
    list.add("python");
    list.add("php");
    list.add("java");
    list.add("c++");
    // 集合遍历方式 1：调用 toString 方法
    System.out.println("ArrayList 集合的遍历方式 1：" + list/*.toString()*/);
    // 集合遍历方式 2：通过 get(int index)方法 + 普通 for 循环
    System.out.print("ArrayList 集合的遍历方式 2：");
    for(int i = 0;i < list.size();i++){
      System.out.print(list.get(i) + "\t");
    }
    // 集合遍历方式 3：增强 for 循环
    System.out.print("\nArrayList 集合的遍历方式 3：");
    for(Object obj : list){
      System.out.print(obj + "\t");
    }
    // 集合遍历方式 4：使用迭代器
    System.out.print("\nArrayList 集合的遍历方式 4：");
    Iterator it = list.iterator();
    while(it.hasNext()){
      System.out.print(it.next() + "\t");
    }
  }
}
```

示例 10-3 的运行结果如图 10-6 所示。

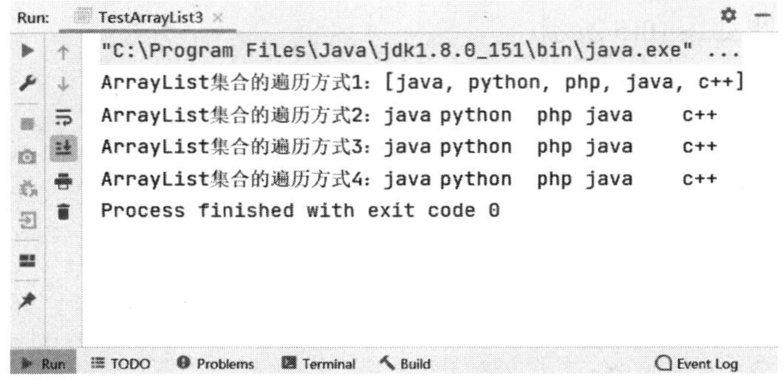

图 10-6 示例 10-3 运行结果

10.4.3　List 接口实现类之 Vector 类

Vector 类用法与 ArrayList 类相似，将示例 10-1～示例 10-3 中的 ArrayList 类换为 Vector 类依然有效，执行效果一致。Vector 类底层依然由可变长度数组实现，当传入元素的数量大于数组长度时，底层数组会进行扩容。Vector 类从 JDK1.0 开始定义，由于线程安全，所以访问效率低。从 JDK1.2 开始才出现功能类似的 ArrayList 类，底层线程不安全，所以访问效率高。在实际应用中可以根据需求选择合适的集合使用。

10.4.4　List 接口实现类之 LinkedList 类

LinkedList 类不同于 ArrayList 类的可变长度数组的数据结构，底层数据结构为双向链表，存储的元素可重复，按照添加元素的顺序进行存储。LinkedList 类的底层数据结构示意图如图 10-7 所示。

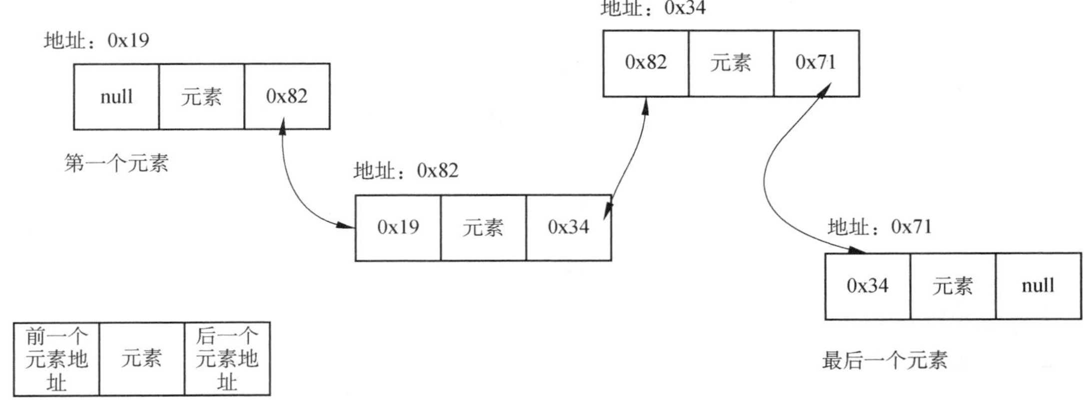

图 10-7　LinkedList 类底层数据结构示意图

如图 10-7 所示，链表中每添加一个元素，都将元素封装为一个 Node 对象，每个 Node 对象包含三部分：前一个元素地址、当前元素、后一个元素地址。每个元素都指向后一个元素，后一个元素又指向前一个元素，这就构成了双向链表。双向链表的特点是查询效率低，增加元素、删除元素效率高。所以在实际应用的场景中删除、增加元素比较多的情况下，使用 LinkedList 集合更加合适。

双向链表删除、增加元素的示意图分别如图 10-8 和图 10-9 所示。

从图 10-8 和图 10-9 可以看出，删除元素、增加元素只要变动索引的指向即可，前后影响非常小，这也是它删除、增加元素效率高的原因所在。

LinkedList 类实现 List 接口，间接实现自 Collection 接口，所以表 10-1 和表 10-2 中的抽象方法，LinkedList 类都进行了实现。除此之外，LinkedList 类还提供一些其他常用的方法，用于操作链表的头尾，如表 10-3 所示。

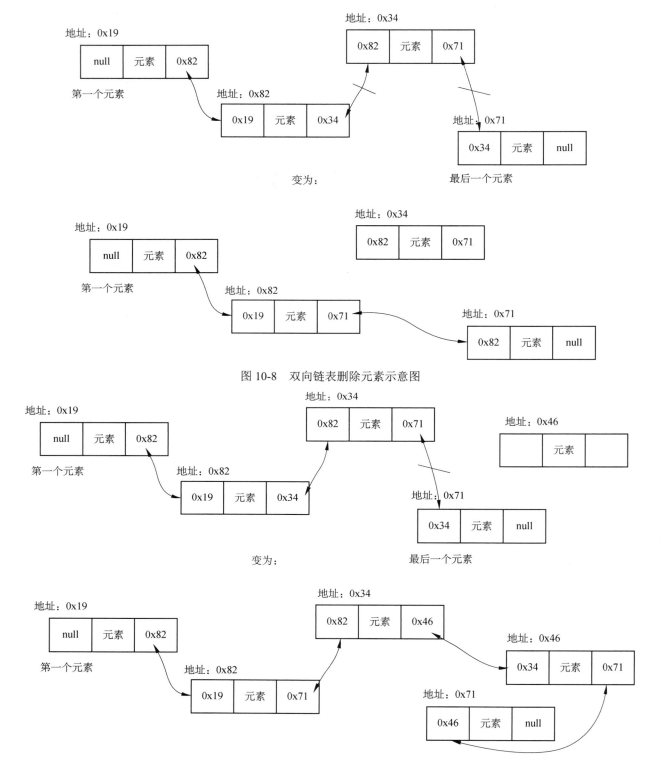

图 10-8　双向链表删除元素示意图

图 10-9　双向链表增加元素示意图

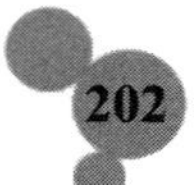

表 10-3　LinkedList 类常用方法

方 法 名	返回值类型	方法描述
addFirst(E e)	void	将指定元素插入链表的头部
addLast(E e)	void	将指定元素插入链表的尾部
offerFirst(E e)	boolean	将指定元素插入链表的头部
offerLast(E e)	boolean	将指定元素插入链表的尾部
pollFirst()	E	获取并移除此列表的第一个元素；如果此列表为空，则返回 null
pollLast()	E	获取并移除此列表的最后一个元素；如果此列表为空，则返回 null
removeFirst()	E	移除并返回此列表的第一个元素
removeLast()	E	移除并返回此列表的最后一个元素
getFirst()	E	返回此列表的第一个元素
getLast()	E	返回此列表的最后一个元素
indexOf(Object o)	int	返回此列表中首次出现的指定元素的索引，如果此列表中不包含该元素，则返回-1
lastIndexOf(Object o)	int	返回此列表中最后出现的指定元素的索引，如果此列表中不包含该元素，则返回-1
peekFirst()	E	获取但不移除此列表的第一个元素；如果此列表为空，则返回 null
peekLast()	E	获取但不移除此列表的最后一个元素；如果此列表为空，则返回 null

操作链表头尾的方法如示例 10-4 所示。

【示例 10-4】LinkedList 集合中常用方法。

```
import java.util.LinkedList;

public class TestLinkedList {
  public static void main(String[ ] args) {
    LinkedList list = new LinkedList();
    list.add("b");
    list.add("c");
    list.add("a");
    list.add("d");
    list.add("e");
    list.add("a");
    list.add("f");
    // 输出集合中内容
    System.out.println("集合中元素为：" + list/*.toString()*/);
    // 在链表的头尾添加元素
    list.addFirst("j");
    list.addLast("h");
    list.offerFirst("p");
    list.offerLast("r");
    System.out.println("添加元素后集合变为：" + list/*.toString()*/);
    // 删除并获取头尾元素
    System.out.println("删除并获取头元素：" + list.pollFirst());
    System.out.println("删除并获取尾元素：" + list.pollLast());
```

```
    System.out.println("删除并获取头元素：" + list.removeFirst());
    System.out.println("删除并获取尾元素：" + list.removeLast());
    System.out.println("删除元素后集合变为：" + list/*.toString()*/);
    // 查询元素
    System.out.println("获取头部元素：" + list.getFirst());
    System.out.println("获取尾部元素：" + list.getLast());
    System.out.println("获取头部元素：" + list.peekFirst());
    System.out.println("获取尾部元素：" + list.peekLast());
  }
}
```

示例 10-4 的运行结果如图 10-10 所示。

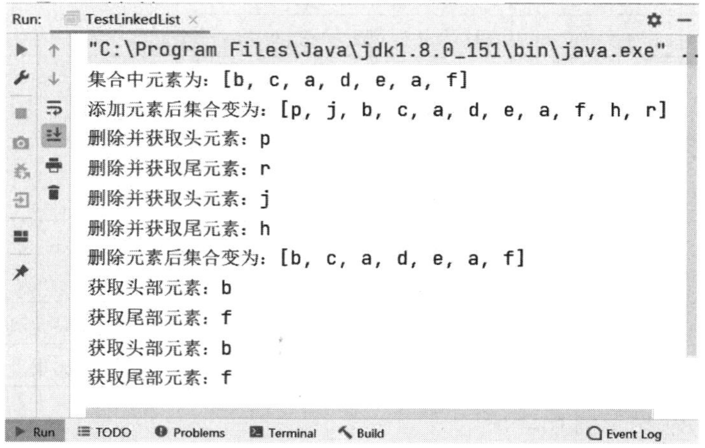

图 10-10　示例 10-4 运行结果

10.5　泛型

数组有一个非常典型的特点，即数组声明后只能存放同一种类型的数据。集合存放元素多元化，可以存放不同类型的数据，因为集合底层每个元素都会向上转型为 Object 类型，Object 类是所有类的父类，任意的类型都可以存入到集合中。集合在设计之初并不确定实际要存储什么类型的对象，所以底层元素类型设计为 Object 类。

以 ArrayList 集合为案例讲解引入，如示例 10-5 所示。

【示例 10-5】ArrayList 集合中添加不同类型的元素。

```
import java.util.ArrayList;
import java.util.Date;

public class TestGeneric1 {
  public static void main(String[ ] args) {
    // 定义一个集合
    ArrayList list = new ArrayList();
    // 利用 add 方法添加元素
```

```
        list.add("java");
        list.add(123);
        list.add(true);
        list.add(new Date());
        // 查看集合中元素
        System.out.println("集合中元素查看：" + list);
    }
}
```

示例 10-5 的运行结果如图 10-11 所示。

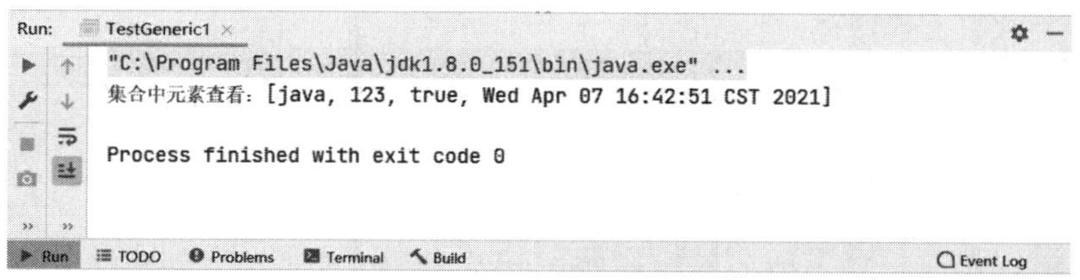

图 10-11　示例 10-5 运行结果

集合中可以存入多种数据类型的元素，只有当需要存储相同结构、相同类型的个体时才会选择使用集合，所以在 JDK1.5 以后，使用泛型来解决此限制。通过使用泛型，去除了元素类型存入的不确定性，在创建集合之初就约定了这个集合可以存放的数据类型。泛型参数使用尖括号“<>”括起来，如 ArrayList<String>、LinkedList<Integer>等。在集合中加入泛型后，存入集合的类型就确定了，一旦存入非法类型，就会直接提示报错，如图 10-12 所示。

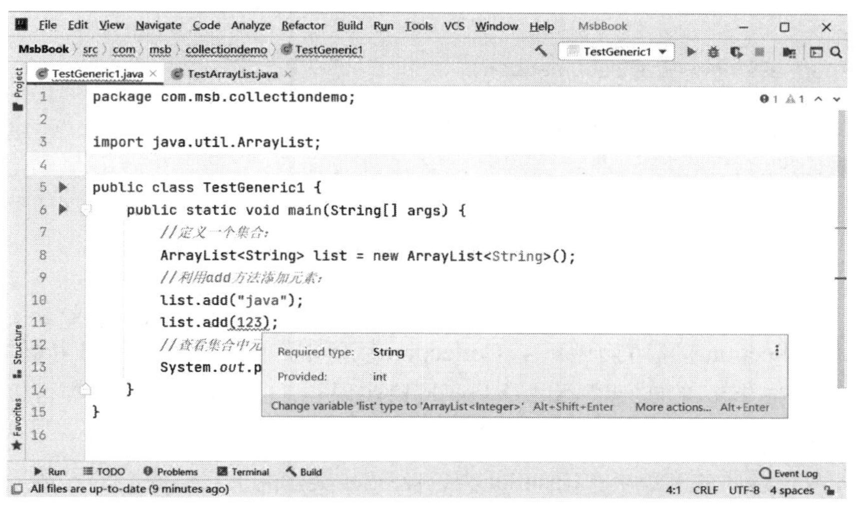

图 10-12　加入非法类型报错

在使用泛型后发现，传入的数据类型得到了约束，一旦有非法类型传入，在编译时期就可以被识别出来。使用泛型以后，对集合的遍历就更加便捷了，如示例 10-6 所示。

【示例 10-6】集合的遍历。

```
import java.util.ArrayList;
```

```
public class TestGeneric1 {
  public static void main(String[ ] args) {
    // 定义一个集合
    ArrayList<String> list = new ArrayList<String>();
    // 利用add 方法添加元素
    list.add("java");
    list.add("python");
    list.add("php");
    list.add("java");
    list.add("c++");
    // 利用增强for 循环进行遍历
    for(String str : list){
      System.out.println(str);
    }
  }
}
```

如示例 10-6 所示，因为集合中每一个元素都是String 类型的，所以在增强for 循环中每个类型直接用 String 类型接收即可，如果没有使用泛型，则需要使用Object 类型来接收，后续使用时还可能需要向下转型，由此可见在使用泛型后对集合的遍历变得简单了。

需要注意的是，集合泛型参数只能是引用数据类型，不能是基本数据类型，如 ArrayList<int>就是错误的使用方式。

在 JDK1.7 以后，简化了泛型的使用方式，加入了钻石运算符<>，即等号右侧部分可以省略泛型参数。

```
// JDK1.7 以前
ArrayList<Integer> al = new ArrayList<Integer>();
// JDK1.7 以后
ArrayList<Integer> al = new ArrayList<>();
```

10.6 Set 接口

Set 接口也是 Collection 接口的子接口，Collection 接口中的方法在 Set 接口中都具备，Set 接口并没有扩充其他方法。Set 接口的实现类不同于 List 接口实现类，List 接口的实现类可以存储有序、重复的数据，Set 接口的实现类可以存储无序、不重复数据。

Set 接口下有两个重要的实现类：HashSet 类、TreeSet 类，由于它们底层的实现原理不同，所表现的特点也不同，本节主要对这两个实现类做重点讲解。

10.6.1 Set 接口实现类之 HashSet 类

HashSet 类实现 Set 接口，存储元素无序且不可重复。HashSet 类中的方法相比 List 接口的实现类的方法无太大差异，所以不再赘述。

我们通过案例一点点引入HashSet 类的底层实现原理，如示例 10-7 所示，在HashSet 集合中存放

Integer 类型数据，调用HashSet 类的add 方法添加数据，add 方法的返回值为布尔类型，即返回的是该元素是否添加成功。

【示例10-7】HashSet 集合中存放 Integer 类型数据。

```
import java.util.HashSet;

public class TestHashSet1 {
  public static void main(String[ ] args) {
    // 创建一个 HashSet 集合,泛型参数为 Integer 类型
    HashSet<Integer> hs = new HashSet<>();
    // 添加 Integer 类型数据
    System.out.println("数据是否添加进去：" + hs.add(19));
    System.out.println("数据是否添加进去：" + hs.add(5));
    System.out.println("数据是否添加进去：" + hs.add(24));
    System.out.println("数据是否添加进去：" + hs.add(5));
    System.out.println("数据是否添加进去：" + hs.add(16));
    System.out.println("数据是否添加进去：" + hs.add(13));
    System.out.println("数据是否添加进去：" + hs.add(6));
    // 展示集合元素
    System.out.println("集合元素为：" + hs);
  }
}
```

示例10-7 的运行结果如图10-13 所示。

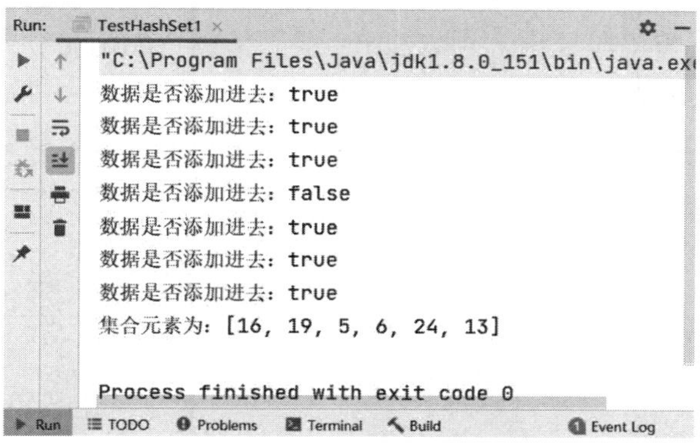

图10-13　示例10-7 运行结果

从示例10-7运行结果可以验证 HashSet 集合的特点，即存入的数据无序，重复元素不可添加。向集合中存放String 类型数据，如示例10-8 所示。

【示例10-8】向 HashSet 集合中存放 String 类型数据。

```
import java.util.HashSet;

public class TestHashSet2 {
  public static void main(String[ ] args) {
    // 创建一个 HashSet 集合,泛型参数为 String 类型
    HashSet<String> hs = new HashSet<>();
    // 添加 String 类型数据
    System.out.println("数据是否添加进去：" + hs.add("html"));
```

```
        System.out.println("数据是否添加进去：" + hs.add("java"));
        System.out.println("数据是否添加进去：" + hs.add("css"));
        System.out.println("数据是否添加进去：" + hs.add("js"));
        System.out.println("数据是否添加进去：" + hs.add("java"));
        System.out.println("数据是否添加进去：" + hs.add("php"));
        // 展示集合元素
        System.out.println("集合元素为：" + hs);
    }
}
```

示例 10-8 的运行结果如图 10-14 所示。

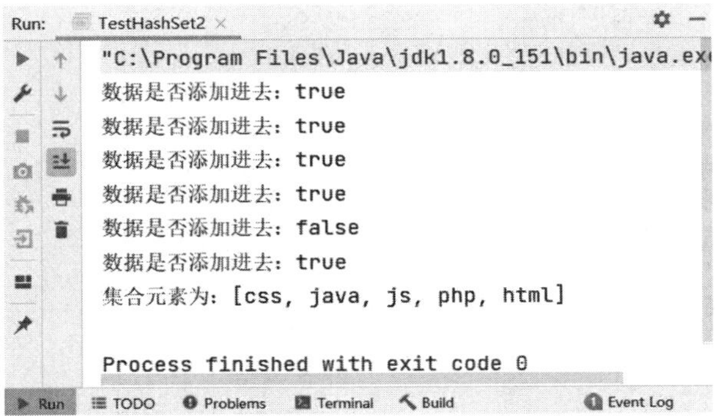

图 10-14　示例 10-8 运行结果

从示例 10-8 的运行结果可以验证出，存放 String 类型数据依然满足存入的数据无序、重复元素不可添加的特点。系统类型的数据存入 HashSet 集合中都满足这些特点，我们就不再一一尝试了。那么如果存放自定义数据类型，依然会满足这些特点吗？首先定义一个自定义数据类型——Student 类，如示例 10-9 所示。

【示例 10-9】自定义 Student 类型。

```
public class Student {
    // 属性
    private int age;
    private String name;
    // 提供 setter、getter 方法
    public int getAge() {
        return age;
    }

    public void setAge(int age) {
        this.age = age;
    }

    public String getName() {
        return name;
    }

    public void setName(String name) {
        this.name = name;
    }
```

```
    // 构造器
    public Student(int age, String name) {
        this.age = age;
        this.name = name;
    }
    // toString 方法
    @Override
    public String toString() {
        return "Student{" +
                "age=" + age +
                ", name='" + name + '\'' +
                "}\n";
    }
}
```

定义 Student 类型后，将 Student 类型数据放入 HashSet 集合中。

【示例 10-10】向 HashSet 集合中存放 Student 类型数据。

```
import java.util.HashSet;

public class TestHashSet3 {
    public static void main(String[ ] args) {
        // 创建一个 HashSet 集合
        HashSet<Student> hs = new HashSet<>();
        // 添加元素
        System.out.println("数据是否添加进去：" + hs.add(new Student(20,"露露")));
        System.out.println("数据是否添加进去：" + hs.add(new Student(19,"丽丽")));
        System.out.println("数据是否添加进去：" + hs.add(new Student(18,"菲菲")));
        System.out.println("数据是否添加进去：" + hs.add(new Student(19,"丽丽")));
        System.out.println("数据是否添加进去：" + hs.add(new Student(25,"娜娜")));
        // 展示集合
        System.out.println("集合元素为：" + hs);
    }
}
```

示例 10-10 的运行结果如图 10-15 所示。

图 10-15 示例 10-10 运行结果

从示例 10-10 的运行结果可知，自定义的数据类型放入 HashSet 集合中并不满足无序、重复元素不可添加的特点，虽然集合中放入了两个 19 岁的丽丽，但是都可以存储进去。这是什么原因呢？这要从 HashSet 集合的特点来说，HashSet 集合底层采用哈希表原理，所谓的哈希表就是数组+链表的组合，哈希表原理简图如图 10-16 所示。

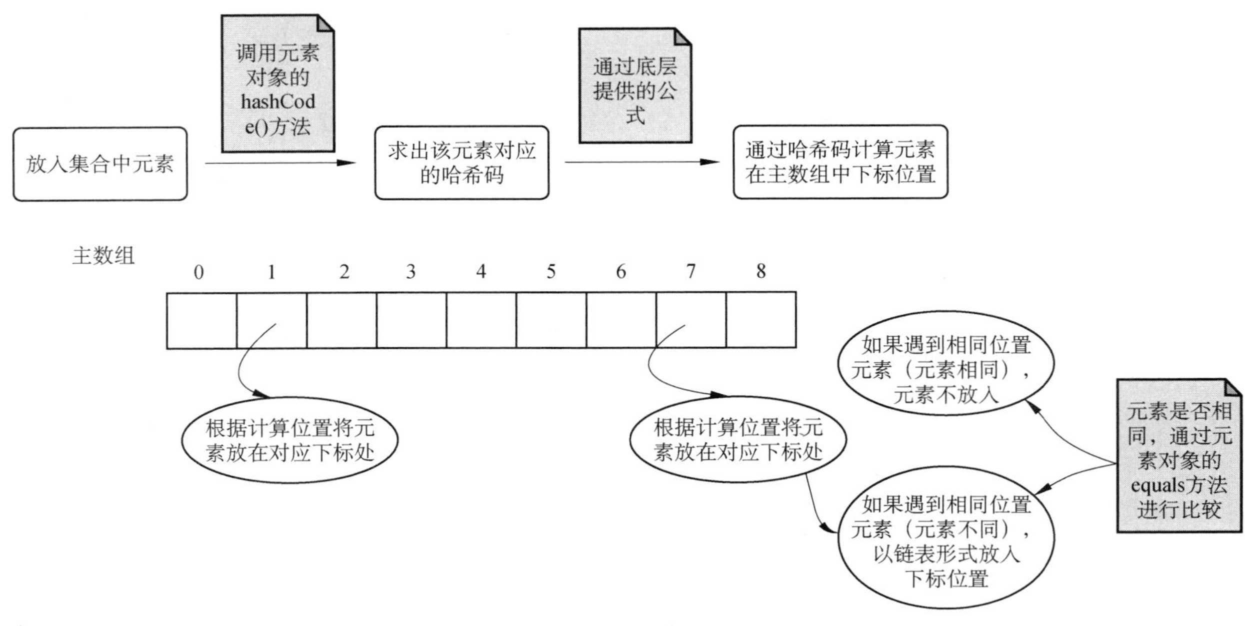

图 10-16　哈希表原理简图

如图 10-16 所示，放入 HashSet 集合的元素对象，首先要调用该对象的 hashCode()方法，计算出对象的哈希码，根据哈希码和底层提供的公式计算出这个元素在主数组中的存放位置。如果主数组对应位置上没有元素，直接将元素放入主数组即可，这是最简单的一种情况。但是如果主数组对应位置上有元素，那么是否放入就需要进行判断了。调用 equals 方法将放入的元素和主数组该位置上的元素进行比较，如果比较后 equals 方法返回 false，那么该元素可以放入主数组该位置，多个元素之间以链表的形式存放于该位置。如果比较后 equals 方法返回 true，证明放入的元素重复，元素被放弃且不可以放入集合中。

上述底层原理中最重要的两个方法就是 hashCode()方法和 equals 方法，这意味着只要该数据要放入 HashSet 集合中，就一定要重写这两个方法，所以示例 10-7 和示例 10-8 这些系统类型的数据放入集合中都满足特点，是因为在这些系统类中重写了 hashCode()方法和 equals 方法，若要示例 10-9 中的 Student 类型数据放入 HashSet 集合时依然满足特点，就需要在 Student 类中重写 hashCode()方法和 equals 方法。

【示例 10-11】在 Student 类中重写 hashCode()方法和 equals 方法。

```
package com.msb.collectiondemo;

import java.util.Objects;
```

```
public class Student {
  // 属性
  private int age;
   private String name;
  // 提供setter、getter 方法
  public int getAge() {
    return age;
  }

  public void setAge(int age) {
    this.age = age;
  }

  public String getName() {
    return name;
  }

  public void setName(String name) {
    this.name = name;
  }
  // 构造器
  public Student(int age, String name) {
    this.age = age;
    this.name = name;
  }
  // toString 方法
  @Override
  public String toString() {
    return "Student{" +
        "age=" + age +
        ", name='" + name + '\'' +
        "}\n";
  }
  // 重写equals 方法
  @Override
  public boolean equals(Object o) {
    if (this == o) return true;
    if (o == null || getClass() != o.getClass()) return false;
    Student student = (Student) o;
    return age == student.age && name.equals(student.name);
  }
  // 重写hashCode()方法
  @Override
  public int hashCode() {
    return Objects.hash(age, name);
  }
}
```

再次运行示例 10-10 的代码，运行结果如图 10-17 所示。

```
Run:  TestHashSet3
"C:\Program Files\Java\jdk1.8.0_151\bin\java.exe
数据是否添加进去：true
数据是否添加进去：true
数据是否添加进去：true
数据是否添加进去：false
数据是否添加进去：true
集合元素为：[Student{age=25, name='娜娜'}
, Student{age=19, name='丽丽'}
, Student{age=20, name='露露'}
, Student{age=18, name='菲菲'}
]

Process finished with exit code 0
Run  TODO  Problems  Debug  Terminal  Build  Event Log
```

图 10-17　示例 10-10 运行结果

从示例 10-10 的运行结果可以看出，当 Student 类重写了 hashCode()方法和 equals 方法后，放入 HashSet 集合中就满足了元素无序、不可重复的特点。

HashSet 底层是哈希表，由数组+链表组成，这就决定了它查询、增加、删除、修改元素效率高的特点。即直接通过哈希码定位到元素位置，快速在该位置对元素进行操作即可。但是 HashSet 集合中存放的数据是无序的，我们是否可以在 HashSet 集合底层哈希表的基础上，通过链表再将元素添加顺序维护起来呢？答案是可以的，LinkedHashSet 集合已经实现了该功能，它的底层是靠哈希表+链表的形式来管理整个结构的。

【示例 10-12】在 LinkedHashSet 集合中存入 Integer 类型数据。

```
import java.util.LinkedHashSet;

public class TestLinkedHashSet {
  public static void main(String[ ] args) {
    // 创建一个 LinkedHashSet 集合
    LinkedHashSet<Integer> hs = new LinkedHashSet<>();
    hs.add(19);
    hs.add(5);
    hs.add(20);
    hs.add(19);
    hs.add(41);
    hs.add(-10);
    // 获取集合中元素数量
    System.out.println("集合中元素数量：" + hs.size());// 唯一，无序
    // 展示集合
    System.out.println("集合中元素：" + hs);
  }
}
```

示例 10-12 的运行结果如图 10-18 所示。

```
"C:\Program Files\Java\jdk1.8.0_151\bin\java
集合中元素数量：5
集合中元素：[19, 5, 20, 41, -10]

Process finished with exit code 0
```

图 10-18　示例 10-12 运行结果

从示例 10-12 运行结果可以看出，LinkedHashSet 集合的特点是元素按照添加顺序管理，添加元素不可重复。

10.6.2　Set 接口实现类之 TreeSet 类

TreeSet 类是 Set 接口的另一个实现类，底层原理依靠二叉树实现。树形数据结构指的是元素的排列以分支关系定义层次结构，每个元素称为一个结点。二叉树的实现指的是每个元素结点下只有两个结点，分别为左子树结点、右子树结点，左子树结点一定小于该元素结点，右子树结点一定大于该元素结点。正是因为按照这种模型存储，所以 TreeSet 底层的二叉树在按照中序遍历后，可以得到升序排列的结果。

我们通过示例 10-13 来展示 TreeSet 底层的特点。

【示例 10-13】在 TreeSet 集合中存入 Integer 类型数据。

```
import java.util.TreeSet;

public class TestTreeSet1 {
  public static void main(String[ ] args) {
    // 创建一个 TreeSet 集合，泛型参数为 Integer 类型
    TreeSet<Integer> ts = new TreeSet<>();
    // 集合中添加 Integer 类型数据
    System.out.println("元素是否添加成功：" + ts.add(26));
    System.out.println("元素是否添加成功：" + ts.add(17));
    System.out.println("元素是否添加成功：" + ts.add(31));
    System.out.println("元素是否添加成功：" + ts.add(21));
    System.out.println("元素是否添加成功：" + ts.add(31));
    System.out.println("元素是否添加成功：" + ts.add(29));
    System.out.println("元素是否添加成功：" + ts.add(5));
    System.out.println("元素是否添加成功：" + ts.add(44));
    // 集合中元素数量
    System.out.println("集合中元素数量：" + ts.size());
    // 集合中元素内容
    System.out.println("集合中元素内容：" + ts);
  }
}
```

示例 10-13 的运行结果如图 10-19 所示。

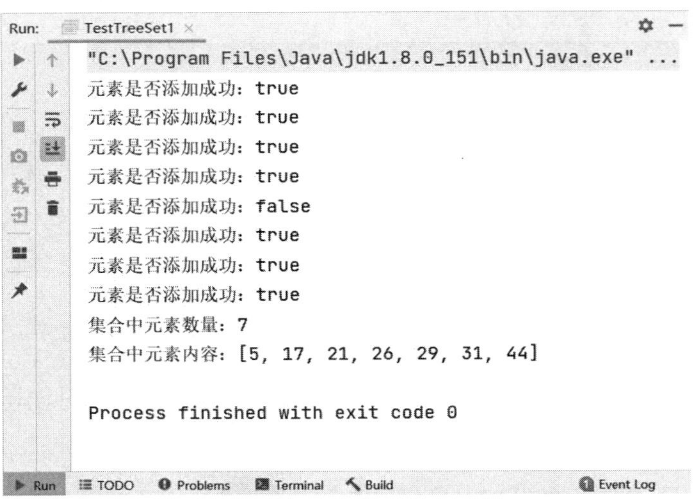

图 10-19　示例 10-13 运行结果

从示例 10-13 的运行结果中可以看出，存入 TreeSet 集合的元素，在输出时按照升序排列，重复元素无法添加成功。底层按照二叉树原理，各个元素分层组成了一棵树形结构。放入的第 1 个元素为 26，26 作为树形结构的根结点，之后放入的每一个元素都要从根结点开始比较。其中第 2 个元素在放入时要与根结点 26 进行比较，如果比 26 小，则放入左子树；如果比 26 大，则放入右子树。示例 10-13 中第 2 个元素 17 比 26 小，则放入左子树。第 3 个元素要与根结点 26 比较，如果比 26 大，则放入右子树，如图 10-20 所示。

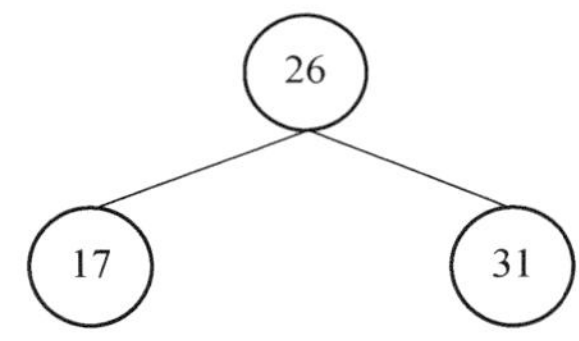

图 10-20　放入第 3 个元素

放入第 4 个元素 21，也要从根结点 26 开始比较，发现比 26 小，那么就与左子树的元素 17 进行比较，发现比 17 大，那么放入元素 17 的右子树，如图 10-21 所示。

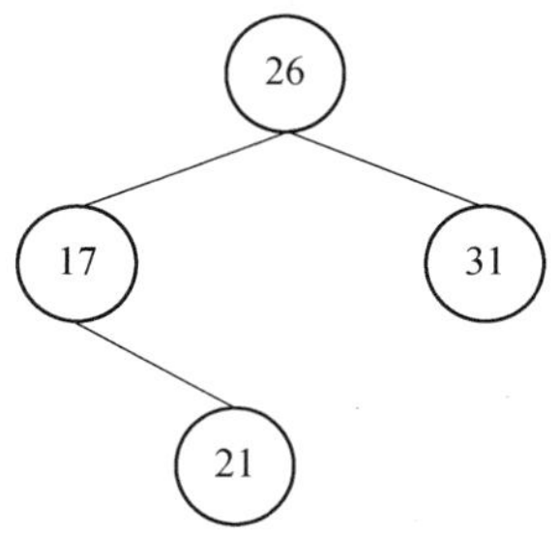

图 10-21　放入第 4 个元素

放入第 5 个元素 31，从根结点 26 开始比较，发现比 26 大，那么开始与右子树的元素 31 进行比较，发现相等，一旦相等，则该元素舍弃，不放入集合中，因为 TreeSet 集合中不可以存入重复元素。

放入第 6 个元素 29，从根结点 26 开始比较，发现比 26 大，那么开始与右子树的元素 31 进行比较，发现比 31 小，那么将元素 29 放入元素 31 的左子树，如图 10-22 所示。

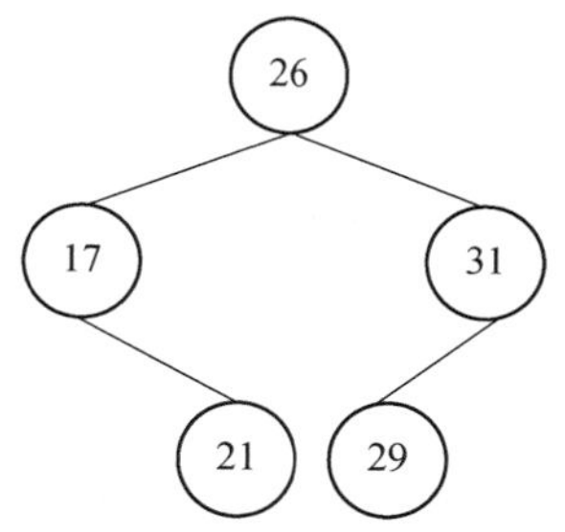

图 10-22　放入第 6 个元素

放入第 7 个元素 5，从根结点 26 开始比较，发现比 26 小，那么开始与左子树的元素 17 进行比较，发现比 17 小，那么将元素 5 放入元素 17 的左子树，如图 10-23 所示。

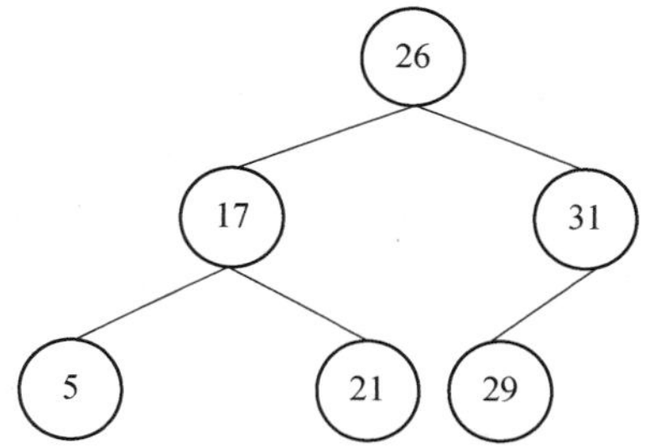

图 10-23　放入第 7 个元素

放入第 8 个元素 44，从根结点 26 开始比较，发现比 26 大，那么开始与右子树的元素 31 进行比较，发现比 31 大，那么将元素 44 放入元素 31 的右子树，如图 10-24 所示。

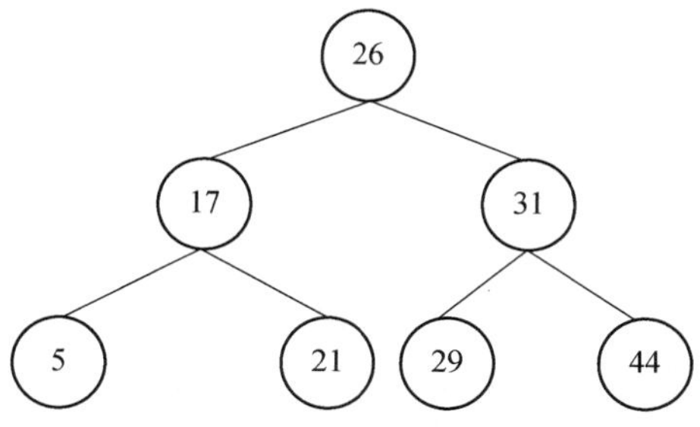

图 10-24　放入第 8 个元素

由上面 8 个元素作为启示，以后放入的元素以此类推。

TreeSet 集合中元素按照中序遍历的方式进行遍历，中序遍历指的是按照左子树、根结点、右子树的遍历方式进行遍历，如图 10-25 所示。

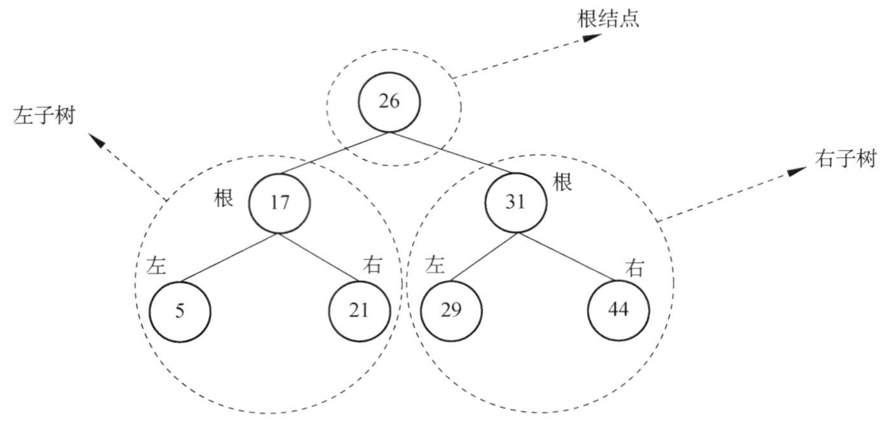

图 10-25　中序遍历

优先遍历元素26 的左子树中内容，左子树中也要按照中序遍历的方式，所以结果为5、17、21。左子树遍历结束后，遍历根结点，结果变为5、17、21、26。接着遍历右子树，右子树中也要按照中序遍历的方式，最终结果为5、17、21、26、29、31、44，此结果与图10-19 中的遍历结果一致。至此得出 TreeSet 集合的特点：不可存储重复元素、输出元素按照升序排列就已经清晰了。

那么还有一个重要的问题：集合中存入的元素之间是如何进行比较的呢？底层是利用equals 方法比较两个元素是否相等吗？答案是否定的。存入TreeSet 集合的元素要么实现内部比较器，要么实现外部比较器，通过比较器进行元素的比较。如示例 10-13，在集合中存入Integer 类型数据，Integer 类型底层要么实现内部比较器，要么实现外部比较器，通过查看Integer 类型的源码可知，Integer 类型实现了内部比较器，源码中关键代码如下。

```
public final class Integer extends Number implements Comparable<Integer> {    // 实现 Comparable 接口
    public int compareTo(Integer anotherInteger) {                              // 重写compareTo 方法
      return compare(this.value, anotherInteger.value);
   }
}
```

compareTo 方法内部调用了compare 方法，将两个比较的元素传入compare 方法。

```
public static int compare(int x, int y) {
    return (x < y) ? -1 : ((x == y) ? 0 : 1);
}
```

Integer 类型实现了Comparable 接口，重写了接口中的compareTo 抽象方法，该方法返回int 类型数据，在两个Integer 类型数据之间进行比较，底层会调用compareTo 方法，通过返回的int 类型的数据大于0、等于0、小于0 来判断是否相等。如果比较结果等于0，证明两个元素相等；如果比较结果大于0，证明第一个元素大于第二个元素；如果比较结果小于0，证明第一个元素小于第二个元素。

一般系统类型的类，要么实现类的内部比较器，要么实现外部比较器，如果是自定义的类型存入集合中，那么一定要自己实现内部比较器或者外部比较器。示例 10-14将自定义Student 类型数据放入TreeSet 集合中，按照学生的年龄进行比较，有如下两种实现方式。

方式1：内部比较器实现。

所谓内部比较器，就是实现 Comparable 接口，在类的内部重写compareTo 方法，比较规则全部定

义在类的内部。

创建Student类的同时，实现内部比较器Comparable接口，同时在重写的compareTo方法内部实现按照年龄比较元素的逻辑。

【示例10-14】Student类实现内部比较器。

```
public class Student implements Comparable<Student>{
  // 定义属性
  private int age;
  private String name;
  // 提供setter、getter 方法
  public int getAge() {
    return age;
  }
  public void setAge(int age) {
    this.age = age;
  }
  public String getName() {
    return name;
  }
  public void setName(String name) {
    this.name = name;
  }
  // 构造器
  public Student(int age, String name) {
    this.age = age;
    this.name = name;
  }
  // 重写toString 方法
  @Override
  public String toString() {
    return "Student{" +
        "age=" + age +
        ", name='" + name + '\'' +
        "}\n";
  }
  // 重写compareTo 方法
  @Override
  public int compareTo(Student o) {
    // 自定义规则：比较两个学生的年龄
    return this.getAge()-o.getAge();
  }
}
```

在compareTo方法中可以自定义比较规则，按照需求制定即可。将Student类型数据放入TreeSet集合中，如示例10-15所示。

【示例10-15】在TreeSet集合中存入Student类型数据。

```
import java.util.TreeSet;

public class Test {
  public static void main(String[ ] args) {
    // 创建一个 TreeSet
```

```
        TreeSet<Student> ts = new TreeSet<>();
        // 放入 Student 类型对象
        System.out.println("元素是否放入集合中：" + ts.add(new Student(10,"丽丽")));
        System.out.println("元素是否放入集合中：" + ts.add(new Student(8,"露露")));
        System.out.println("元素是否放入集合中：" + ts.add(new Student(4,"娜娜")));
        System.out.println("元素是否放入集合中：" + ts.add(new Student(9,"婷婷")));
        System.out.println("元素是否放入集合中：" + ts.add(new Student(8,"菲菲")));
        System.out.println("元素是否放入集合中：" + ts.add(new Student(1,"茜茜")));
        // 集合中元素数量
        System.out.println("集合中元素数量：" + ts.size());
        // 集合中元素内容
        System.out.println("集合中元素内容：" + ts);
    }
}
```

示例 10-15 的运行结果如图 10-26 所示。

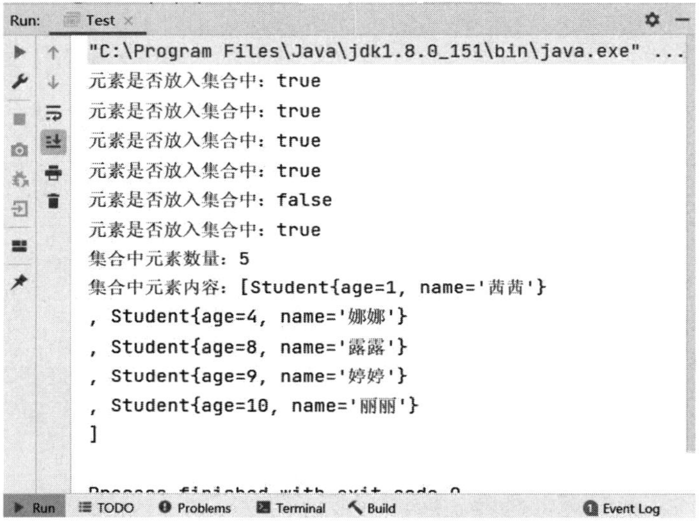

图 10-26　示例 10-15 运行结果

从示例 10-15 的运行结果中看出，TreeSet 集合中的 Student 对象，按照我们制定的规则比较学生的年龄，按照年龄的升序将学生排列输出，将年龄重复的对象舍弃不放入集合中。

除了使用内部比较器外，还可以用另一种方式，即使用外部比较器。

方式 2：外部比较器实现。

所谓外部比较器，指的是单独定义一个指定比较规则的类实现 Comparator 接口，重写 compare 方法，这样比较规则就定义在要比较的数据类型外部了。

例如，要在 TreeSet 集合中存入 Student 类型数据，单纯地定义 Student 类型即可。

【示例 10-16】定义 Student 类型。

```
public class Student {
    // 定义属性
    private int age;
    private String name;
```

```
  // 提供setter、getter 方法
  public int getAge() {
    return age;
  }
  public void setAge(int age) {
    this.age = age;
  }
  public String getName() {
    return name;
  }
  public void setName(String name) {
    this.name = name;
  }
  // 构造器
  public Student(int age, String name) {
    this.age = age;
    this.name = name;
  }
  // 重写 toString 方法
  @Override
  public String toString() {
    return "Student{" +
        "age=" + age +
        ", name='" + name + '\'' +
        "}\n";
  }
}
```

在 Student 类型定义的外部，单独自定义比较规则即可。例如，要按照学生的年龄比较学生对象，需定义一个比较规则的类，实现 Comparator 接口，重写 compare 方法。

【示例 10-17】实现比较规则。

```
import java.util.Comparator;

public class CompareRule implements Comparator<Student> {
  @Override
  public int compare(Student o1, Student o2) {
    return o1.getAge() - o2.getAge();
  }
}
```

在定义 TreeSet 集合的时候，将比较规则通过构造器传入，底层就会按照外部比较器进行比较。

【示例 10-18】比较规则测试。

```
import java.util.Comparator;
import java.util.TreeSet;

public class Test {
  public static void main(String[ ] args) {
    // 创建自己制定的规则
    Comparator<Student> com = new CompareRule();
    // 创建一个 TreeSet，将自定义规则通过构造器传入
    TreeSet<Student> ts = new TreeSet<>(com);    // 一旦指定外部比较器，那么就会按照外部比较器来比较
```

```
    // 集合中存入 Student 类型数据
    System.out.println("元素是否放入集合中：" +ts.add(new Student(10,"丽丽")));
    System.out.println("元素是否放入集合中：" +ts.add(new Student(8,"露露")));
    System.out.println("元素是否放入集合中：" +ts.add(new Student(4,"娜娜")));
    System.out.println("元素是否放入集合中：" +ts.add(new Student(9,"婷婷")));
    System.out.println("元素是否放入集合中：" +ts.add(new Student(8,"菲菲")));
    System.out.println("元素是否放入集合中：" +ts.add(new Student(1,"茜茜")));
    // 集合中元素数量
    System.out.println("集合中元素数量：" + ts.size());
    // 集合中元素内容
    System.out.println("集合中元素内容：" + ts);
  }
}
```

示例 10-18 的运行结果如图 10-27 所示。

图 10-27　示例 10-18 运行结果

从示例 10-18 的运行结果中看出，TreeSet 集合中的 Student 对象按照制定的规则比较学生的年龄，按照年龄的升序将学生排列输出，将年龄重复的对象舍弃并没有放入集合中。由此说明利用外部比较器同样可以完成相同功能。

在实际开发中，开发者常用外部比较器，因为外部比较器的比较规则和数据类型分离，不同规则可以单独指定不同的类，扩展性强，可以按需指定不同的规则。

10.7　Map 接口

与 Collection 接口下的集合不同，Map 接口属于双列集合，Map 接口下的集合存放的都是“键值对”。“键值对”指的是放入集合中的元素是一组映射信息。例如，学生名字和学生学号是一组对应的映射信息：张三 – 20095452、李四 – 20095459。在这个键值对中，学生名字和学生学号互相匹配，其中学生名字称之为键（key），学生学号称之为值（value），组合到一起称之为键值对。可以通过键得到

映射的值，其中键和值都可以是任意的引用数据类型。

Map 接口中的常用方法如表 10-4 所示。

表 10-4 Map 接口的常用方法

方 法 名	返回值类型	方法描述
put(K key, V value)	V	放入指定的键，指定的值
clear()	void	清空集合中元素
remove(Object key)	V	通过键删除键值对
containsKey(Object key)	boolean	判断是否包含某个键
containsValue(Object value)	boolean	判断是否包含某个值
entrySet()	Set<Map.Entry<K,V>>	返回此映射中包含的映射关系
get(Object key)	V	通过键得到映射的值
keySet()	Set	返回此映射中包含的键
values()	Collection	返回此映射中包含的值
size()	int	返回此映射中的键-值映射关系数

这些常用方法在后续具体实现类中再详细讲解。

10.7.1 Map 接口实现 HashMap 类

HashMap 类是 Map 接口的实现类，所以 Map 接口中的常用方法 HashMap 集合中都具备，HashMap 集合中并无额外方法。HashMap 底层遵照哈希表原理，仍然是数组+链表的组合。JDK1.7 和 JDK1.8 中 HashMap 原理略有区别，对于初学者来说，学习 JDK1.7 中 HashMap 集合原理即可，相对 JDK1.8 中容易理解一些。如图 10-28 所示为 HashMap 集合在 JDK1.7 中的底层原理示意图。

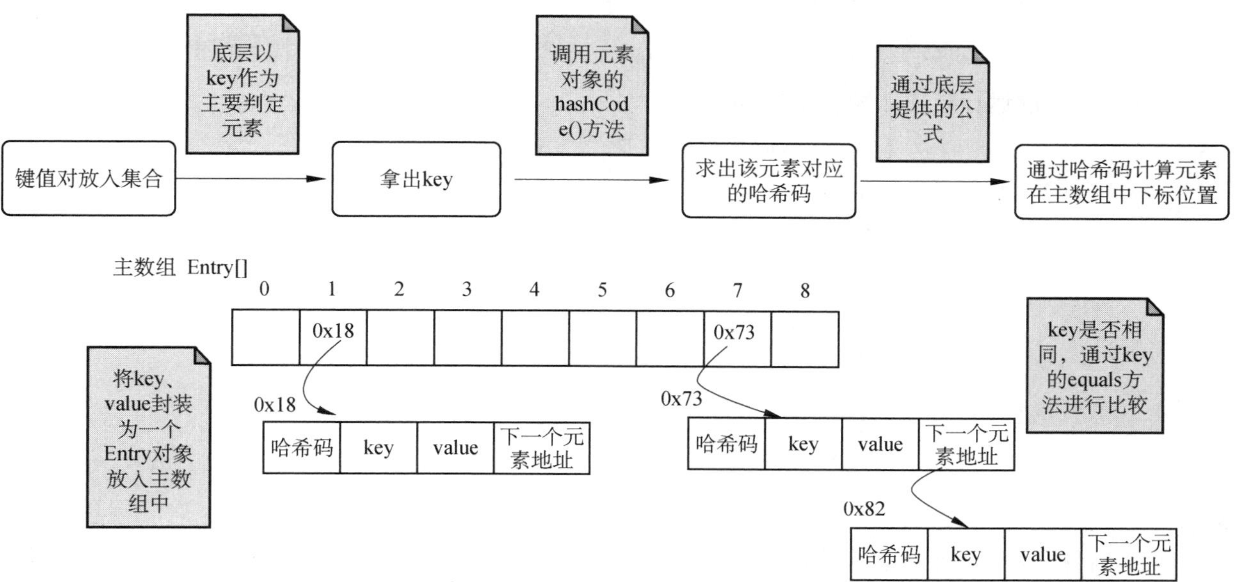

图 10-28 HashMap 底层原理示意图

放入 HashMap 集合中的键值对，底层以 key 部分作为参照，首先通过 key 调用 key 对象的 hashCode()方法，求出key 对象对应的哈希码，根据此哈希码和底层对应公式算出此key 对象在主数组中存放的索引。哈希表主数组为Entry 类型数组，即数组的每个位置放入 Entry 对象。存入集合的键值对，首先会被封装为一个Entry 对象，放入到对应索引位置。如果该索引位置没有元素，直接将 Entry 对象放入对应位置即可。如果对应位置有元素，就要以链表的形式管理同一位置的Entry 对象，要用放入对象的key 和该位置上元素的key 一一比较，该比较通过equals 方法完成。如果key 值不相等，那么将此 Entry 对象放入链表的头即可。如果发现key 值相等的 Entry 对象，则用新的Entry 对象的value 值替换链表中 Entry 对象的value 值。在 HashMap 集合的put(K key, V value)方法中，返回值为V时表示如果key 值重复，那么要将替换的value 值返回。

【示例 10-19】HashMap 集合中put 方法展示。

```
import java.util.HashMap;

public class TestHashMap {
  // 这是main 方法，程序的入口
  public static void main(String[ ] args) {
    // 创建 HashMap 集合
    HashMap<Integer,String> hm = new HashMap<>();
    // 放入键值对
    System.out.println("被替换的value 为：" + hm.put(12,"丽丽"));
    System.out.println("被替换的value 为：" + hm.put(7,"菲菲"));
    System.out.println("被替换的value 为：" + hm.put(19,"露露"));
    System.out.println("被替换的value 为：" + hm.put(12,"明明"));
    System.out.println("被替换的value 为：" + hm.put(6,"莹莹"));
    // 获取集合长度
    System.out.println("集合的长度：" + hm.size());
    // 查看集合中内容
    System.out.println("集合中内容查看：" + hm);
  }
}
```

示例 10-19 的运行结果如图 10-29 所示。

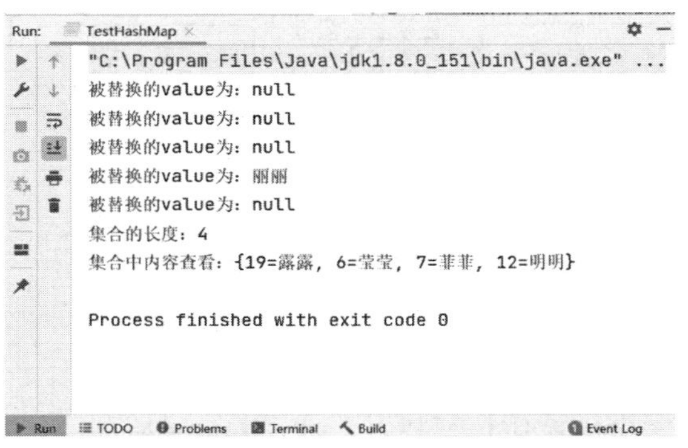

图 10-29　示例 10-19 运行结果

从示例 10-19 的运行结果可以看出，当key 值重复的时候，value“明明”将value“丽丽”替换，并作为put 方法的返回值返回。如果放入元素时没有替换操作，put 方法的返回值为null。从结果可以

展示出 HashMap 集合的特点：无序，唯一（key 唯一）。

接下来对 HashMap 集合中常用方法做展示。

【示例 10-20】HashMap 集合中常用方法。

```
import java.util.HashMap;

public class TestHashMap2 {
  public static void main(String[ ] args) {
    // 创建 HashMap 集合
    HashMap<Integer,String> map = new HashMap<>();
    // 集合中放入元素
    map.put(12,"丽丽");
    map.put(7,"菲菲");
    map.put(19,"露露");
    map.put(12,"明明");
    map.put(6,"莹莹");
    // 获取集合长度
    System.out.println("集合的长度：" + map.size());
    // 查看集合中内容
    System.out.println("集合中内容查看：" + map);
    // 判断操作
    System.out.println("集合中是否包含某个 key：" + map.containsKey(7));
    System.out.println("集合中是否包含某个 key：" + map.containsValue("小明"));
    System.out.println("集合是否为空：" + map.isEmpty());
    // 移除操作：通过 key 移除对应的键值对
    map.remove(6);
    // 查看集合中内容
    System.out.println("集合中内容查看：" + map);
    // 获取操作
    System.out.println("通过 key 得到 value：" + map.get("nana"));
    // 清空操作
    map.clear();
    // 查看集合中内容
    System.out.println("集合中内容查看：" + map);
  }
}
```

示例 10-20 的运行结果如图 10-30 所示。

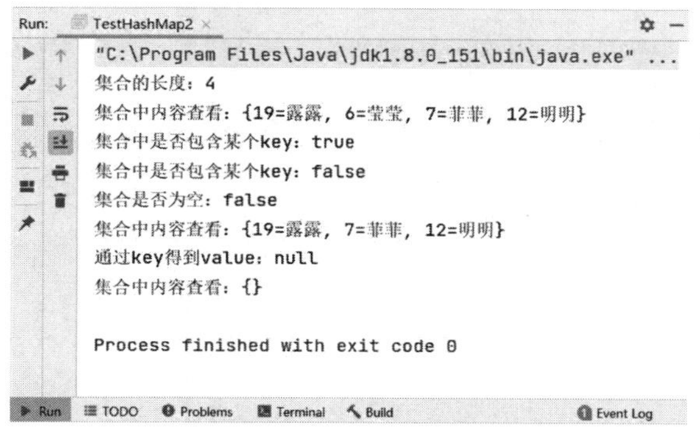

图 10-30　示例 10-20 运行结果

HashMap 集合下的遍历非常丰富，可以对键值对映射关系遍历、单独对key 遍历、单独对value 进行遍历，示例10-21将展示HashMap 集合的遍历方法。

【示例10-21】HashMap 集合的遍历。

```
import java.util.Collection;
import java.util.HashMap;
import java.util.Map;
import java.util.Set;

public class TestHashMap3 {
  public static void main(String[ ] args) {
    // 创建 HashMap 集合
    HashMap<Integer,String> map = new HashMap<>();
    // 集合中放入元素
    map.put(12,"丽丽");
    map.put(7,"菲菲");
    map.put(19,"露露");
    map.put(12,"明明");
    map.put(6,"莹莹");
    // 遍历演示
    // keySet()对集合中的key 进行遍历查看
    Set<Integer> set = map.keySet();
    for(Integer i : set){
      System.out.println(i);
    }
    System.out.println("-----------------------------------");
    // values()对集合中的value 进行遍历查看
    Collection<String> values = map.values();
    for(String s : values){
      System.out.println(s);
    }
    System.out.println("-----------------------------------");
    // get(Object key)+keySet()组合获取value
    Set<Integer> set2 = map.keySet();
    for(Integer i : set2){
      System.out.println(map.get(i));// 通过key 得到value
    }
    System.out.println("-----------------------------------");
    // entrySet() 返回此映射中包含的映射关系
    Set<Map.Entry<Integer,String>> entries = map.entrySet();
    for(Map.Entry<Integer,String> e:entries){
      System.out.println(e.getKey() + "----" + e.getValue());
    }
  }
}
```

示例10-21 的运行结果如图10-31 所示。

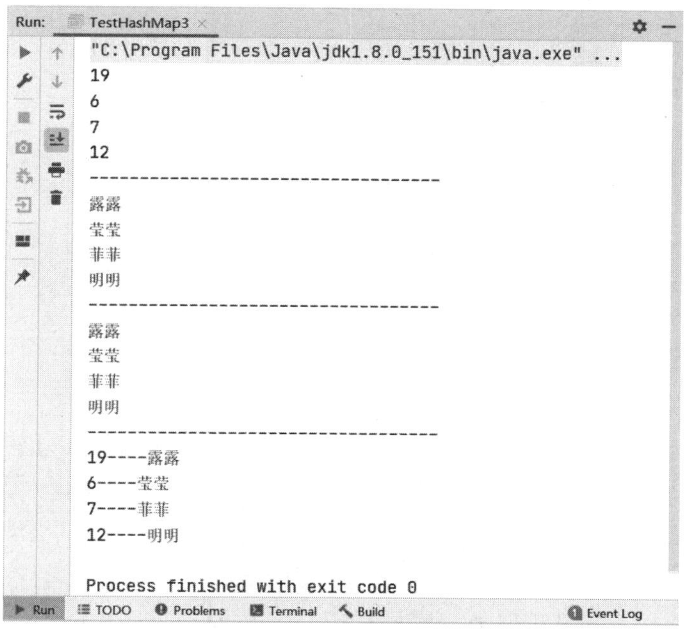

图 10-31　示例 10-21 运行结果

从 HashMap 的特点可以看出，存入的集合是无序输出的，若想按照输入顺序进行输出，可以使用 LinkedHashMap 集合，该集合可以将元素按照有序且唯一的特点输出。

【示例 10-22】LinkedHashMap 集合的特点展示。

```
import java.util.LinkedHashMap;

public class TestLinkedHashMap {
  // 这是main 方法，程序的入口
  public static void main(String[ ] args) {
    // 创建 HashMap 集合
    LinkedHashMap<Integer,String> hm = new LinkedHashMap<>();
    // 放入键值对
    System.out.println("被替换的value 为：" + hm.put(12,"丽丽"));
    System.out.println("被替换的value 为：" + hm.put(7,"菲菲"));
    System.out.println("被替换的value 为：" + hm.put(19,"露露"));
    System.out.println("被替换的value 为：" + hm.put(12,"明明"));
    System.out.println("被替换的value 为：" + hm.put(6,"莹莹"));
    // 获取集合长度
    System.out.println("集合的长度：" + hm.size());
    // 查看集合中内容
    System.out.println("集合中内容查看：" + hm);
  }
}
```

示例 10-22 的运行结果如图 10-32 所示。

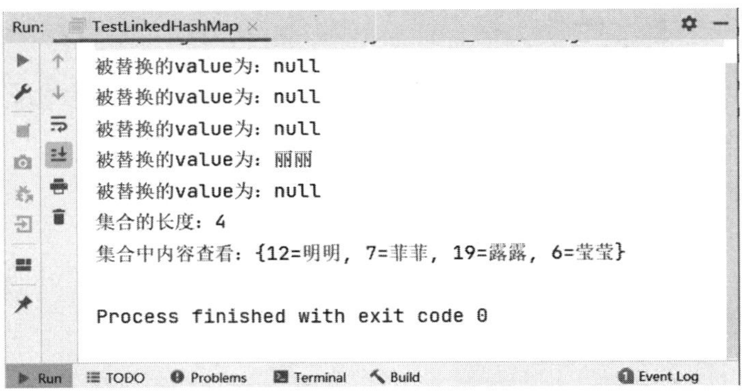

图 10-32　示例 10-22 运行结果

从示例 10-22 运行结果可以看出，LinkedHashMap 集合可以按照输入顺序进行输出，得到有序的结果。在实际开发中按照需求选取适合的集合即可。

10.7.2　Map 接口实现 TreeMap 类

TreeMap 集合是 Map 接口的实现类，底层采用二叉树原理，同 TreeSet 集合的底层原理一致。TreeMap 集合存入键值对，会将 key、value 封装为一个具体的对象，第一个对象会作为整棵树的根结点，其中键部分遵循二叉树原理，新放入的结点会从根结点开始比较 key 的值，如果 key 相同，元素不放入；如果新的 key 小于比较结点的 key，放入左子树；如果新的 key 大于比较节点的 key，放入右子树。其中的比较依靠内部比较器或者外部比较器实现，根据二叉树原理，TreeMap 集合中的元素按照中序遍历可以得到有序、唯一的结果，如示例 10-23 所示。

【示例 10-23】在 TreeMap 集合中存入元素。

```
public class TestTreeMap {
  public static void main(String[ ] args) {
    // 创建 TreeMap 集合
    TreeMap<Integer,String> map = new TreeMap<>();
    // 放入键值对
    System.out.println("被替换的 value 为：" + map.put(12,"丽丽"));
    System.out.println("被替换的 value 为：" + map.put(7,"菲菲"));
    System.out.println("被替换的 value 为：" + map.put(19,"露露"));
    System.out.println("被替换的 value 为：" + map.put(12,"明明"));
    System.out.println("被替换的 value 为：" + map.put(6,"莹莹"));
    // 获取集合长度
    System.out.println("集合的长度：" + map.size());
    // 查看集合中内容
    System.out.println("集合中内容查看：" + map);
  }
}
```

示例 10-23 的运行结果如图 10-33 所示。

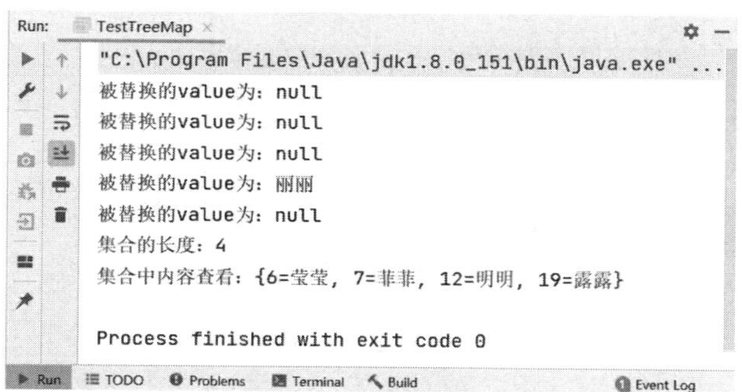

图 10-33 示例 10-23 运行结果

从示例 10-23 的运行结果可以看出，TreeMap 集合中的元素按照 key 的有序、唯一的顺序输出，正是因为 key 部分 Integer 类型的内部实现了 Comparable 接口、内部比较器重写了 compareTo 方法。

如果要在 TreeMap 集合的 key 部分使用自定义的引用数据类型，则需实现内部比较器或者外部比较器。

方式 1：内部比较器实现。

TreeMap 集合的 key 为 Student 类型，value 为 String 类型。在键值对放入 TreeMap 集合前要先创建 Student 类，实现内部比较器的 Comparable 接口，同时在重写的 compareTo 方法内部实现按照年龄比较元素。

【示例 10-24】Student 类实现内部比较器。

```
public class Student implements Comparable<Student>{
  // 定义属性
  private int age;
  private String name;
  // 提供setter、getter 方法
  public int getAge() {
    return age;
  }
  public void setAge(int age) {
    this.age = age;
  }
  public String getName() {
    return name;
  }
  public void setName(String name) {
    this.name = name;
  }
  // 构造器
  public Student(int age, String name) {
    this.age = age;
    this.name = name;
  }
  // 重写toString 方法
  @Override
  public String toString() {
    return "Student{" +
        "age=" + age +
```

```
            ", name='" + name + '\'' +
            "}\n";
    }
    // 重写 compareTo 方法
    @Override
    public int compareTo(Student o) {
        // 自定义规则：比较两个学生的年龄
        return this.getAge()-o.getAge();
    }
}
```

在 compareTo 方法中可以自定义比较规则，按照需求指定即可。示例 10-25 演示将 Student 类型数据放入 TreeMap 集合中。

【示例 10-25】在 TreeMap 集合中存入 Student 类型数据。

```
public class TestTreeMap {
    public static void main(String[ ] args) {
        // 创建一个 TreeMap
        TreeMap<Student,String> map = new TreeMap<>();
        // 放入 Student 类型对象
        System.out.println("被替换的 value 为：" + map.put(new Student(10,"丽丽"),"丽丽"));
        System.out.println("被替换的 value 为：" + map.put(new Student(8,"露露"),"露露"));
        System.out.println("被替换的 value 为：" + map.put(new Student(4,"娜娜"),"娜娜"));
        System.out.println("被替换的 value 为：" + map.put(new Student(9,"婷婷"),"婷婷"));
        System.out.println("被替换的 value 为：" + map.put(new Student(8,"菲菲"),"菲菲"));
        System.out.println("被替换的 value 为：" + map.put(new Student(1,"茜茜"),"茜茜"));
        // 集合中元素数量
        System.out.println("集合中元素数量：" + map.size());
        // 集合中元素内容
        System.out.println("集合中元素内容：" + map);
    }
}
```

示例 10-25 的运行结果如图 10-34 所示。

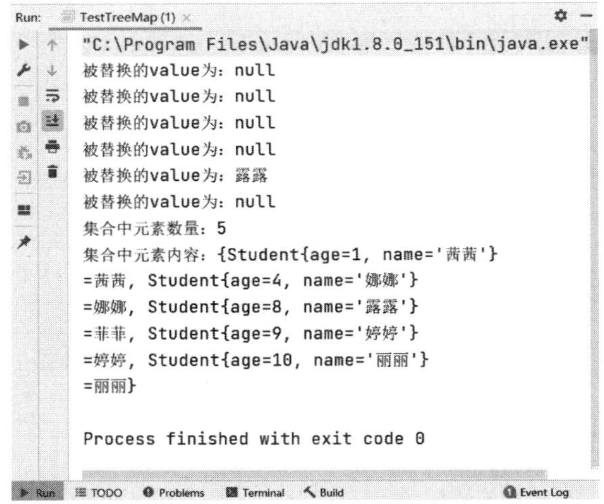

图 10-34 示例 10-25 运行结果

从示例10-25运行结果可以看出，在放入第二个8岁的Student对象时，底层新的value“菲菲”替换了旧的value“露露”，输出结果将按照年龄的升序进行有序排列。除了使用内部比较器，还可以使用外部比较器。

方式2：外部比较器实现。

使用外部比较器，单独定义一个指定比较规则的类，实现Comparator接口，重写compare方法，这样比较规则就定义在要比较的数据类型外部了。

例如，要在TreeMap集合中存入Student类型数据，单纯定义Student类型即可。

【示例10-26】定义Student类型。

```
public class Student {
  // 定义属性
  private int age;
  private String name;
  // 提供setter、getter 方法
  public int getAge() {
    return age;
  }
  public void setAge(int age) {
    this.age = age;
  }
  public String getName() {
    return name;
  }
  public void setName(String name) {
    this.name = name;
  }
  // 构造器
  public Student(int age, String name) {
    this.age = age;
    this.name = name;
  }
  // 重写toString 方法
  @Override
  public String toString() {
    return "Student{" +
        "age=" + age +
        ", name='" + name + '\'' +
        "}\n";
  }
}
```

在Student类型定义的外部，单独自定义比较规则即可。例如，要按照学生的年龄比较学生对象，示例10-27实现：定义一个比较规则的类，实现Comparator接口，重写compare方法。

【示例10-27】实现比较规则。

```
import java.util.Comparator;

public class CompareRule implements Comparator<Student> {
  @Override
  public int compare(Student o1, Student o2) {
```

```
        return o1.getAge() - o2.getAge();
    }
}
```

在定义 TreeMap 集合的时候，将比较规则通过构造器传入，底层就会按照外部比较器进行比较。

【示例 10-28】比较规则测试。

```
import java.util.Comparator;
import java.util.TreeMap;

public class TestTreeMap {
    public static void main(String[] args) {
        // 创建自己制定的规则
        Comparator<Student> com = new CompareRule();
        // 创建一个 TreeMap
        TreeMap<Student,String> map = new TreeMap<>(com);
        // 放入 Student 类型对象
        System.out.println("被替换的 value 为： "   + map.put(new Student(10,"丽丽"),"丽丽"));
        System.out.println("被替换的 value 为： "   + map.put(new Student(8,"露露"),"露露"));
        System.out.println("被替换的 value 为： "   + map.put(new Student(4,"娜娜"),"娜娜"));
        System.out.println("被替换的 value 为： "   + map.put(new Student(9,"婷婷"),"婷婷"));
        System.out.println("被替换的 value 为： "   + map.put(new Student(8,"菲菲"),"菲菲"));
        System.out.println("被替换的 value 为： "   + map.put(new Student(1,"茜茜"),"茜茜"));
        // 集合中元素数量
        System.out.println("集合中元素数量： " + map.size());
        // 集合中元素内容
        System.out.println("集合中元素内容： " + map);
    }
}
```

示例 10-28 的运行结果如图 10-35 所示。

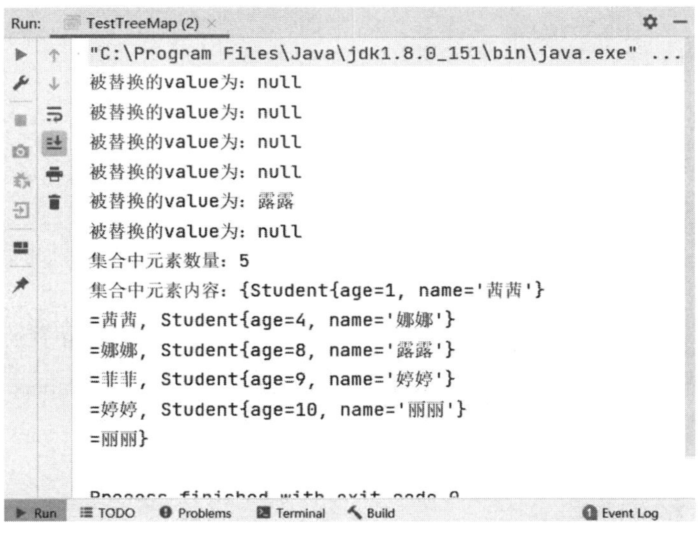

图 10-35　示例 10-28 运行结果

通过外部比较器的实现，得到了与内部比较器一样的结果。在实际开发中应用外部比较器的场景比较多，由于其扩展性强，可以在不同规则类中自定义比较规则。

10.8　Collections 类的使用

在 10.3 节中学习了 Collection 接口，本节学习的是操作集合的时候经常会用到的 Collections 工具类，这个类中封装了一些操作集合的常用方法，供开发者直接使用，Collections 工具类的方法如表 10-5 所示。

表 10-5　Collections 工具类的方法

方法名	返回值类型	方法描述
addAll(Collection<? super T> c, T... elements)	boolean	向指定集合中添加元素
binarySearch(List<? extends Comparable<? super T>> list, T key)	int	二分法查找，在有序集合中查询元素对应的索引
fill(List<? super T> list, T obj)	void	将集合元素填充为指定内容
max(Collection<? extends T> coll)	T	根据元素的自然顺序，返回给定 collection 的最大元素
min(Collection<? extends T> coll)	T	根据元素的自然顺序，返回给定 collection 的最小元素
reverse(List<?> list)	void	集合元素反转
sort(List list)	void	对集合中元素进行排序

创建一个测试类 TestCollections，利用表 10-5 中的方法对 TestCollections 进行操作，如示例 10-29 所示。

【示例 10-29】Collections 类常用方法的使用。

```
import java.util.ArrayList;
import java.util.Collections;

public class TestCollections {
  public static void main(String[ ] args) {
    // 创建一个 ArrayList 集合
    ArrayList<String> list = new ArrayList<>();
    list.add("cc");
    list.add("bb");
    list.add("aa");
    // 调用 addAll 方法在集合中添加元素
    Collections.addAll(list,"ee","dd","ff");
    Collections.addAll(list,new String[]{"gg","oo","pp"});
    // 获取添加元素后的集合
    System.out.println("添加元素后集合变为：" + list);
    // 对集合中元素进行排序
    Collections.sort(list);
```

```
        // 获取排序后的集合
        System.out.println("排序后集合变为：" + list);
        // 在有序集合中查询元素对应的索引
        System.out.println("指定元素对应的索引：" + Collections.binarySearch(list, "cc"));
        // 求出集合中最大值
        System.out.println("求出最大值：" + Collections.max(list));
        // 求出集合中最小值
        System.out.println("求出最小值：" + Collections.min(list));
        // 将集合内容反转
        Collections.reverse(list);
        System.out.println("反转后集合元素变为：" + list);
        // 将集合中元素填充为指定内容
        Collections.fill(list,"zzz");
        System.out.println("填充内容后集合变为：" + list);
    }
}
```

示例10-29 的运行结果如图10-36 所示。

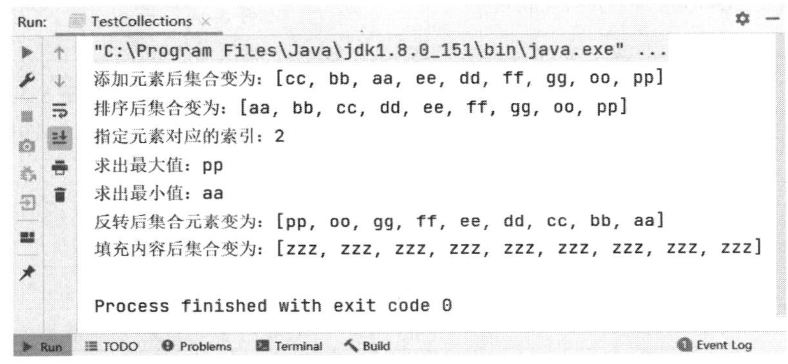

图10-36　示例10-29 运行结果

10.9　项目驱动——坦克大战之分解 2

【项目过程】

在7.16 节中，项目驱动——坦克大战完成了31 个步骤，我军坦克已经出现在面板中了，接下来逐渐加入坦克动、子弹飞、敌军坦克出现等操作。

定义子弹类，并定义装子弹的容器，画出子弹飞行轨迹和坦克行走轨迹，步骤如下。

（32）在 Bullet 类中定义 bulletX 属性，用来表示子弹的 x 轴坐标。

（33）在 Bullet 类中定义 bulletY 属性，用来表示子弹的 y 轴坐标。

（34）在 Bullet 类中定义 speed 属性，用来表示子弹的速度。

（35）在 Bullet 类中定义 width 属性，用来表示子弹的宽。

（36）在 Bullet 类中定义 height 属性，用来表示子弹的高。

（37）在 Bullet 类中定义 dir 属性，用来表示子弹的运动方向。

（38）在 Bullet 类中定义 living 属性，用来表示子弹是否超出范围。

（39）在 Bullet 类中定义 group 属性，用来表示是敌军子弹还是我军子弹。

（40）在 Bullet 类中定义 p 属性，用来在类中集成 GamePanel 面板。

（41）定义构造器，传入4个参数：子弹的 x 轴坐标、子弹的 y 轴坐标、是敌军子弹还是我军子弹、集成 GamePanel 面板。

（42）定义画子弹方法：如果子弹超出面板边界，就将子弹从子弹容器中移除。子弹按照上、下、左、右 4 个方法分别画出不同方向的子弹图片。

（43）在面板中定义装子弹的容器，无论是我军子弹还是敌军都自动放入容器中，通过 group 字段进行标识，“GOOD”代表我军子弹，“BAD”代表敌军子弹。

（44）初始化操作中加入我军子弹初始化。

（45）我军子弹初始化方向和我军坦克方向一致。

（46）将初始我军子弹放入子弹容器中。

（47）画出子弹操作。

（48）将整个焦点放在面板上，通过调用 setFocusable 方法，传入值为 true。

（49）在面板中加入监听事件，监听是否按住某个按键操作。

（50）定义坦克的行驶方向。

（51）重写 keyPressed 方法，用来监听按键的按下操作。其中监听上、下、左、右 4 个方向按键。

（52）重写 keyReleased 方法，用来监听按键的抬起操作。其中监听上、下、左、右 4 个方向按键。

（53）在步骤 51、52 中会改变坦克的行驶方向，在步骤 53 中最终确定坦克走向，将值赋给坦克方向属性 dir。

（54）调用 setMainTankDir 方法最终确定坦克方向。

（55）加入空格按键监听效果，只要单击空格键，坦克就发射子弹。

（56）定义坦克开火方法，开火时要区分坦克是我军的还是敌军的，同时要设置坐标，让子弹从坦克中心射出。

（57）调用坦克的 fire 方法。

（58）加入定时器。

（59）初始化定时器，每 50ms 执行一次动作，每次动作中改变坦克、子弹坐标就会发生移动效果。

（60）定义坦克行走方法，按照方向不同，x 轴、y 轴坐标变化不同。其中也要判断坦克是否超出边界，如果超出边界，living 属性设置为 false。

（61）在定时器中，我军坦克坐标改变，开始行走。

（62）子弹加入行走方法，同时子弹超出边界，living 属性设置为 false。

（63）在定时器中，主战机坦克的子弹在动。

（64）刷新面板，表面在调用 repaint 方法，实际上底层会自动调用 paintComponent 方法。

（65）定时器启动。

（66）创建敌军坦克容器。

（67）初始化敌军坦克。

（68）定义随机数生成器。

（69）坦克方向随机变化，调用 randomDir()方法。

（70）将每个敌军坦克放入敌军坦克容器中。

（71）敌军坦克移动。

（72）判断：敌军的坦克随机发射子弹，我军坦克通过空格按键发射子弹。

（73）敌军坦克随机改变移动方向。

（74）进行我军坦克的子弹和敌军坦克的碰撞检测。

（75）敌军坦克子弹和我军战机碰撞检测。

（76）画出敌方坦克。

其中步骤 32～47 完成了子弹类定义，画出我军坦克可以使用子弹。步骤 48～57 完成了监听操作，通过上、下、左、右按键可以使我军坦克移动，通过空格按键我军坦克可以发射子弹。步骤 58～65，加入敌军坦克，同时敌军坦克可以发射子弹。加入碰撞检测操作，但是目前碰撞效果不明显，接来下加入碰撞效果。

（77）首先子弹与坦克碰撞后，要出现爆炸效果，所以先将爆炸所涉及的图片放入一个数组中，一旦爆炸，遍历数组，完成所有爆炸图片展示，即可出现爆炸动图效果。

（78）定义爆炸类。

（79）在 Explode 类中定义 WIDTH 属性，用来表示爆炸效果图片的宽。

（80）在 Explode 类中定义 HEIGHT 属性，用来表示爆炸效果图片的高。

（81）在 Explode 类中定义 x、y 属性，用来表示爆炸位置。

（82）在 Explode 类中定义 p 属性，用来集成 GamePanel 面板。

（83）在 Explode 类中定义 step 属性，用来记录画爆炸数组图片的步骤。

（84）定义构造器，传入 3 个参数：爆炸 x 轴坐标，爆炸 y 轴坐标，集成 GamePanel 面板。

（85）画入爆炸效果，通过 step 属性迭代画入每一张爆炸效果图片。

（86）程序中可能出现多处爆炸，将爆炸放入容器中。

（87）一旦碰撞检测成功后，就发生爆炸，将爆炸对象放入爆炸容器中。

（88）画入爆炸效果。

（89）step 加出范围了就停止，爆炸结束，从爆炸集合中移除。

通过步骤 77～步骤 89 即可完成爆炸效果。

创建坦克类 Tank，实现坦克的开火和行走，如示例 10-30 所示。

【示例 10-30】Tank 坦克类。

```
import java.awt.*;
import java.util.Random;

public class Tank {
   // 15.坦克的 x 轴坐标
   int tankX;
   // 16.坦克的 y 轴坐标
   int tankY;
   // 17.坦克行驶速度
   int speed = 5;
   // 18.坦克的宽
   int width = Images.mytankupImg.getIconWidth();
```

```
// 19.坦克的高
int height = Images.mytankupImg.getIconHeight();
// 20.区分是敌军坦克还是我军坦克
String group;
// 21.定义坦克初始方向
String dir;
// 22.坦克是否死亡
boolean living = true;                    // 定义初始没死亡
// 23.类中集成 GamePanel 面板
GamePanel p ;
// 24.构造器
public Tank(int tankX, int tankY, String group, GamePanel p) {
  this.tankX = tankX;
  this.tankY = tankY;
  this.group = group;
  this.p = p;
}
// 25.定义画坦克的方法
public void paint(GamePanel p, Graphics g){
  // 坦克死了就不画了
  if(!living){
    return;
  }
  if(this.group == "GOOD"){          // 我军坦克
    if(dir == "UP"){
      Images.mytankupImg.paintIcon(p,g,tankX, tankY);
    }
    if(dir == "DOWN"){
      Images.mytankdownImg.paintIcon(p,g,tankX, tankY);
    }
    if(dir == "LEFT"){
      Images.mytankleftImg.paintIcon(p,g,tankX, tankY);
    }
     if(dir == "RIGHT"){
      Images.mytankrightImg.paintIcon(p,g,tankX, tankY);
    }
  }else{// 敌军坦克
    if(dir == "UP"){
      Images.enemytankupImg.paintIcon(p, g,tankX, tankY);
    }
    if(dir == "DOWN"){
      Images.enemytankdownImg.paintIcon(p, g,tankX, tankY);
    }
    if(dir == "LEFT"){
      Images.enemytankleftImg.paintIcon(p, g,tankX, tankY);
    }
    if(dir == "RIGHT"){
      Images.enemytankrightImg.paintIcon(p, g,tankX, tankY);
    }
  }
}
// 56.坦克发射子弹，开火
public void fire(){
  Bullet b;
  // 子弹初始坐标和坦克初始坐标一致
```

```
    if(this.group == "GOOD"){
        if(this.dir == "UP" || this.dir == "DOWN"){
            b = new Bullet(this.tankX + 26, this.tankY,"GOOD",p);
        }else{
            b = new Bullet(this.tankX, this.tankY + 26,"GOOD",p);
        }
    }else{
        if(this.dir == "UP" || this.dir == "DOWN"){
            b = new Bullet(this.tankX + 26, this.tankY,"BAD",p);
        }else{
            b = new Bullet(this.tankX, this.tankY + 26,"BAD",p);
        }
    }
    // 子弹方向根据坦克方向走
    b.dir = this.dir;
    // 将初始子弹放入子弹容器中
    p.myBullets.add(b);
  }
  // 60.定义坦克行走方法
  public void move(){
    if(dir == "LEFT"){
        this.tankX -= this.speed;
    }
    if(dir == "RIGHT"){
        this.tankX += this.speed;
    }
    if(dir == "UP"){
        this.tankY -= this.speed;
    }
    if(dir == "DOWN"){
        this.tankY += this.speed;
    }
    // 超出边界判断
    if(tankX < 0 || tankY < 0 || tankX > 800 || tankY > 800){
        living = false;
    }
    // 敌机移动的同时发射子弹
    // 72.让敌军的坦克随机发射子弹，让我军的坦克按键发射
    if(this.group == "BAD" && new Random().nextInt(100) > 95) this.fire();
    // 73.坦克方向在移动过程中随机改变
    if(this.group == "BAD")randomDir();
  }

  // 随机改变方向
  public void randomDir(){
    int random = new Random().nextInt(4);
    switch (random){
        case 0 : this.dir = "UP";break;
        case 1 : this.dir = "DOWN";break;
        case 2 : this.dir = "LEFT";break;
        case 3 : this.dir = "RIGHT";break;
    }
  }
}
```

创建子弹类 Bullet，实现子弹的运动和爆炸，如示例 10-31 所示。

【示例 10-31】Bullet 子弹类。

```
import java.awt.*;

public class Bullet {
  // 32.子弹的 x 轴坐标
  int bulletX;
  // 33.子弹的 y 轴坐标
  int bulletY;
  // 34.定义子弹速度
  int speed = 10;
  // 35.子弹的宽
  int width = Images.bulletupImg.getIconWidth();
  // 36.子弹的高
  int height = Images.bulletupImg.getIconHeight();
  // 37.定义子弹的运动方向
  String dir;
  // 38.子弹是否超出范围
  boolean living = true;    //  初始没超范围
  // 39.是敌军子弹还是我军子弹
  String group;
  // 40.类中集成 GamePanel 面板
  GamePanel p ;
  // 41.构造器
  public Bullet(int bulletX, int bulletY, String group, GamePanel p) {
    this.bulletX = bulletX;
    this.bulletY = bulletY;
    this.group = group;
    this.p = p;
  }
  // 42.定义画子弹的方法
  public void paint(GamePanel p, Graphics g){
    //  子弹超界，从容器中移除
    if(!living){
      p.myBullets.remove(this);
    }
    if(this.dir == "LEFT"){
      Images.bulletleftImg.paintIcon(p, g, bulletX, bulletY);
    }
    if(this.dir == "RIGHT"){
      Images.bulletrightImg.paintIcon(p, g, bulletX, bulletY);
    }
    if(this.dir == "UP"){
      Images.bulletupImg.paintIcon(p, g, bulletX, bulletY);
    }
    if(this.dir == "DOWN"){
      Images.bulletdownImg.paintIcon(p, g, bulletX, bulletY);
    }

  }
  // 62.子弹动
  public void move(){
```

```
        if(dir == "LEFT"){
            this.bulletX -= this.speed;
        }
        if(dir == "RIGHT"){
            this.bulletX += this.speed;
        }
        if(dir == "UP"){
            this.bulletY -= this.speed;
        }
        if(dir == "DOWN"){
            this.bulletY += this.speed;
        }
        // 超出边界判断
        if(bulletX < 0 || bulletY < 0 || bulletX > 800 || bulletY > 800){
            living = false;
        }
    }
    // 创建 collideWith
    public void collideWith(Tank tank){
        // 如果子弹碰到自己的坦克，不碰撞（自己人不打自己人，降低队友伤害）
        if(this.group == tank.group){
            return;
        }
        // 构建子弹矩形
        Rectangle r1 = new Rectangle(bulletX,bulletY,width,height);
        // 构建坦克矩形
        Rectangle r2 = new Rectangle(tank.tankX,tank.tankY,tank.width,tank.height);
        if(r1.intersects(r2)){
            this.living = false;
            tank.living = false;
            // 87.碰撞以后需要爆炸
            p.explodes.add(new Explode(tank.tankX,tank.tankY,p));
        }
    }
}
```

为了实现爆炸动画，将爆炸图片事先加载到一个数组中，通过快速依次打开图片，就能实现爆炸效果。创建爆炸图片加载类 ExplodeImages，如示例 10-32 所示。

【示例 10-32】爆炸图片加载类。

```
import javax.swing.*;
import java.net.URL;
//77.将爆炸所涉及的图片放入一个数组中，一旦爆炸就遍历数组完成所有爆炸图片的展示，即可出现爆炸动图效果
public class ExplodeImages {
    public static ImageIcon[ ] explodeImages = new ImageIcon[16];
    static{
        for (int i = 0; i < 16; i++) {
            // 将图片的路径封装为一个对象
            URL eURL = Images.class.getResource("/images/e" + (i + 1) +".gif");
            // 将图片封装为程序中一个对象
            ImageIcon eImg = new ImageIcon(eURL);
            // 放入数组
            explodeImages[i] = eImg;
```

```
    }
  }
}
```

创建爆炸类 Explode，对爆炸图片的宽和高进行设置，加载爆炸图片，实现爆炸效果，如示例 10-33 所示。

【示例 10-33】Explode 爆炸类。

```
import java.awt.*;
// 78.定义爆炸类
public class Explode {
  // 79.定义爆炸效果图片的宽
  public static int WIDTH = ExplodeImages.explodeImages[0].getIconWidth();
  // 80.定义爆炸效果图片的高
  public static int HEIGHT = ExplodeImages.explodeImages[0].getIconHeight();
  // 81.定义爆炸位置
  private int x,y;
  // 82.集成 GamePanel 面板
  GamePanel p ;
  // 83.记录画爆炸数组图片的步骤
  private int step = 0;
  // 84.定义构造器
  public Explode(int x, int y, GamePanel p){
    this.x = x;
    this.y = y;
    this.p = p;

  }
  // 85.画入爆炸效果，画入每一张图片
  public void paint(Graphics g){
    ExplodeImages.explodeImages[step++].paintIcon(p,g,x, y);
    // 89.step 加出范围了就停止，爆炸结束，从爆炸集合中移除
    if(step >=   com.msb.tank11 坦克随机移动.ExplodeImages.explodeImages.length)
      p.explodes.remove(this);
  }
}
```

创建面板类 GamePanel，实现加载坦克、监听键盘、加入定时器，如示例 10-34 所示。

【示例 10-34】GamePanel 面板类。

```
import javax.swing.*;
import java.awt.*;
import java.awt.event.ActionEvent;
import java.awt.event.ActionListener;
import java.awt.event.KeyAdapter;
import java.awt.event.KeyEvent;
import java.util.ArrayList;
import java.util.List;
import java.util.Random;

// 7.创建面板类
public class GamePanel extends JPanel {
```

```
// 26.定义主战坦克
Tank myTank;
// 43.定义装子弹的容器
List<Bullet> myBullets = new ArrayList<>();
// 58.加入一个定时器
Timer timer;
// 66.创建敌军坦克 - 多个
List<Tank> enemies = new ArrayList<>();
// 68.定义随机数生成器
Random r = new Random();
// 86.程序中有多处爆炸，利用集合存储
List<Explode> explodes = new ArrayList<>();
// 27.定义 init 初始化方法
public void init(){
  // 28.初始化主战坦克坐标
  myTank = new Tank(250,500,"GOOD",this);
  // 29.初始坦克运动方向
  myTank.dir = "UP";
  // 44.创建一个初始的我军坦克子弹
  Bullet myBullet = new Bullet(myTank.tankX + 26, myTank.tankY,"GOOD",this) ;
  // 45.初始子弹默认是向上方向的
  myBullet.dir = myTank.dir;
  // 46.将初始子弹放入子弹容器中
  myBullets.add(myBullet);
  // 67.初始化敌军坦克
  for (int i = 0; i < 5; i++) {
    Tank t =new Tank(r.nextInt(750),r.nextInt(750),"BAD",this);
    // 69.坦克随机改变方向
    t.randomDir();      // 初始化坦克方向 - 》随机
    // 70.将坦克放入容器中
    enemies.add(t);
  }
}
// 8.定义构造器
public GamePanel(){
  // 30.调用 init 方法
  init();
  // 48.将焦点定位在当前操作的面板上
  this.setFocusable(true);
  // 49.加入监听：监听器中改上、下、左、右的属性
  this.addKeyListener(new KeyAdapter(){
    // 50.定义坦克的行驶方向
    boolean left,right,up,down;
    // 51.监听键盘按键的按下操作
    @Override
    public void keyPressed(KeyEvent e) {
      super.keyPressed(e);
      int keyCode = e.getKeyCode();
      // 监听向上箭头
      if(keyCode == KeyEvent.VK_UP){
        up = true;
```

```
        }
        // 监听向下箭头
        if(keyCode == KeyEvent.VK_DOWN){
          down = true;
        }
        // 监听向左箭头
        if(keyCode == KeyEvent.VK_LEFT){
          left = true;
        }
        // 监听向右箭头
        if(keyCode == KeyEvent.VK_RIGHT){
          right = true;
        }
        // 54.确定方向
        setMainTankDir();
        // 55.按下空格键，打出一颗子弹
        if(keyCode == KeyEvent.VK_SPACE){
          // 57.主战机发射子弹，开火
          myTank.fire();
        }
    }
    // 52.监听键盘按键的抬起操作
    @Override
    public void keyReleased(KeyEvent e) {
      super.keyReleased(e);
      int keyCode = e.getKeyCode();
      System.out.println(keyCode);
      // 监听向上箭头
      if(keyCode == KeyEvent.VK_UP){
        up = false;
      }
      // 监听向下箭头
      if(keyCode == KeyEvent.VK_DOWN){
        down = false;
      }
      // 监听向左箭头
      if(keyCode == KeyEvent.VK_LEFT){
        left = false;
      }
      // 监听向右箭头
      if(keyCode == KeyEvent.VK_RIGHT){
        right = false;
      }
      // 54.确定方向
      setMainTankDir();
    }
    // 53.设置坦克行驶方向
    public void setMainTankDir(){
      if(left) myTank.dir = "LEFT";
      if(up) myTank.dir = "UP";
      if(right) myTank.dir = "RIGHT";
```

```
            if(down) myTank.dir = "DOWN";
        }
    });
    // 59.初始化定时器
    timer = new Timer(50, new ActionListener() {
        @Override
        public void actionPerformed(ActionEvent e) {
            // 61.主战机坐标改变
            myTank.move();
            // 63.主战机坦克的子弹在动
            for(int i = 0;i < myBullets.size();i++){
                myBullets.get(i).move();
            }
            // 71.敌军在动
            for (int i = 0; i < enemies.size(); i++) {
                enemies.get(i).move();
            }
            // 74.子弹和敌军的碰撞检测
            for (int i = 0; i < myBullets.size(); i++) {
                for (int j = 0; j < enemies.size(); j++) {
                    // 碰撞检测
                    myBullets.get(i).collideWith(enemies.get(j));    // 如果两个矩形相交
                }
            }
            // 75.子弹和主战机碰撞检测
            for (int i = 0; i < myBullets.size(); i++) {
                // 碰撞检测
                myBullets.get(i).collideWith(myTank);
            }
            // 64.改变敌军坦克的位置
            repaint();
            }
        });
        // 65.定时器必须要启动
        timer.start();
    }
    // 9.重写 paintComponent 方法
    @Override
    protected void paintComponent(Graphics g) {
        super.paintComponent(g);
        // 10.面板中加入背景色
        this.setBackground(new Color(236, 240, 255));
        // 31.画坦克
        myTank.paint(this,g);
        // 47.画子弹
        for(int i = 0;i < myBullets.size();i++){
            myBullets.get(i).paint(this,g);
        }
        // 76.画出敌军坦克
        for (int i = 0; i < enemies.size(); i++) {
            enemies.get(i).paint(this,g);
```

```
    }
    // 88.画出碰撞
    for(int i = 0;i < explodes.size();i++){
      explodes.get(i).paint(g);
    }
  }
}
```

创建启动游戏的测试类 StartGame，在启动 StartGame 时加载前面创建的功能，游戏就运行起来了，如示例 10-35 所示。

【示例 10-35】StartGame 测试类。

```
public class StartGame {
  public static void main(String[] args) {
    // 1.创建一个窗体
    JFrame jf = new JFrame();
    // 2.给窗体设置一个标题
    jf.setTitle("小游戏  大逻辑、by  马士兵教育");
    // 3.设置游戏窗口的x、y 坐标，游戏窗口的宽、高
    jf.setBounds(400,100,800,800);
    // 4.设置游戏窗口的大小不可调节
    jf.setResizable(false);
    // 5.关闭窗口的同时，程序随之关闭
    jf.setDefaultCloseOperation(WindowConstants.EXIT_ON_CLOSE);
    // 11.创建面板
    GamePanel gp = new GamePanel();
    // 12.窗体中加入面板
    jf.add(gp);
    // 6.窗体显现
    jf.setVisible(true);
  }
}
```

运行游戏效果如图 10-37 所示。

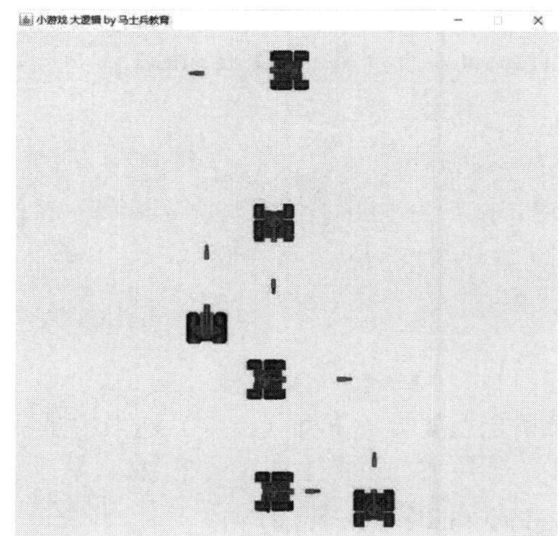

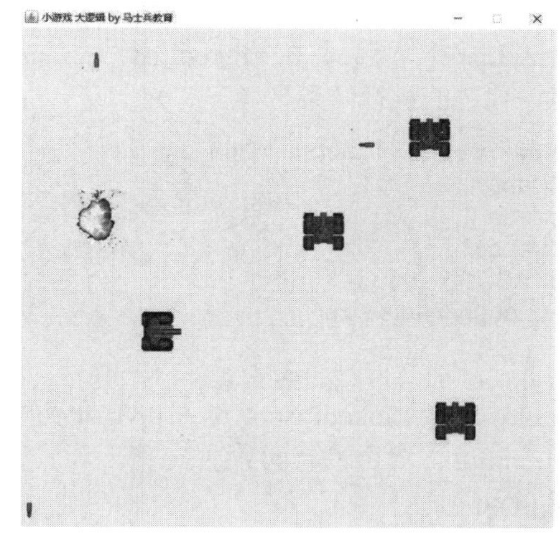

图 10-37　游戏效果展示

本章小结

本章所讲内容在 Java 中是使用频率最高的，了解整个集合体系也至关重要。本章着重讲解了 ArrayList、LinkedList、HashMap、TreeMap 的底层特点，方便理解整个结构的特点。Collections 作为辅助工具类，了解即可。

练习题

一、填空题

1. Java 集合框架提供了一套性能优良、使用方便的接口和类，包括Collection 和Map 两大类，它们都位于____________包中。

2. ____________是一种集合类，它采用链表作为存储结构，便于删除和添加元素，但是按照索引查询元素效率低。

3. ____________是一种Collection 类型的集合类，其中元素唯一，并采用二叉树作为存储结构，元素按照自然顺序排列。

4. 如果希望将自定义类Student 的多个对象放入集合 TreeSet，实现所有元素按照某个属性的自然顺序排列，Student 类则需要实现____________接口。

5. 在 Java 中____________集合的访问时间接近稳定，它是一种键值对映射的数据结构，这个数据结构是通过数组来实现的。

二、选择题（单选/多选）

1. 在 Java 中，下列集合类型可以存储无序、不重复的数据的是（　　）。

A. ArrayList　　B. LinkedList　　C. TreeSet　　D. HashSet

2. 以下代码的执行结果是（　　）。

```
Set<String> s=new HashSet<String>();
s.add("abc");
s.add("abc");
s.add("abcd");
s.add("ABC");
System.out.println(s.size());
```

A. 1　　B. 2　　C. 3　　D. 4

3. 在 Java 中，LinkedList 类与 ArrayList 类同属于集合框架类，下列（　　）选项中是LinkedList 类中有而 ArrayList 类中没有的方法。

A. add(Object o)　　B. add(int index,Object o)

C. getFirst()　　D. removeLast()

三、实操题

实现 List 和 Map 数据的转换，具体要求如下。

功能 1：定义方法 public void listToMap( ){ }，将 List 中的 Student 元素封装到 Map 中。

（1）使用构造方法 Student(int id,String name,int age,String sex)创建多个学生信息并加入 List 中。

（2）遍历 List，输出每个 Student 的信息。

（3）将 List 中数据放入 Map，将 Student 的 id 属性作为 key，Student 对象信息作为 value。

（4）遍历 Map，输出每个 Entry 的 key 和 value。

功能 2：定义方法 public void mapToList( ){ }，将 Map 中 Student 映射信息封装到 List 中。

（1）创建实体类 StudentEntry，可以存储 Map 中每个 Entry 的信息。

（2）使用构造方法 Student(int id,String name,int age,String sex)创建多个学生信息，并使用 Student 的 id 属性作为 key，存入 Map。

（3）创建 List 对象，每个元素类型是 StudentEntry。

（4）将 Map 中的每个 Entry 信息放入 List 对象。

功能 3：说明 Comparable 接口的作用，并通过分数来对学生进行排序。

第 11 章

I/O 流

本章学习目标

- 了解 I/O 流的分类。
- 掌握使用字节流读写文件。
- 掌握使用字符流读写文件。
- 掌握序列化和反序列化的实现。

11.1 I/O 流介绍

在第 9 章讲解常用类时讲解了 File 类，File 类对象可封装要操作的文件，可通过 File 类的对象对文件进行操作，如查看文件的大小、判断文件是否隐藏、判断文件是否可读等。但是这一系列操作，并不涉及文件内容相关的操作，这是单独依靠 File 类对象无法实现的操作，此时需要借助 I/O 流完成。

那么 I/O 流是什么呢？在很多书籍中对 I/O 流的讲解非常书面和官方，导致很多初学者很难通过文字清楚地了解 I/O 流到底是什么。本章以生活案例来引入 I/O 流的作用。例如，要将一桶水放入另一桶水中，中间可以通过一根管子完成操作，如图 11-1 所示。

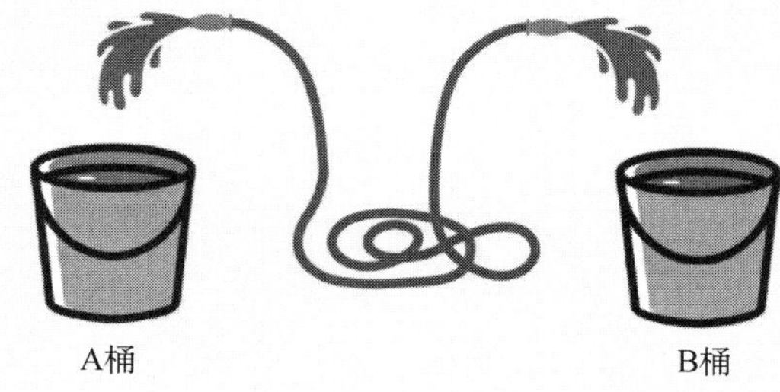

图 11-1　水桶注水

要将 A 桶里面的水导入到 B 桶中，中间可以利用一根水管。A 桶中的水流向 B 桶，对于 A 桶来说，水流往外出，对于 B 桶来说，水流往里进，文件内容的操作同理。例如，要完成文件的复制操作，即将 A 文件的内容复制到 B 文件中，如图 11-2 所示。

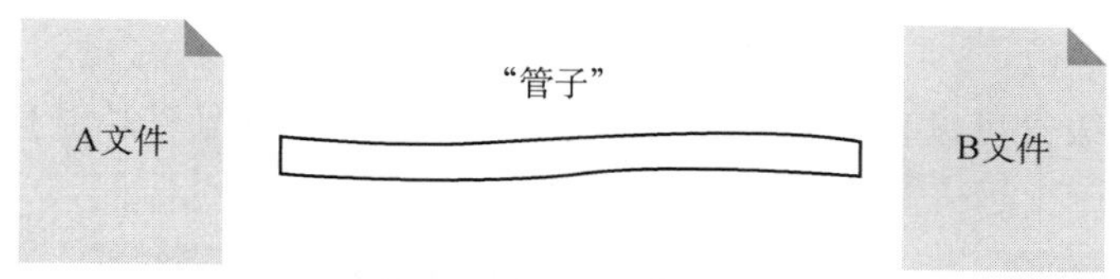

图 11-2　文件的复制操作

如果有一根“管子”，可以帮我们把 A 文件中内容传送到 B 文件中，那该有多好啊。在Java 中，I/O 流的作用等同于这根“管子”，数据可以在 I/O 流中传送，但是这个 I/O 流需要定义在程序中，所以复制操作需要经过程序来完成，文件复制操作可以被拆分，拆分后的示意图如图11-3 所示。

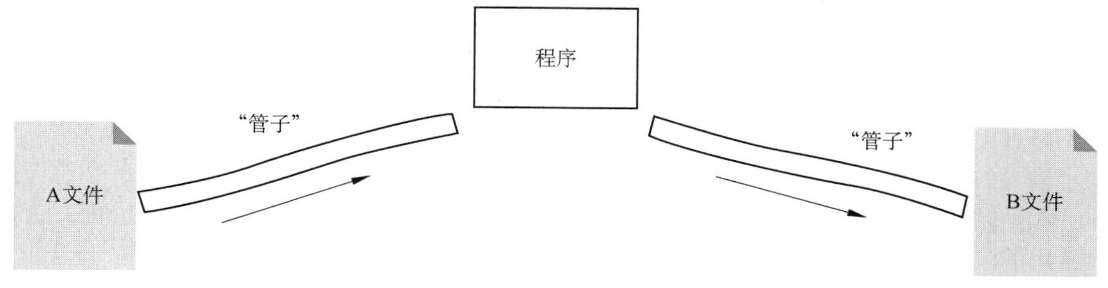

图 11-3　通过程序完成文件复制操作

如图 11-3 所示，文件的复制操作需要借助程序这个桥梁，首先将A 文件中内容通过 I/O 流传送到程序中，再通过 I/O 流将程序中内容传送到 B 文件中。

在本章学习中，将 I/O 流理解为一根“管子”，那么理解就会非常顺畅。I 为 Input，O 为 Output，I/O 流即输入输出流，可以理解为两个流向的“管子”。

11.2　I/O 流的分类

正如11.1 节中所说，将 I/O 流理解为“管子”，那么生活中“管子”怎么分类的呢？分类方式如下所示。

方式1：按照方向划分。

如图11-3 所示，以程序为参照，可以将“管子”分为输入方向、输出方向，对应的流称之为输入流、输出流。

方式2：按照处理单元划分。

生活中的“管子”有粗有细，“粗管子”承载的流量大，“细管子”承载的流量小，同样喝一口水，用“粗管子”比用“细管子”喝的水多。I/O 流也是一样的道理，可以将 I/O 流按照处理数据的单元划分为字节流、字符流。字节流就像是“细管子”，每次操作一字节的数据；字符流就像是“粗管子”，每次操作一字符的数据。

方式 3：按照功能划分。

图 11-4 中左侧普通吸管可以直接用来喝水、喝饮料，右侧伸缩吸管功能强大，可伸缩，长度可长可短，通过多根吸管套在一起实现。

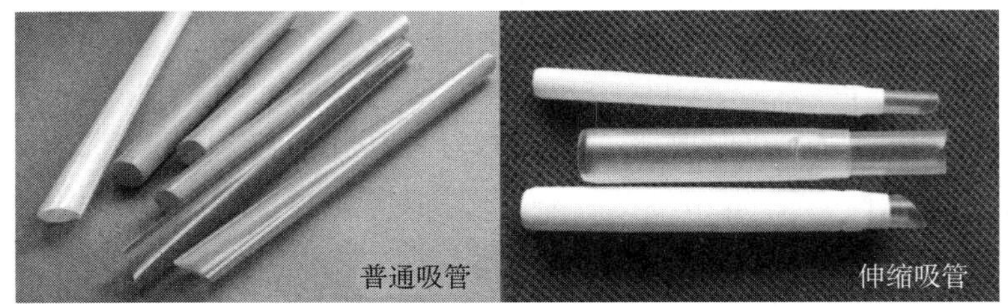

图 11-4　普通吸管与伸缩吸管

I/O 流也是同样的道理，如果一个流可以直接处理数据，这个流就可以被称为节点流。如果单纯用一个流不能直接处理数据，需要该流结合其他流共同完成，那这个流就可以被称为处理流。

其中输入的字节流基类为 InputStream，输出的字节流基类为 OutputStream，输入的字符流基类为 Reader，输出的字符流基类为 Writer。每个基类下的 I/O 流类型非常多，由于篇幅有限，因此会挑一些经典、常用的流来讲解，同种类的 I/O 流使用方法类似，以此类推即可。

11.3　字节流

磁盘上的视频、音频、图片、文档等都是以字节形式存储，可以用字节流来操作其中的内容。字节流按照方向可以分为字节输入流、字节输出流。字节输入流的基类为 InputStream，字节输出流的基类为 OutputStream。我们利用图 11-3 中文件复制的需求讲解字节流，从图中可以看出，A 文件作为源文件，将文件中内容读取到程序中，采用字节输入流，B 文件作为目标文件，将程序中内容输出到目标文件中，采用字节输出流，可将图 11-3 中逻辑分解为图 11-5 和图 11-6 所示的逻辑。

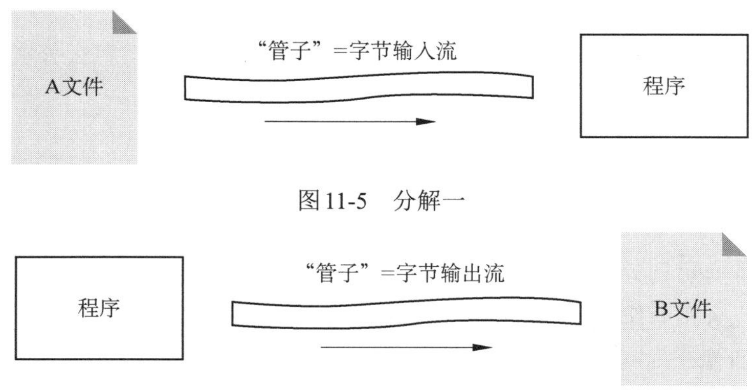

图 11-5　分解一

图 11-6　分解二

下面分别用字节输入流和字节输出流完成分解步骤。

11.3.1　字节输入流

通过字节输入流完成图 11-5 中的分解一操作，将文件中的内容读入到程序中。首先在 D 盘根目录下创建一个 Demo.txt 的文本文件，文件内容为 abc123，如图 11-7 所示。

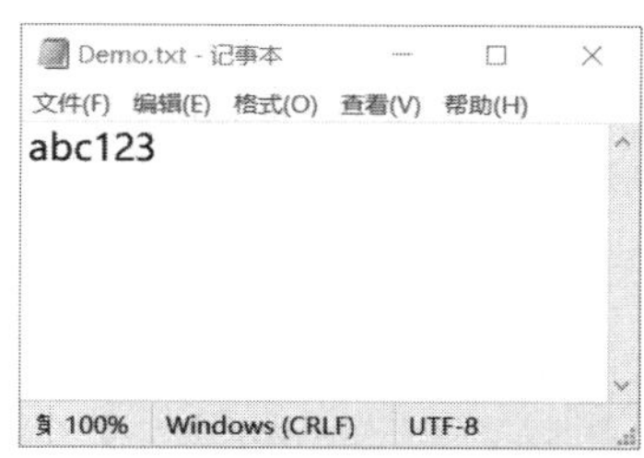

图 11-7　D 盘文件 Demo.txt

在程序中需要将 Demo.txt 文件封装为一个具体的 File 类的对象，单纯地利用 File 类对象无法获取文件中的具体内容，此时需要借助一根“管子”——字节输入流，将文件中内容读取到程序中，此时选择一款经典字节输入流——FileInputStream 类。从源码中可以看出 FileInputStream 的基类为 InputStream。

```
public class FileInputStream extends InputStream{ }
```

FileInputStream 类中的 read()方法，可利用此字节输入流读取一个字节的数据，返回值为读取的字节，流使用完时需要关闭流，read()方法的使用如示例 11-1 中所示。

【示例 11-1】使用 FileInputStream 类中的 read()方法。

```
import java.io.File;
import java.io.FileInputStream;
import java.io.IOException;

public class TestFileInputStream {
  // 这是一个 main 方法，是程序的入口
  public static void main(String[ ] args) throws IOException {
    // 1.确定源文件，将源文件封装为 File 对象
    File f = new File("D:\\Test.txt");
    // 2.利用字节输入流操作文件
    FileInputStream fis = new FileInputStream(f);
    // 3.利用 read()方法开始读取动作
    int n = fis.read();
    System.out.println("读取内容为：" + n);
    // 4.关闭流
    fis.close();
  }
}
```

示例 11-1 的运行结果如图 11-8 所示。

从示例 11-1 运行结果可以看出，通过 read()方法每次可以读取出一个字节，即将 Demo.txt 文件中的“a”对应的字节读取出来，在控制台输出结果为对应 ASCII 码 97，在 Demo.txt 文件中一共有 6 个字节，因此只需要调用 6 次 read()方法即可。

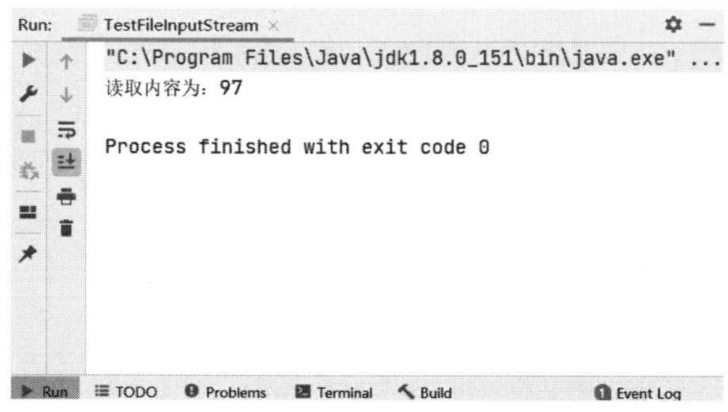

图 11-8　示例 11-1 运行结果

对字节流多次调用 read()方法，如示例 11-2 所示。

【示例 11-2】多次调用 FileInputStream 类中的 read()方法。

```
import java.io.File;
import java.io.FileInputStream;
import java.io.IOException;

public class TestFileInputStream2 {
  // 这是一个 main 方法，是程序的入口
  public static void main(String[ ] args) throws IOException {
    // 1.确定源文件，将源文件封装为 File 对象
    File f = new File("D:\\Demo.txt");
    // 2.利用字节输入流操作文件
    FileInputStream fis = new FileInputStream(f);
    // 3.利用 read()方法开始读取动作
    int n1 = fis.read();
    System.out.println("第 1 次 read()方法读取内容为：" + n1);
    int n2 = fis.read();
    System.out.println("第 2 次 read()方法读取内容为：" + n2);
    int n3 = fis.read();
    System.out.println("第 3 次 read()方法读取内容为：" + n3);
    int n4 = fis.read();
    System.out.println("第 4 次 read()方法读取内容为：" + n4);
    int n5 = fis.read();
    System.out.println("第 5 次 read()方法读取内容为：" + n5);
    int n6 = fis.read();
    System.out.println("第 6 次 read()方法读取内容为：" + n6);
    int n7 = fis.read();
    System.out.println("第 7 次 read()方法读取内容为：" + n7);
    // 4.关闭流
    fis.close();
  }
}
```

示例 11-2 的运行结果如图 11-9 所示。

从示例 11-2 的运行结果看，文件中一共有 6 个字节，前 6 次分别将对应的字节读取出来，但是第 7 次，在文件结尾处读取的内容为−1，表示只要 read()方法的返回值为−1，就到了文件的结尾处。此时可以利用循环来优化示例 11-2 中的写法。

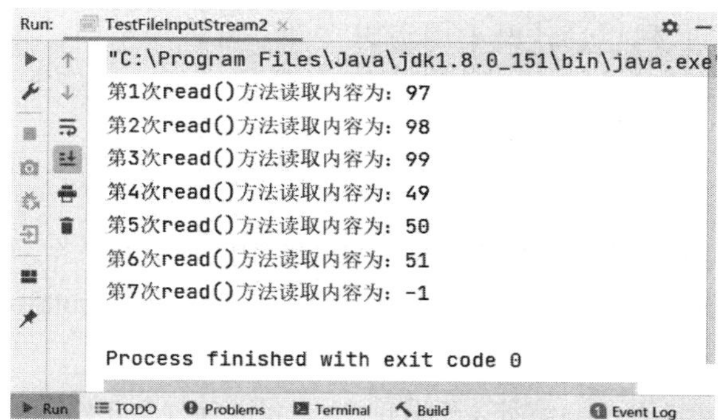

图 11-9　示例 11-2 运行结果

使用 while 循环判断读取内容是否等于−1，优化代码，如示例 11-3 所示。

【示例 11-3】优化示例 11-2。

```
import java.io.File;
import java.io.FileInputStream;
import java.io.IOException;

public class TestFileInputStream3 {
  // 这是一个 main 方法，是程序的入口
  public static void main(String[ ] args) throws IOException {
    // 1.确定源文件，将源文件封装为 File 对象
    File f = new File("D:\\Demo.txt");
    // 2.利用字节输入流操作文件
    FileInputStream fis = new FileInputStream(f);
    // 3.利用 read()方法开始读取动作
    int n = fis.read();
    while(n != -1){
      System.out.println("读取内容为：" + n);
      n = fis.read();
    }
    // 4.关闭流
    fis.close();
  }
}
```

示例 11-3 的运行结果如图 11-10 所示。

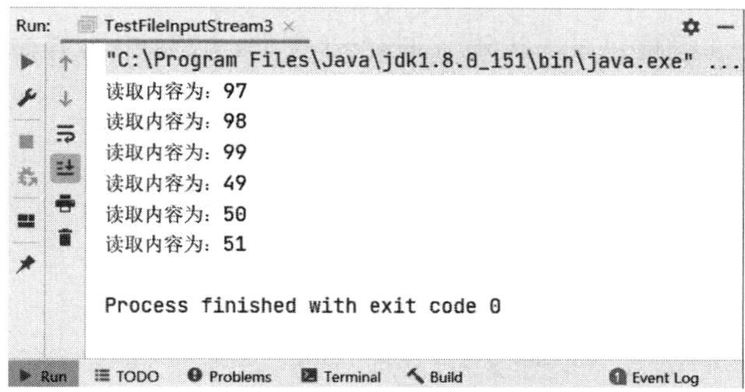

图 11-10　示例 11-3 运行结果

示例 11-3 利用循环优化代码以后，既不用考虑文件中有多少字节，也不用考虑要调用几次 read()方法，只要 read()方法读取的内容为−1 即表示到达文件结尾，循环结束。

11.3.2 字节输出流

通过字节输出流完成图 11-6 中的分解二操作，将程序中的内容写入到盘符上的文件中。此时选择一款经典字节输出流——FileOutputStream 类。从源码中可以看出 FileOutputStream 的基类为 OutputStream，如下所示。

```
public class FileOutputStream extends OutputStream{ }
```

在程序中定义一段字符串，将字符串中内容通过字节输出流写入到 D 盘的 Test.txt 文件中，FileOutputStream 类有一个 write(int b)方法，该方法可以将指定字节通过文件输出流写出。

【示例 11-4】利用 FileOutputStream 类将字符串写入盘符文件中。

```
import java.io.File;
import java.io.FileOutputStream;
import java.io.IOException;

public class TestFileOutputStream1 {
  // 这是一个 main 方法，是程序的入口
  public static void main(String[ ] args) throws IOException {
    // 1.定义要写出的字符串
    String str = "abc123";
    // 2.定义目标文件：（将 str 字符串写入到该文件中）
    File f = new File("D:\\Test.txt");
    // 3.利用字节输出流完成操作
    FileOutputStream fos = new FileOutputStream(f);
    // 4.将字符串转为字节数组
    byte[ ] bytes = str.getBytes();
    // 5.遍历字节数组，将每个字节通过 write 方法写出
    for (byte b : bytes) {
      fos.write(b);
    }
    // 6.关闭流操作
    fos.close();
  }
}
```

示例 11-4 运行后，在 D 盘根目录下出现了 Test.txt 文件，文件中内容如图 11-11 所示。

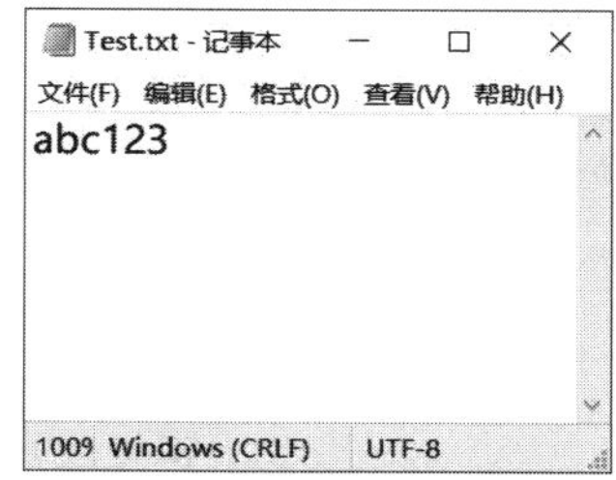

图 11-11　示例 11-4 运行结果

11.3.3　利用字节流完成文件的复制操作

字节输入流可以将源文件中的内容读入到程序中，字节输出流可以将程序中的内容写入到目标文件中，那么将图 11-5 中的分解一和图 11-6 中的分解二合并，将程序作为中间桥梁，即可完成文件的复制操作（如图 11-3 所示）。

文件的复制操作，需要确定源文件、目标文件，然后利用字节输入流 FileInputStream 类和字节输出流 FileOutputStream 类即可完成复制操作，如示例 11-5 所示。

【示例 11-5】利用 FileInputStream 类和 FileOutputStream 类完成文件的复制操作。

```
import java.io.File;
import java.io.FileInputStream;
import java.io.FileOutputStream;
import java.io.IOException;

public class Test {
  // 这是一个 main 方法，是程序的入口
  public static void main(String[ ] args) throws IOException, IOException {
    // 1.确定源文件
    File f1 = new File("D:\\Demo.txt");
    // 2.确定目标文件
    File f2 = new File("D:\\Test.txt");
    // 3.利用文件字节输入流操作源文件
    FileInputStream fis = new FileInputStream(f1);
    // 4.利用文件字节输出流操作目标文件
    FileOutputStream fos = new FileOutputStream(f2);
    // 5.边读边写完成复制操作
    int n = fis.read();
    while(n != -1){
      fos.write(n);
      n = fis.read();
    }
    // 6.关闭流：（倒着关闭流，先用的流后关）
    fos.close();
    fis.close();
  }
}
```

其实示例 11-5 的代码就是将示例 11-3 和示例 11-4 合二为一，最终完成复制操作的。先分解再合并，理解就会非常轻松。FileInputStream 类和 FileOutputStream 类讲解完以后，对 I/O 流的使用就清晰了，以此类推其他流也是类似的使用方式，非常简单。

11.4　字节缓冲流

在 11.3 节中学习了字节输入流、字节输出流，如果要完成读取和写入操作，需要一个字节一个字

节的读取和写入，效率非常低，在图 11-12 中，源文件有 246 个字节，如果完成文件复制操作，需要通过 read()方法读取源文件 246 次，同时需要写入目标文件 246 次，对磁盘访问次数过多，也是一种消耗，同时效率低下。

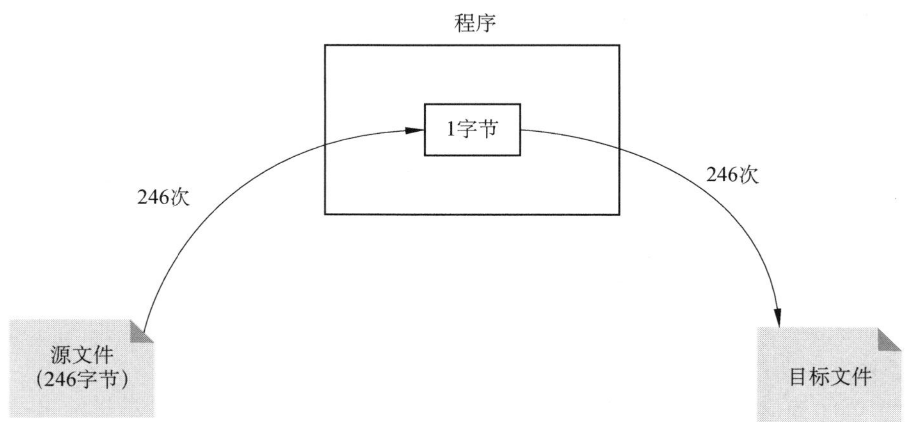

图 11-12　字节流方式访问盘符次数

此时可以想到使用字节缓冲流，字节缓冲流按照方向可以划分为字节缓冲输入流（BufferedInputStream）、字节缓冲输出流（BufferedOutputStream），它们在使用过程中需要通过构造器结合字节输入流（FileInputStream）和字节输出流（FileOutputStream）共同完成功能。底层采用缓冲区可将源文件中的内容读入缓冲区 1 中，程序中利用字节流从缓冲区读取数据，再利用字节流将内容写入缓冲区 2 中，将缓冲区 2 中的内容写入目标文件，缓冲区默认字节大小为 8192 字节，所以每次最多读写 8192 字节内容，大大提高了访问磁盘效率，字节缓冲流方式访问盘符次数如图 11-13 所示。

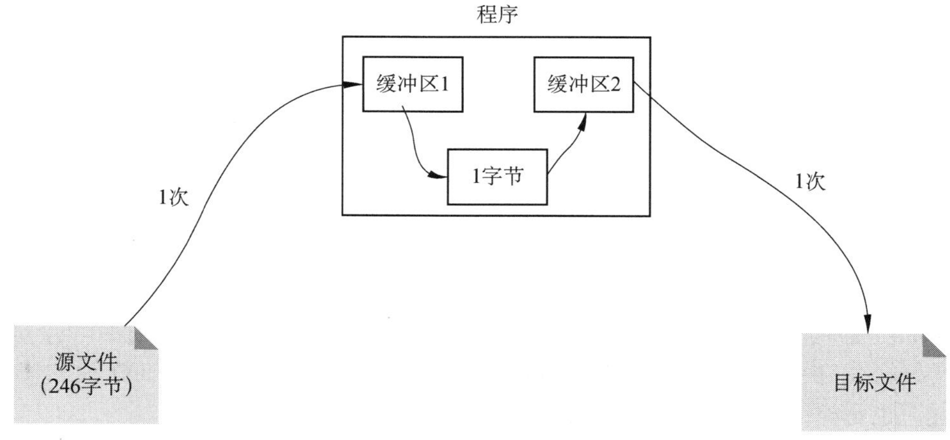

图 11-13　字节缓冲流方式访问盘符次数

【示例 11-6】使用字节缓冲流完成文件的复制操作。

```
import java.io.*;

public class Test2 {
```

```
  // 这是一个main 方法，是程序的入口
  public static void main(String[ ] args) throws IOException{
    // 1.确定源文件
    File f1 = new File("D:\\Demo.txt");
    // 2.确定目标文件
    File f2 = new File("D:\\Test.txt");
    // 3.确定字节输入流
    FileInputStream fis = new FileInputStream(f1);
    // 4.确定字节输出流
    FileOutputStream fos = new FileOutputStream(f2);
    // 5.功能加强，字节缓冲输入流结合字节输入流
    BufferedInputStream bis = new BufferedInputStream(fis);
    // 6.功能加强，字节缓冲输出流结合字节输出流
    BufferedOutputStream bos = new BufferedOutputStream(fos);
    // 7.边读边写，完成复制
    int n = bis.read();
    while(n != -1){
      bos.write(n);
      n = bis.read();
    }
    // 8.关闭流：只要关闭外层的缓冲流即可
    bos.close();
    bis.close();
  }
}
```

示例 11-6 运行以后，同样可以完成文件的复制操作。

11.5　字符流

字节流是以字节为单位读写数据的，字符流是以字符为单位读写数据的。字符流按照方法可分为字符输入流和字符输出流，字符输入流的基类为 Reader，字符输出流的基类为 Writer。

11.5.1　字符输入流

字符输入流以字符为单位读取数据，经典字符输入流为 FileReader，查看源码可知其基类为 Reader 类。

```
// FileReader 继承自 InputStreamReader 类
public class FileReader extends InputStreamReader { }

// InputStreamReader 类 继承自 Reader 类
public class InputStreamReader extends Reader { }
```

通过字符输入流将源文件中的内容读入程序中，在 D 盘根目录下创建 Demo1.txt 文本文件，文本文件中的内容如图 11-14 所示。

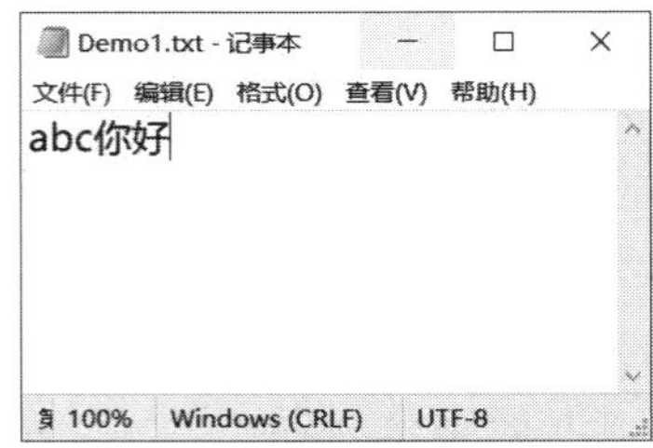

图 11-14　Demo1.txt 文本文件

将 Demo1.txt 中的内容通过字符输入流 FileReader 读入程序中，通过 read()方法读取，读至文件结尾时会返回−1，如示例 11-7 所示。

【示例 11-7】使用字符输入流 FileReader 读取文件内容。

```
import java.io.File;
import java.io.FileReader;
import java.io.IOException;

public class TestFileReader1 {
  public static void main(String[ ] args) throws IOException {
    // 1.确定源文件
    File f = new File("d:\\Demo1.txt");
    // 2.利用字符输入流操作源文件
    FileReader fr = new FileReader(f);
    // 3.利用 read()方法读取文件内容
    int n = fr.read();
    while(n != -1){
      System.out.println(n);
      n = fr.read();
    }
    // 4.关闭流
    fr.close();
  }
}
```

示例 11-7 的运行结果如图 11-15 所示。

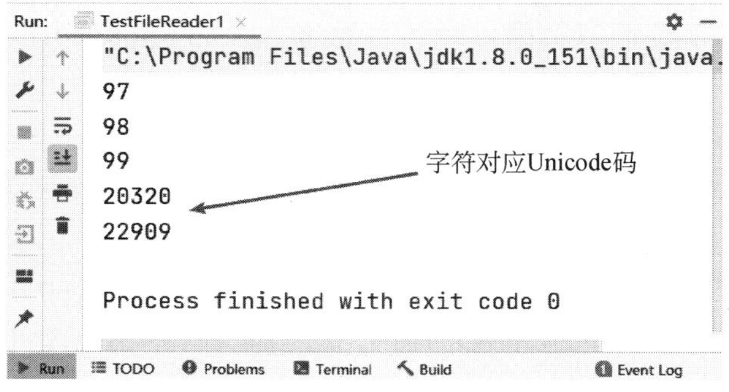

图 11-15　示例 11-7 运行结果

11.5.2　字符输出流

字符输出流以字符为单位写出数据，经典字符输出流为 FileWriter，查看源码可知其基类为 Writer 类。

```
public class FileWriter extends OutputStreamWriter { }
public class OutputStreamWriter extends Writer { }
```

通过 FileWriter 类的 write 方法可以将一个字符写入目标文件中，如示例 11-8 所示。

【示例 11-8】使用字符输出流 FileWriter 将程序中的内容写入目标文件。

```
import java.io.File;
import java.io.FileWriter;
import java.io.IOException;

public class TestFileWriter1 {
  public static void main(String[ ] args) throws IOException {
    // 1.定义字符串
    String str = "abc 你好";
    // 2.确定目标文件
    File f = new File("d:\\Test1.txt");
    // 3.利用字符输出流操作目标文件
    FileWriter fr = new FileWriter(f);
    // 4.获取字符串的每个字符，利用 write 方法将字符写入目标文件
    for (int i = 0; i < str.length(); i++) {
      fr.write(str.charAt(i));
    }
    // 5.关闭流
    fr.close();
  }
}
```

完成写出操作后，运行程序，在 D 盘根目录下可以看到 Test1.txt 文件中的内容，如图 11-16 所示。

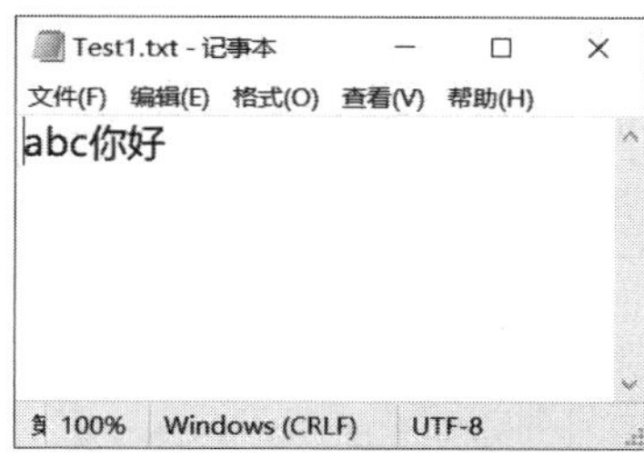

图 11-16　Test1.txt 文件中内容

11.5.3　利用字符流完成文件的复制操作

字符输入流可以将源文件中的内容读入程序中，字符输出流可以将程序中的内容写入目标文件中。将示例 11-7 和示例 11-8 合二为一，将程序作为中间桥梁，即可完成文件的复制操作。

【示例 11-9】利用字符流完成文件的复制操作。

```
import java.io.*;

public class Test3 {
   public static void main(String[ ] args) throws IOException {
      // 1.确定源文件
      File f1 = new File("d:\\Demo1.txt");
      // 2.确定目标文件
      File f2 = new File("d:\\Test1.txt");
      // 3.利用字符输入流操作源文件
      FileReader fr = new FileReader(f1);
      // 4.利用字符输出流操作目标文件
      FileWriter fw = new FileWriter(f2);
      // 5.边读取边写出，完成复制操作
      int n = fr.read();
      while(n != -1){
         fw.write(n);
         n = fr.read();
      }
      // 6.关闭流
      fw.close();
      fr.close();
   }
}
```

示例 11-9 运行后发现字符流可以完成文件复制操作。

11.6　字符缓冲流

字符缓冲流的原理同字节缓冲流的原理类似，只是缓冲区数组为字符型数组，默认长度为8192。以字符为单位操作数据，利用字符缓冲流可以提高读写效率，减少对硬盘的访问。字符缓冲流按照方向可以分为字符缓冲输入流、字符缓冲输出流。字符缓冲输入流以 BufferedReader 类为讲解案例，字符缓冲输出流以 BufferedWriter 类为讲解案例，完成文件的复制操作。BufferedReader 类、BufferedWriter 类需要通过构造器分别结合 FileReader 类、FileWriter 类来完成操作。

【示例 11-10】利用字符缓冲流完成文件的复制。

```
import java.io.*;

public class Test4 {
   // 这是一个main 方法，是程序的入口
   public static void main(String[ ] args) throws IOException {
      // 1.确定源文件
      File f1 = new File("D:\\Demo.txt");
      // 2.确定目标文件
      File f2 = new File("D:\\Test.txt");
      // 3.确定字符输入流
      FileReader fr = new FileReader(f1);
```

```
        // 4.确定字符输出流
        FileWriter fs = new FileWriter(f2);
        // 5.功能加强，字符缓冲输入流结合字符输入流
        BufferedReader br = new BufferedReader(fr);
        // 6.功能加强，字符缓冲输出流结合字符输出流
        BufferedWriter bw = new BufferedWriter(fs);
        // 7.边读边写，完成复制
        int n = br.read();
        while(n != -1){
            bw.write(n);
            n = br.read();
        }
        // 8.关闭流：只要关闭外层的缓冲流即可
        bw.close();
        br.close();
    }
}
```

11.7　转换流

转换流属于字符流的一种，用于进行字节流和字符流之间的转换。转换流可以分为两种：转换输入流（InputStreamReader）、转换输出流（OutputStreamWriter），转换流作用示意图如图 11-17 所示。

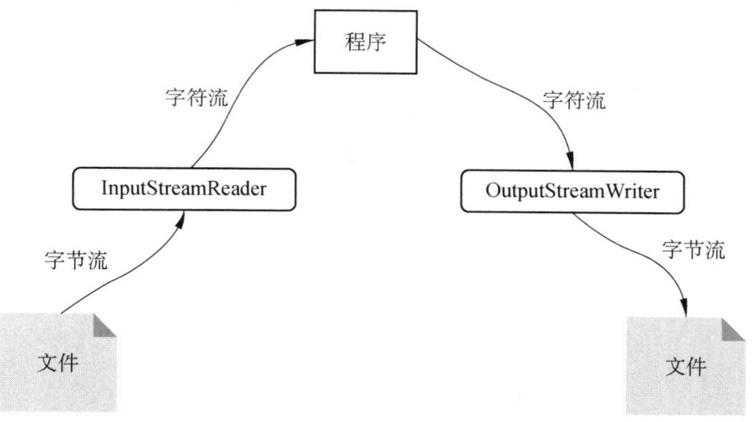

图 11-17　转换流作用示意图

11.7.1　OutputStreamWriter 类

转换输出流 OutputStreamWriter 类的基类为 Writer 类。它的作用是可以按照指定的编码将写入流中的字符编码为字节输出，如示例 11-11 所示。

【示例 11-11】OutputStreamWriter 类的使用。

```
import java.io.*;
```

```
public class Test05 {
  public static void main(String[ ] args) throws IOException {
    // 定义一个字符串
    String str = "我爱 Java";
    // 创建流：指定"GBK" 编码，将字符编码为字节输出
    OutputStreamWriter osw =
        new OutputStreamWriter(new FileOutputStream("d:\\Demo2.txt"), "GBK");
    osw.write(str);
    // 关闭流
    osw.close();
  }
}
```

示例 11-11 的运行结果如图 11-18 所示。

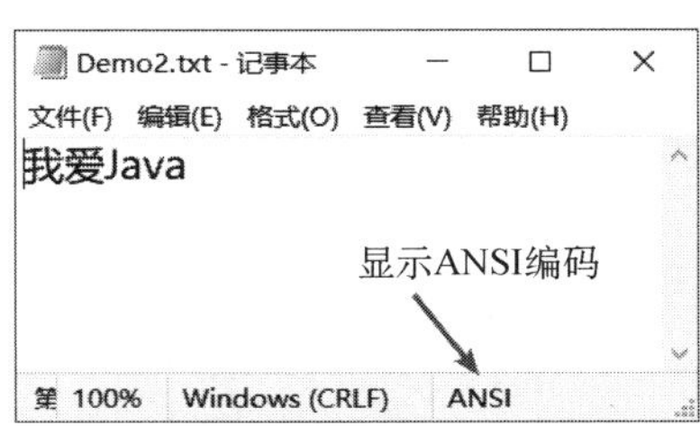

图 11-18　示例 11-11 运行结果

示例 11-11 中创建了 OutputStreamWriter 对象，在构造方法中传入了字节输出流和指定的编码，通过 OutputStreamWriter 对象的 write 方法，把字符转换为字节写入底层缓冲区中，然后在关闭流的同时完成刷新操作，将内存缓冲区中的字节刷新到文件中。程序中编码为 UTF-8，查看 D 盘符下的 Demo2.txt 文件，发现其编码为 ANSI，ANSI 使用的是系统默认编码 GBK。

11.7.2　InputStreamReader 类

转换输入流 InputStreamReader 类的基类为 Reader 类。它的作用是可以按照指定的编码读取字节并将其解码为字符。如图 11-19 所示，D 盘下 Demo2.txt 文件的编码格式为 GBK。

图 11-19　D 盘下 Demo2.txt 文件

【示例 11-12】InputStreamReader 类的使用。

```
import java.io.*;

public class Test6 {
  public static void main(String[ ] args) throws IOException {
```

```
        // 创建流：指定的编码读取字节并将其解码为字符
        InputStreamReader isr =
          new InputStreamReader(new FileInputStream("d:\\Demo2.txt"), "GBK");
        // 开始读取
        int n = isr.read();
        while(n != -1){
          // 将读取结果展示在控制台
          System.out.println((char)n);
          n = isr.read();
        }
        // 关闭流
        isr.close();
    }
}
```

示例 11-12 的运行结果如图 11-20 所示。

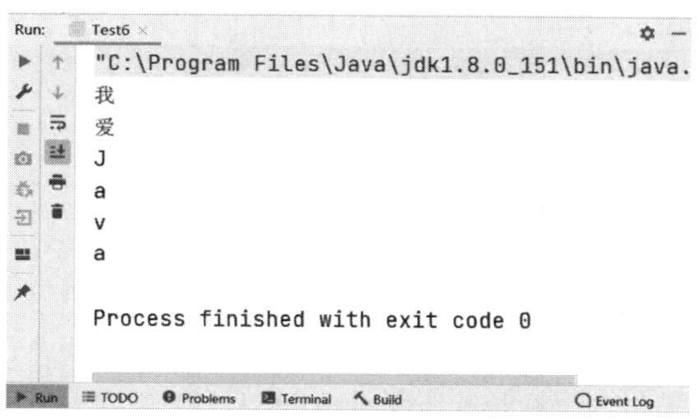

图 11-20　示例 11-12 运行结果

示例 11-12 中创建了 InputStreamReader 对象，在构造方法中传入了字节输入流和指定的编码，将 GBK 编码的文件中内容读入到程序中。需要注意的是，构造方法中指定的编码要和文件的编码相同，否则会出现乱码的情况。

11.8　打印流

打印流属于输出流的一种，打印流按照处理单元可以划分为两种：字节打印流（PrintStream）、字符打印流（PrintWriter）。

11.8.1　PrintStream 类

其实字节打印流（PrintStream）一直在被使用，只是因为没有特意声明过，所以不得而知。实现控制台输出的 Java 语句为 System.out.println("");，因为使用非常顺畅，也从来没有考虑过这句话的语法结构到底是怎样的。接下来分析一下它的结构。

System 类是系统提供的非常常用的一个类，位于 java.lang 包中，所以可以直接使用无须导入 java.lang 包。System 类下有一个属性 out，它可以获取标准输出流，该流就是 PrintStream 字节打印流，语法结构如下所示。

```
PrintStream out = System.out;
```

PrintStream 类下有两个常用方法：print 和 println 方法，可以打印各种数据类型。但是两种方法的最终效果是有区别的，如示例 11-13 所示。

【示例 11-13】PrintStream 类的使用。

```
import java.io.PrintStream;

public class Test7 {
  public static void main(String[ ] args) {
    // 获取字节打印流
    PrintStream out = System.out;
    // 调用打印方法
    out.print("java");
    out.print(true);
    out.print(666);
    out.println("java");
    out.println(true);
    out.println(666);
  }
}
```

示例 11-13 的运行结果如图 11-21 所示。

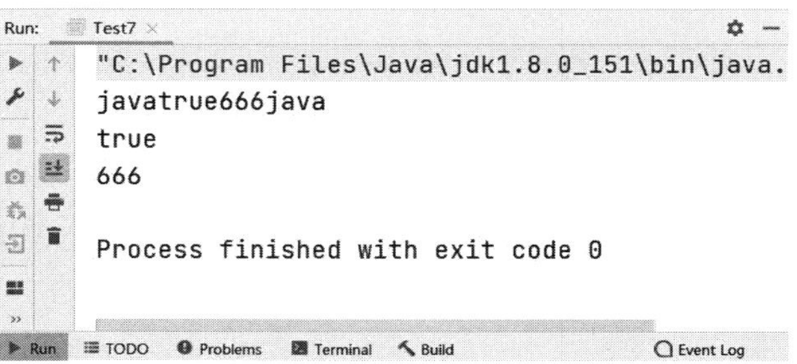

图 11-21　示例 11-13 运行结果

从示例 11-13 运行结果可以看出，print 方法将数据打印但是不换行，println 方法将数据打印并换行。习惯的写法是直接合并，如下所示。

```
System.out.println(数据);
System.out.print(数据);
```

11.8.2　PrintWriter 类

可以通过字符打印流（PrintWriter）将数据直接输出到目标文件中，如示例 11-14 所示。

【示例 11-14】PrintWriter 类。

```
import java.io.FileNotFoundException;
import java.io.FileOutputStream;
import java.io.PrintWriter;
```

```
public class Test8 {
  public static void main(String[ ] args) throws FileNotFoundException {
    // 创建字符打印流，并输出内容到目标文件
    PrintWriter pw = new PrintWriter(new FileOutputStream("d:// demo3.txt"));
    // 将指定内容输出
    pw.println("你好，我爱我的祖国");
    // 关闭流
    pw.close();
  }
}
```

生成的文件如图 11-22 所示。

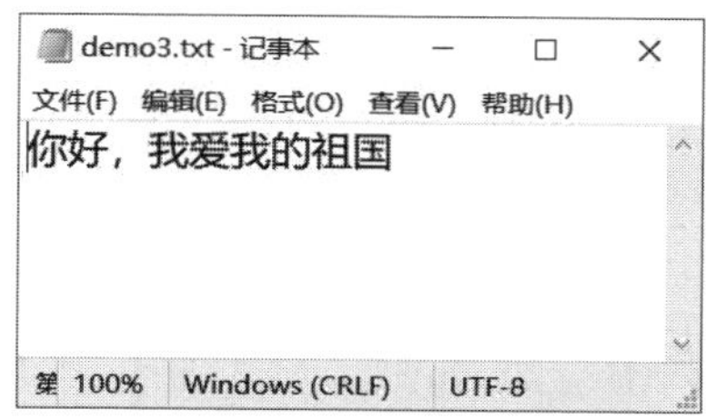

图 11-22　D 盘下 demo3.txt 文件

11.9　数据流 

数据流按照方向可以分为两种：数据输入流（DataInputStream）、数据输出流（DataOutputStream）。数据流一般与机器/平台无关地操作基本数据类型，常被用于网络传输，将数据输入流与数据输出流结合可以直接读取数据，DataInputStream 将文件中存储的基本数据类型或字符串写入内存的变量中，DataOutputStream 将内存中的基本数据类型或字符串的变量写出文件中。

【示例 11-15】DataOutputStream 的使用。

```
import java.io.*;

public class Test9 {
  public static void main(String[ ] args) throws IOException {
    // DataOutputStream:  将内存中的基本数据类型和字符串的变量写出文件中
    DataOutputStream dos = new DataOutputStream(new FileOutputStream(new File("d:\\Demo4.txt")));
    // 向外将变量写到文件中去
    dos.writeBoolean(false);
    dos.writeDouble(6.9);
    dos.writeInt(82);
    dos.writeUTF("你好");
    // 关闭流
    dos.close();
  }
}
```

运行示例 11-15，生成的文件如图 11-23 所示。

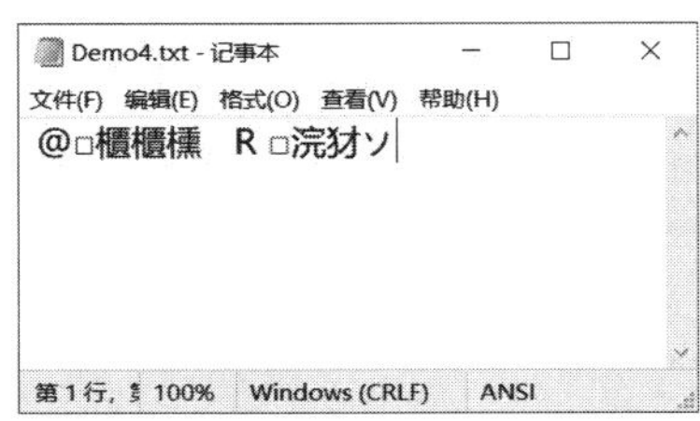

图 11-23　示例 11-15 运行结果

打开 D 盘下的 Demo4.txt 文件发现，文件中的内容根本看不懂，不过不用着急，因为这个文件不是给开发者看的，而是给程序看的，可以编写一段程序读取文件中的内容。

【示例 11-16】DataInputStream 的使用。

```
import java.io.*;

public class Test10 {
   public static void main(String[ ] args) throws IOException {
      // DataInputStream:将文件中存储的基本数据类型和字符串写入内存的变量中
      DataInputStream dis = new DataInputStream(new FileInputStream(new File("d:\\Demo4.txt")));
      // 将文件中内容读取到程序中来
      System.out.println(dis.readBoolean());
      System.out.println(dis.readDouble());
      System.out.println(dis.readInt());
      System.out.println(dis.readUTF());
      // 关闭流
      dis.close();
   }
}
```

示例 11-16 的运行结果如图 11-24 所示。

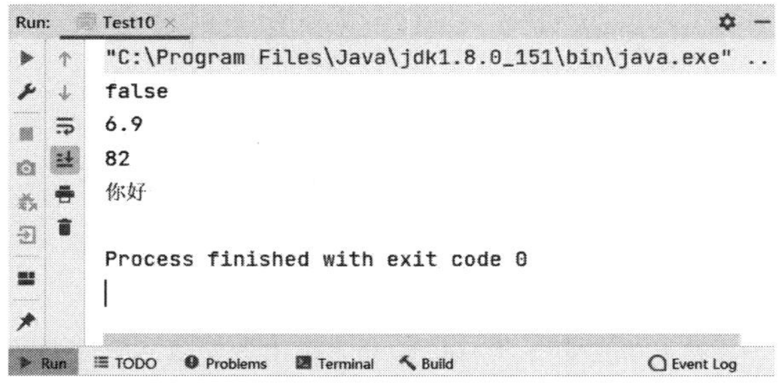

图 11-24　示例 11-16 运行结果

11.10　对象流、序列化、反序列化

对象流是一种用于存储/读取基本数据类型或对象的处理流。按照方向可以将对象流分为两种：对象输入流（ObjectInputStream）、对象输出流（ObjectOutputStream）。对象流的强大之处在于，它可以把 Java 中的对象写入数据源中，也可以把对象从数据源中还原回来。

利用对象输出流（ObjectOutputStream）可以将内存中的对象转换成平台无关的二进制数据写入文件中，如示例 11-17 所示，将一个字符串对象写入文件中。

【示例 11-17】使用 ObjectOutputStream 流写出字符串对象。

```
import java.io.*;

public class Test11 {
  // 这是一个main 方法，是程序的入口
  public static void main(String[ ] args) throws IOException {
    // 创建对象输出流并在构造器中传入字节流和指定文件
    ObjectOutputStream oos = new ObjectOutputStream(new FileOutputStream(new File("D:\\Demo5.txt")));
    // 将内存中的字符串写出到文件中
    oos.writeObject("你好");
    // 关闭流
    oos.close();
  }
}
```

运行示例 11-17，生成的文件如图 11-25 所示。

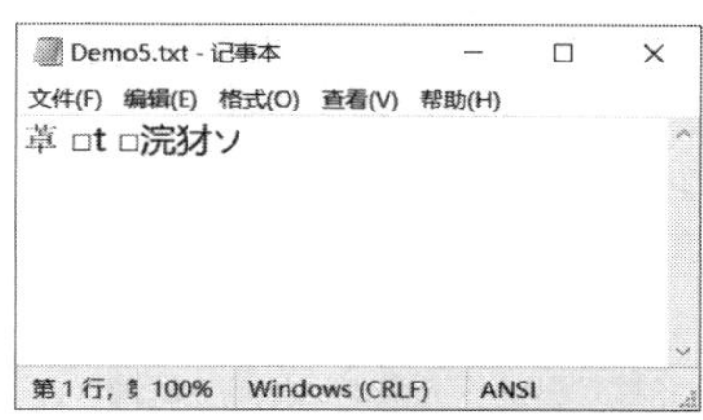

图 11-25　示例 11-17 运行结果

通过示例 11-17 的运行结果发现，字符串可以通过对象流写入到指定文件中，但是打开文件后发现文件中的内容看不懂，因为这个文件并不是给开发者看的，而是给程序看的，仅供给程序读取，利用对象输入流可以将该文件中的内容还原到程序中，如示例 11-18 所示。

【示例 11-18】使用 ObjectInputStream 流读取字符串对象。

```
import java.io.File;
import java.io.FileInputStream;
import java.io.IOException;
import java.io.ObjectInputStream;

public class Test12 {
  // 这是一个main 方法，是程序的入口
  public static void main(String[ ] args) throws IOException, ClassNotFoundException {
    // 将文件中保存的字符串读入到内存中
    ObjectInputStream ois = new ObjectInputStream(new FileInputStream(new File("D:\\Demo5.txt")));
    // 读取
    String s = (String)(ois.readObject());
    System.out.println("还原的字符串为：" + s);
    // 关闭流
    ois.close();
  }
}
```

示例11-18的运行结果如图11-26所示。

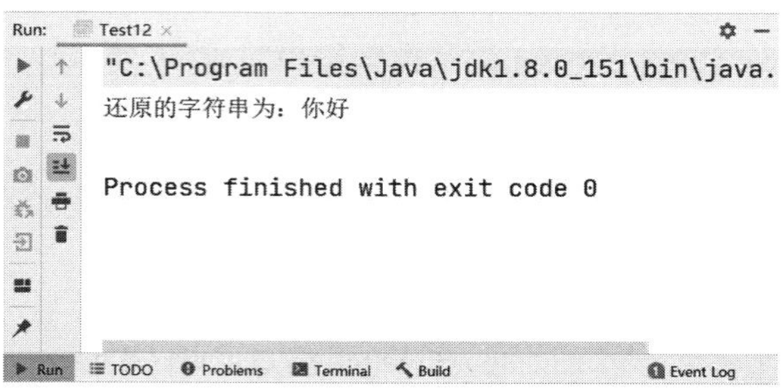

图11-26　示例11-18运行结果

从示例11-18的运行结果看出，通过对象输入流可以成功将文件中的内容还原到程序中来。

通过ObjectOutputStream类把内存中的Java对象转换成平台无关的二进制数据，从而允许把这种二进制数据持久地保存在磁盘上，或通过网络将这种二进制数据传输到另一个网络节点的过程叫作序列化。利用ObjectInputStream类在其他程序中获取这种二进制数据还原Java对象的过程叫反序列化。

示例11-18中操作的对象是字符串对象，如果操作的是自定义类的对象可以吗？首先自定义一个Person类，如示例11-19所示。

【示例11-19】自定义Person类。

```
public class Person {
  // 属性
  private String name;
  private int age;
  // setter、getter 方法
  public String getName() {
    return name;
  }
  public void setName(String name) {
    this.name = name;
  }
  public int getAge() {
    return age;
  }
  public void setAge(int age) {
    this.age = age;
  }
  // 构造器
  public Person() {
  }
  public Person(String name, int age) {
    this.name = name;
    this.age = age;
  }
}
```

自定义好Person类后，将Person对象进行序列化操作，然后写入指定的文件中，如示例11-20所示。

【示例 11-20】将 Person 对象进行序列化操作。

```
import java.io.*;

public class Test13 {
  // 这是一个main 方法，是程序的入口
  public static void main(String[ ] args) throws IOException {
    // 序列化：将内存中对象写入文件中
    // 创建 Person 对象
    Person p = new Person("丽丽",19);
    // 利用对象流，传入字节流和指定文件
    ObjectOutputStream oos = new ObjectOutputStream(new FileOutputStream(new File("D:\\Demo6.txt")));
    // 写入文件中
    oos.writeObject(p);
    // 关闭流
    oos.close();
  }
}
```

运行示例 11-20 后发现程序报错，如图 11-27 所示。

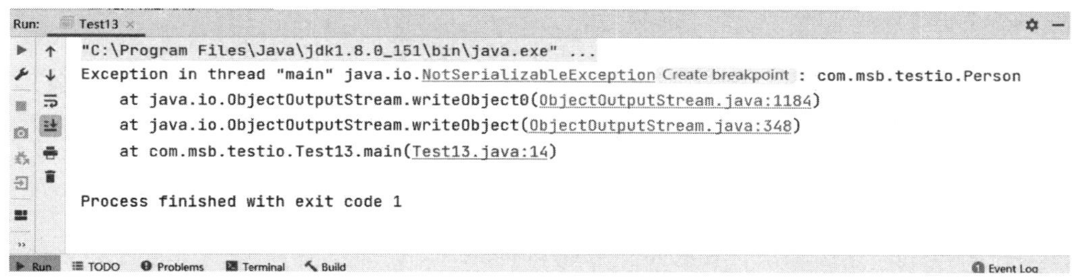

Run:
Test13
"C:\Program Files\Java\jdk1.8.0_151\bin\java.exe" ...
Exception in thread "main" java.io.NotSerializableException Create breakpoint : com.msb.testio.Person
at java.io.ObjectOutputStream.writeObject0(ObjectOutputStream.java:1184)
at java.io.ObjectOutputStream.writeObject(ObjectOutputStream.java:348)
at com.msb.testio.Test13.main(Test13.java:14)
Process finished with exit code 1
Run
TODO
Problems
Terminal
Build
Event Log

图 11-27　示例 11-20 运行结果

自定义类的对象在序列化时出错，异常类型为 NotSerializableException，即未序列化异常。观察一下为何 String 对象可以序列化，自定义类的对象不能序列化，原因出在哪里呢？打开 String 类的源码，如下所示。

```
public final class String
  implements java.io.Serializable, Comparable<String>, CharSequence { }
```

在 String 类的底层实现了一个接口：Serializable 接口，这个接口的定义如下。

```
public interface Serializable {
}
```

发现在接口中没有任何定义，那么这个接口存在的意义是什么呢？这个接口代表了一种序列化的能力，只要实现这个接口的类，都可以进行序列化。自定义的 Person 类之所以不能序列化，是因为没有实现这个具备序列化能力的接口，所以只要实现了这个接口，就可以将 Person 对象进行序列化。

【示例 11-21】自定义 Person 类实现序列化接口。

```
public class Person implements Serializable {
  // 属性
  private String name;
```

```
    private int age;
    // setter、getter 方法
    public String getName() {
        return name;
    }
    public void setName(String name) {
        this.name = name;
    }
    public int getAge() {
        return age;
    }
    public void setAge(int age) {
        this.age = age;
    }
    // 构造器
    public Person() {
    }
    public Person(String name, int age) {
        this.name = name;
        this.age = age;
    }
}
```

将 Person 类序列化以后，再运行示例 11-20，程序执行成功即可将 Person 类对象写入指定的 Demo6.txt 文件中，如图 11-28 所示。

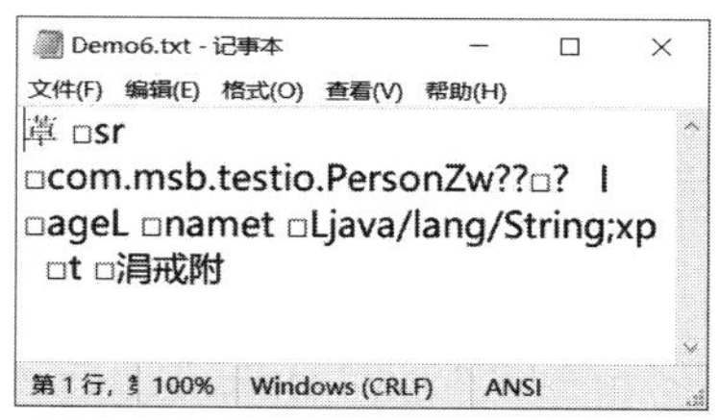

图 11-28　示例 11-20 运行结果

将对象反序列化，把对象从文件中还原到程序中，如示例 11-22 所示。

【示例 11-22】对象反序列化。

```
import java.io.*;

public class Test14 {
    // 这是一个main 方法，是程序的入口
    public static void main(String[ ] args) throws ClassNotFoundException, IOException {
        // 创建对象流：传入字节流、指定文件
        ObjectInputStream ois = new ObjectInputStream(new FileInputStream(new File("D:\\Demo6.txt")));
        // 将 Person 对象读入内存
        Person p = (Person)(ois.readObject());
        System.out.println("还原 p 对象为：" + p);
        // 关闭流
        ois.close();
    }
}
```

示例 11-22 的运行结果如图 11-29 所示。

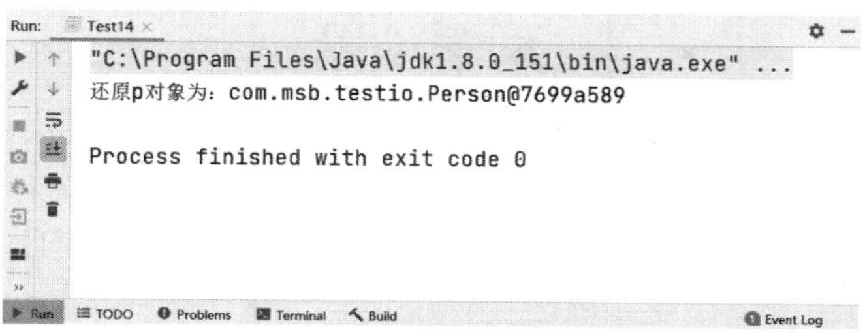

图 11-29　示例 11-22 运行结果

在序列化和反序列化的过程中，为了确保操作对象是一致的，需要定义序列化版本号（serialVersionUID）。通过序列化版本号可以确保操作对象的一致性。在 Person 类中加入序列化版本号，如示例 11-23 所示。

【示例 11-23】加入序列化版本号。

```
import java.io.Serializable;

public class Person implements Serializable {
  // 加入序列化版本号
  private static final long serialVersionUID = 1L;
  // 属性
  private String name;
  private int age;
  // setter、getter 方法
  public String getName() {
    return name;
  }
  public void setName(String name) {
    this.name = name;
  }
  public int getAge() {
    return age;
  }
  public void setAge(int age) {
    this.age = age;
  }
  // 构造器
  public Person() {
  }
  public Person(String name, int age) {
    this.name = name;
    this.age = age;
  }
}
```

序列化版本号 serialVersionUID 用来表明类的不同版本间的兼容性，即使在序列化以后改变了类中的内容，只要 serialVersionUID 一致，就可以进行反序列化等操作。

本章小结

由于单纯地通过 File 类无法完成文件内容的操作，本章通过讲解各种 I/O 流对文件内容进行读写操作。读者应掌握如何使用字节流、字符流、缓冲流、转换流、打印流、数据流、对象流、序列化和反序列化。

练习题

一、填空题

1. Java I/O 流可以分为____________和处理流两大类，其中前者处于 I/O 操作的第一线，所有操作必须通过它们进行。

2. 输入流的唯一目的是提供通往数据的通道，程序可以通过这个通道读取数据，____________方法给程序提供了一个从输入流中读取数据的基本方法。

3. read() 方法从输入流中顺序读取源中的单个字节数据，该方法返回字节值（0～255 的一个整数），如果到达源的末尾，该方法返回____________。

4. ____________是指将 Java 对象转换成字节序列，从而可以保存到磁盘上，也可以在网络上传输，使得不同的计算机可以共享对象。

5. Java I/O 体系中，____________是字节输入流，不仅提供了存取所有 Java 基本类型数据（如 int、double 等）和 String 的方法，也提供了存取对象的方法。

二、选择题（单选/多选）

1. 在 Java 中，下列关于读写文件的描述错误的是（　　）。

A. Reader 类的 read()方法用来从源中读取一个字符的数据

B. Reader 类的 read(int n)方法用来从源中读取一个字符的数据

C. Writer 类的 write(int n)方法用来向输出流写入单个字符

D. Writer 类的 write(String str)方法用来向输出流写入一个字符串

2. 关于如下代码的说法正确的选项是（　　）。

```
public class TestBuffered {
    public static void main(String[] args) throws IOException {
        BufferedReader br = new BufferedReader(new FileReader("d:/bjsxt1.txt"));
        BufferedWriter bw = new BufferedWriter(new FileWriter("d:/bjsxt2.txt"));
        String str = br.readLine();
        while(str !=null){
                bw.write(str);
                bw.newLine();
                str = br.readLine();
        }
```

```
        br.close();
        bw.close();
    }
}
```

A. 该类使用字符流实现了文件的复制，将 d:/bjsxt1.txt 复制为 d:/bjsxt2.txt

B. FileReader 和 FileWriter 是处理流，直接从文件读写数据

C. BufferedReader 和 BufferedWriter 是节点流，提供缓冲区功能，提高读写效率

D. readLine()可以读取一行数据，返回值是字符串类型，简化了操作

第 12 章

多线程

本章学习目标

- 了解程序、进程、线程。
- 掌握创建线程的三种方式。
- 掌握线程的生命周期。
- 掌握线程同步。
- 掌握线程通信问题。
- 了解线程池。

12.1 程序、进程、线程

程序是开发者为了完成某个特定的功能，利用某种语言编写的一组有序的指令集合，是一段静态的代码。如图 12-1 所示为计算机上利用不同语言编写的应用程序。

图 12-1　计算机上的应用程序

这些应用程序都是静止的，在没运行之前只能称之为程序，一旦程序运行，就会在内存中开辟空间用来存储程序产生的临时数据。程序在运行后产生了进程，进程是资源分配的单位。例如，将图 12-1 中的 Typora 程序运行以后，就可以在"任务管理器"→"进程"选项卡中看到对应的进程，如图 12-2 所示。

进程进一步细化，内部可以有 1～n 个线程，这些线程共享该进程的资源。一个进程下可以只有一个线程，如果有多个线程，表示该进程支持多线程，多线程会争抢进程提供的内存资源。进程和线程的关系如图 12-3 所示。

线程可以理解为进程内部的一条执行路径，一个 CPU 在一个时间片下只能处理一个线程。

在第 12 章以前写过的程序中，是单线程的还是多线程的呢？利用 main 方法作为程序的入口，main 方法即为程序的主线程，同时还有两个线程同时存在：一个是垃圾回收机制的线程、另一个是异常处理的线程。

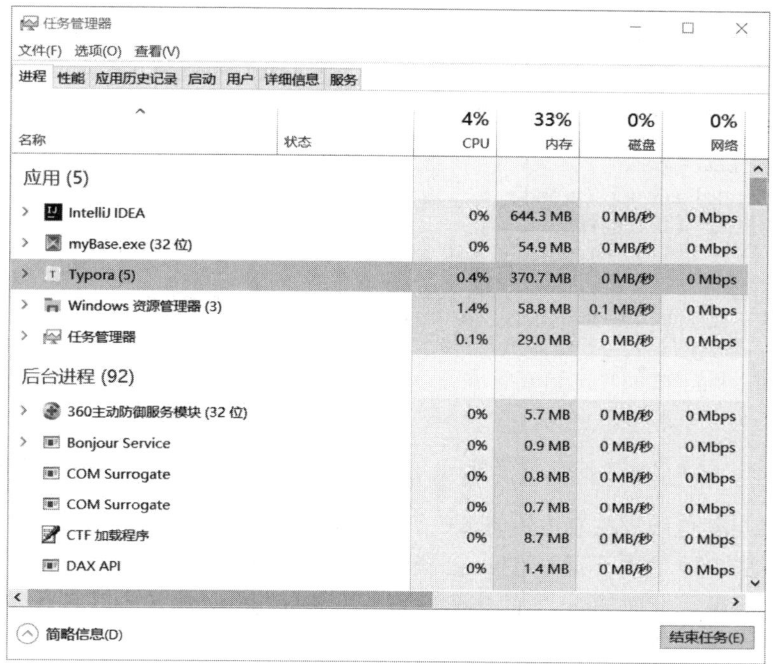

图 12-2　Typora 程序运行后产生进程

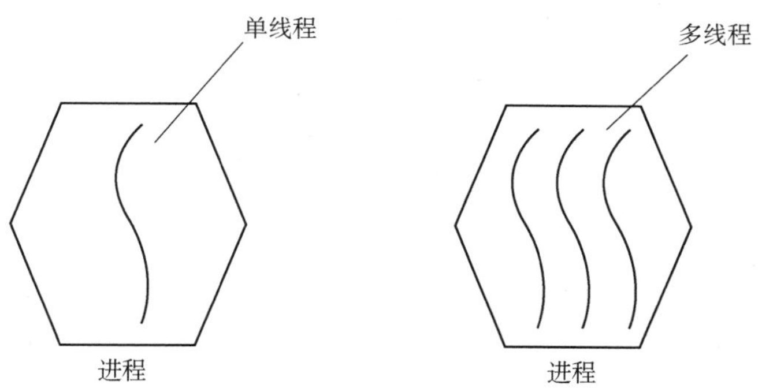

图 12-3　进程和线程的关系

本章重点对线程进行讲解。

12.2　创建线程的三种方式

Java 语言的特色之一就是支持多线程，Java 中提供了三种创建线程的方式，本节逐一对这三种创建方式进行讲解，通过本节的学习，更能清楚线程之间争抢资源的现象。

12.2.1　继承 Thread 类方式

一个普通的类并没有多线程能力，要想成为线程类，需要继承 Thread 类。Thread 类专门提供多线

程操作能力，一旦继承，该类就变成线程类，除此之外还要重写 Thread 类中提供的run() 方法。该线程类的任务就是定义在run() 方法中，run() 方法中的内容可以成为线程体。

【示例 12-1】继承 Thread 类变成线程类。

```
// 继承 Thread 类变成线程类
public class TestThread extends Thread{
  // 重写 run() 方法，定义线程的任务
  @Override
  public void run() {
    // 编写线程体：在 TestThread 的线程任务中编写 --》输出 1～10 数字
    for (int i = 1; i <= 10; i++) {
      System.out.println("TestThread = " + i);
    }
  }
}
```

该线程任务可以与其他线程共享进程资源、争抢 CPU 资源，任务执行需要启动线程，启动线程并不是直接调用 run() 方法，而是需要通过 Thread 类中的 start() 方法进行启动。类中的 main 方法中创建 TestThread 线程类的对象，此时 main 方法作为主线程，TestThread 类这个线程称为子线程。

【示例 12-2】创建测试类并创建子线程对象。

```
public class Test01 {
  public static void main(String[ ] args) {
    // 主线程中也要输出 10 个数，在创建子线程之前执行
    for (int i = 1; i <= 10 ; i++) {
      System.out.println("main1 = " + i);
    }

    // 制造其他线程，要跟主线程争抢资源
    // 具体的线程对象：子线程
    TestThread tt = new TestThread();
    // 通过 Thread 类中的 start()方法启动线程
    tt.start();

    // 主线程中也要输出 10 个数，在创建子线程之后执行
    for (int i = 1; i <= 10 ; i++) {
      System.out.println("main2 = " + i);
    }
  }
}
```

示例 10-2 运行后，一共会产生 4 个线程：main 方法的主线程，TestThread 类的子线程，处理异常的线程，垃圾回收线程。如图 12-4 所示。

其中异常处理线程、垃圾回收线程可忽略不计。首先会执行主线程，在主线程中会优先执行 1～10 个数字的输出，在 10 个数字输出以后，创建了子线程并启动线程。此时开始，子线程和主线程争抢 CPU 的资源，子线程中 10 个数和主线程中 10 个数的输出会交替进行，谁先抢到 CPU 资源，谁先执行，运行结果如图 12-5 所示。

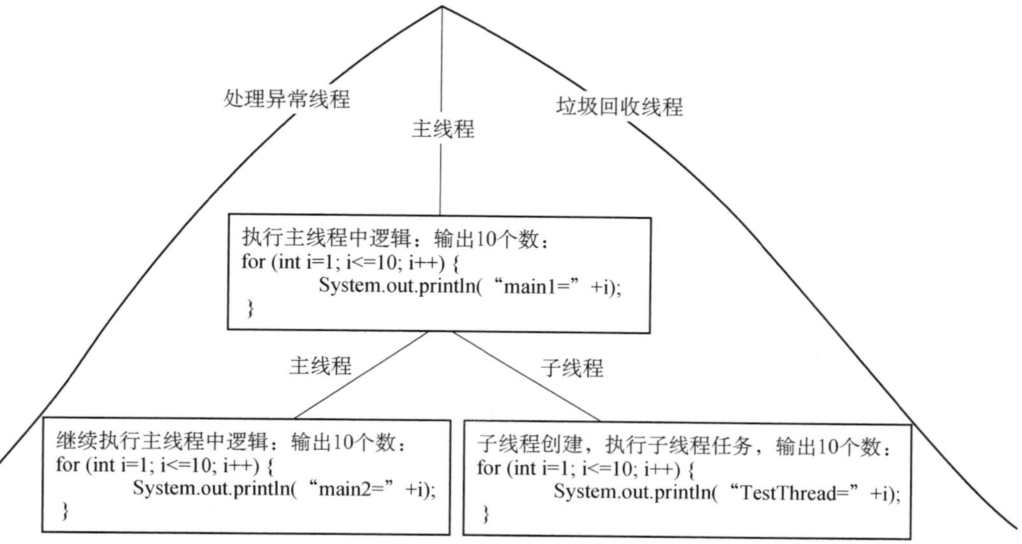

图 12-4　示例 12-2 中线程分析

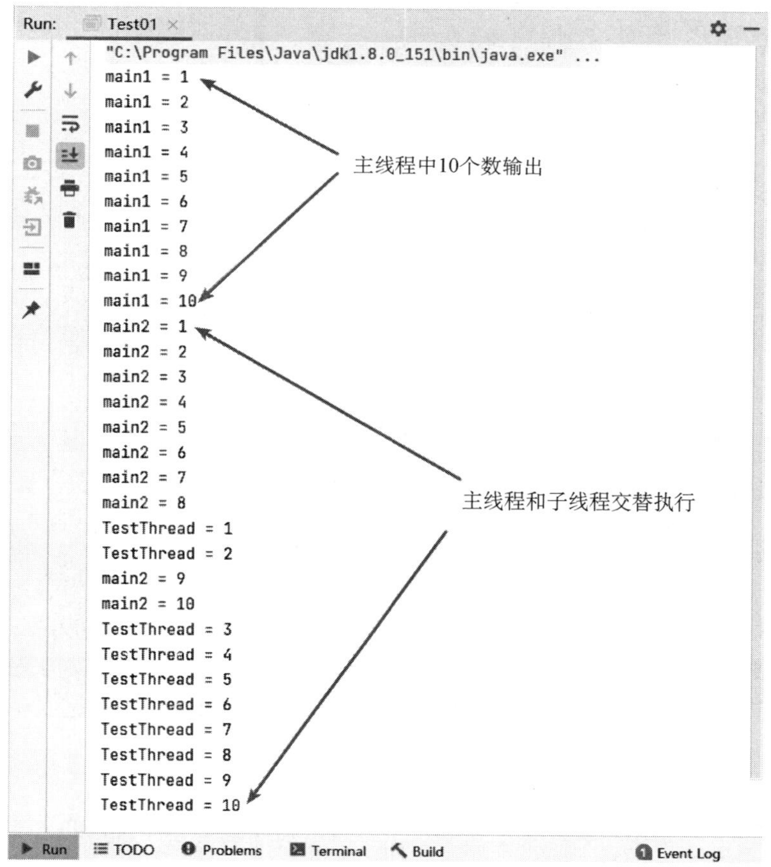

图 12-5　示例 12-2 运行结果

12.2.2 实现 Runnable 接口方式

除了继承 Tread 类之外，还可以通过实现 Runnable 接口的方式将一个普通类变为线程类，即实现 Runnable 接口，重写 run()方法，如示例 12-3 所示。

【示例 12-3】实现 Runnable 接口变成线程类。

```
public class TestRunnable implements Runnable{
  @Override
  public void run() {
    // 编写线程体：在 TestRunnable 的线程任务中编写 --》输出 1～10 数字
    for (int i = 1; i <= 10; i++) {
      System.out.println("TestRunnable = " + i);
    }
  }
}
```

创建一个测试类 Test02，在主线程和子线程中分别输出数字，如示例 12-4 所示。

【示例 12-4】创建测试类并创建子线程对象。

```
public class Test02 {
  public static void main(String[ ] args) {
    // 主线程中也要输出 10 个数，在创建子线程之前执行
    for (int i = 1; i <= 10 ; i++) {
      System.out.println("main1 = " + i);
    }

    // 制造其他线程，要跟主线程争抢资源
    // 具体的线程对象：子线程
    TestRunnable tr = new TestRunnable();
    // 创建 Thread 的类并传入 tr 对象
    Thread t = new Thread(tr);
    // 启动线程
    t.start();

    // 主线程中也要输出 10 个数，在创建子线程之后执行
    for (int i = 1; i <= 10 ; i++) {
      System.out.println("main2 = " + i);
    }
  }
}
```

其中创建线程对象以后，不可以直接调用 start()方法进行启动，start()方法属于 Thread 类中提供的方法，所以需要将线程类与 Thread 类结合，Thread 类提供了一个带参构造器，可将 Runnable 接口的实现类传入 Thread 类中的带参构造器中，从而可以调用 start()方法进行启动，示例 12-4 的运行结果如图 12-6 所示。

12.2.3 实现 Callable 接口方式

对比第一种和第二种创建线程的方式发现，无论用继承 Thread 类的方式还是用实现 Runnable 接口的方式，在创建线程时都需要重写 run()方法，一旦重写就有不足，因为 run()方法的返回值只能为 void

类型，不能抛出异常。基于以上两种不足，在 JDK1.5 以后出现了第三种创建线程的方式——实现 Callable 接口。

图 12-6　示例 12-4 运行结果

在示例 12-5 中，创建一个子线程产生了 10 以内的随机数，TestRandomNum 类实现 Callable 接口，同时加入指定的泛型<Integer>，重写 call()方法。call()方法的返回值类型即为泛型<Integer>类型，同时可以抛出异常。

【示例 12-5】实现 Callable 接口变成线程类。

```
import java.util.Random;
import java.util.concurrent.Callable;

public class TestRandomNum implements Callable<Integer> {
  /*
  1.实现 Callable 接口时可以不带泛型，如果不带泛型，那么 call()方法的返回值就是 Object 类型
  2.如果带泛型，那么 call()方法的返回值就是泛型对应的类型
  3.从 call()方法看到：方法有返回值，可以抛出异常
  */
  @Override
  public Integer call() throws Exception {
```

```
        return new Random().nextInt(10);// 返回 10 以内的随机数
    }
}
```

创建一个测试类 Test03，在其中创建子线程对象 TestRandomNum()，如示例 12-6 所示。

【示例 12-6】创建测试类并创建子线程对象。

```
import java.util.concurrent.ExecutionException;
import java.util.concurrent.FutureTask;

public class Test03 {
    // 这是 main 方法，程序的入口
    public static void main(String[ ] args) throws InterruptedException, ExecutionException {
        // 定义一个线程对象
        TestRandomNum trn = new TestRandomNum();
        // 创建一个 FutureTask 对象，构造器中传入线程对象
        FutureTask ft = new FutureTask(trn);
        // 创建 Thread 类，构造器中传入 FutureTask 对象
        Thread t = new Thread(ft);
        // 调用 start() 方法启动线程
        t.start();
        // 获取线程得到的返回值
        Object obj = ft.get();
        // 输出结果
        System.out.println(obj);
    }
}
```

TestRandomNum 类对象不能直接调用 Thread 类中的 start() 方法，需要先通过构造器封装为 FutureTask 对象，然后再通过构造器封装为 Thread 类的对象才能调用到 start() 方法，该调用过程稍显复杂。

12.3 线程的生命周期

任何事物都是有生命周期的，例如，人从出生到死亡的整个阶段，称之为人的生命周期。一个程序中的变量从创建到在内存中消失，称之为变量的生命周期。线程也是同样道理，从线程创建到在内存中消失，整个过程称之为线程的生命周期。线程的生命周期示意图如图 12-7 所示。

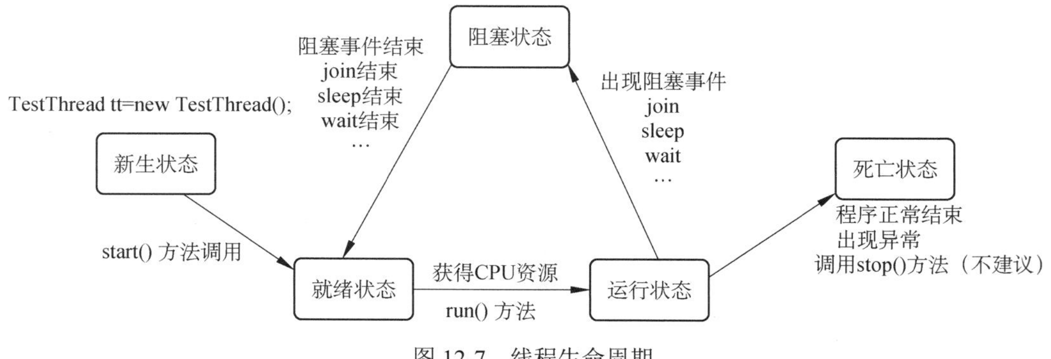

图 12-7 线程生命周期

利用 new 关键字创建一个线程对象，该线程属于新生状态。

新生状态的线程调用 start() 方法启动线程以后，线程进入就绪状态，此时万事俱备，只欠 CPU 的调度，一旦获得了 CPU 的资源，在执行了 run()或 call()方法中的任务以后，该线程就进入到运行状态。

运行状态的线程会执行线程任务，如果程序正常结束，会进入死亡状态；如果程序出现未捕获的异常，也会进入死亡状态；如果主动调用 stop() 方法，也会提前结束线程，进入死亡状态。

运行状态的线程如果出现阻塞事件，就会进入阻塞状态中。阻塞状态相当于线程的“休息状态”，导致阻塞的事件何时结束，何时线程才会结束阻塞状态重新进入到就绪状态，再次等待 CPU 的调度。

12.4　线程的常用方法

Thread 类中提供了很多关于操作线程的方法，接下来逐一讲解。

1. currentThread()方法获取当前线程对象

currentThread()方法是一个静态方法，可以通过类名.方法名的方式调用，该方法用于获取当前线程对象，如示例 12-7 所示。

【示例 12-7】currentThread()方法的使用。

```
public class Test04 {
   public static void main(String[ ] args) {
      // 获取当前主线程对象
      Thread thread = Thread.currentThread();
      // 对象输出
      System.out.println("获取当前线程对象为：" + thread);
   }
}
```

示例 12-7 的运行结果如图 12-8 所示。

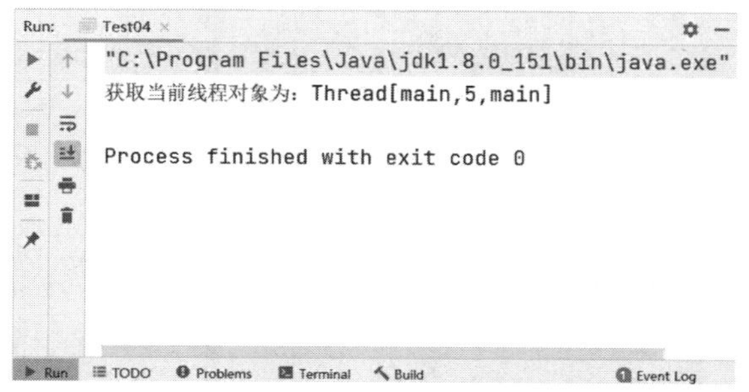

图 12-8　示例 12-7 运行结果

2. 设置读取线程名字

可以为每个线程设置名字用以区分不同的线程。setName(String name)方法可以设置线程名字，getName()方法可以读取线程名字。

【示例 12-8】设置读取线程名字方法的使用。

```
public class Test05 {
  public static void main(String[ ] args) {
    // 获取当前主线程对象
    Thread thread = Thread.currentThread();
    // 设置线程名字
    thread.setName("主线程");
    // 读取线程名字
    System.out.println(thread.getName());
  }
}
```

3. 设置读取线程优先级别

可以为线程设置优先级别，如果优先级别高，优先被CPU调度的概率就高。优先级别由低到高是1～10 级，默认的优先级别为5。示例12-9 中，将线程2 的优先级别设置为7，线程1 使用默认优先级别5，观察一下哪个线程被优先调度。其中setPriority(int newPriority)方法用于设置线程的优先级别，getPriority()方法用于读取线程的优先级别。

【示例 12-9】创建线程并设置优先级别。

```
public class TestThread01 extends Thread {
  @Override
  public void run() {
    for (int i = 1; i <= 10; i++) {
      System.out.println(this.getName() + "---" + i + "---" + this.getPriority());
    }
  }
}
class TestThread02 extends Thread{
  @Override
  public void run() {
    for (int i = 1; i <= 10 ; i++) {
      System.out.println(this.getName() + "---" + i + "---" + this.getPriority());
    }
  }
}
class Test{
  // 这是main 方法，程序的入口
  public static void main(String[ ] args) {
    // 创建两个子线程，让这两个子线程争抢资源
    // 创建线程1
    TestThread01 t1 = new TestThread01();
    // 设置线程1 名字
    t1.setName("线程1");
    // 启动线程1
    t1.start();
    // 创建线程2
    TestThread02 t2 = new TestThread02();
    // 设置线程2 名字
    t1.setName("线程2");
```

```
        // 设置线程2优先级别为7
        t2.setPriority(7);
        // 启动线程2
        t2.start();
    }
}
```

示例 12-9 的运行结果如图 12-9 所示。

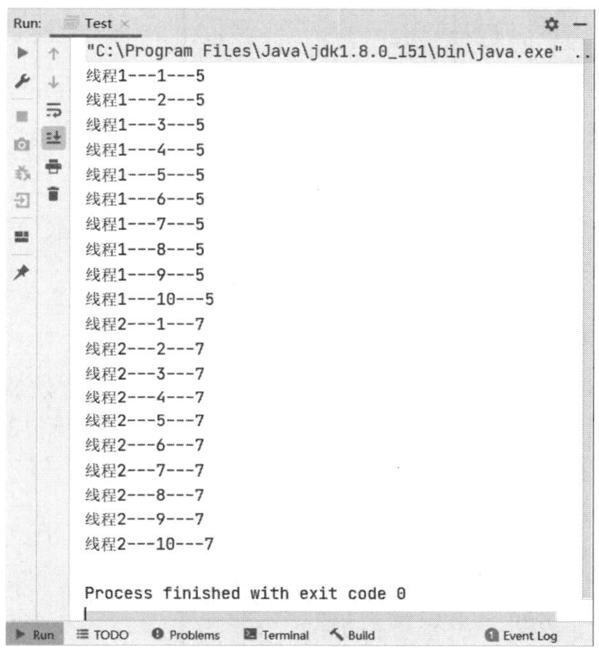

图 12-9　示例 12-9 运行结果

示例 12-9 中分别创建了线程类 TestThread01 和 TestThread02，在测试类 Test 中创建了线程对象，设置了线程名字，并设置了优先级别。多次运行程序发现，优先级别高的线程 2 并没有被优先调度，只是优先被调度的概率高而已。

4. 设置线程休眠时间

通过 sleep(long millis)方法可以在指定的毫秒数内让当前正在执行的线程休眠，该方法传入的参数为毫秒数。

【示例 12-10】sleep 方法的使用。

```
public class Test06 {
    public static void main(String[ ] args) throws InterruptedException {
        System.out.println("执行逻辑 1");
        // 主线程休眠 3 秒，3 秒 = 3000 毫秒
        Thread.sleep(3000);
        System.out.println("执行逻辑 2");
    }
}
```

示例 12-10 的运行结果如图 12-10 所示。

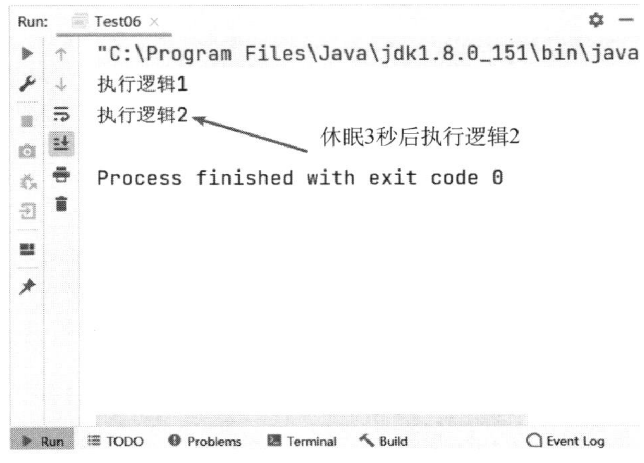

图 12-10　示例 12-10 运行结果

5. 将线程标记为守护线程

setDaemon（boolean on）方法的作用是将线程标记为守护线程，方法的参数为布尔类型。如果传入值为 true，则将该线程标记为守护线程。什么是守护线程呢？通过示例 12-11 的展示即可理解。

【示例 12-11】守护线程的设置。

```
public class TestThread extends Thread {
  @Override
  public void run() {
    for (int i = 1; i <= 1000 ; i++) {
      System.out.println("子线程----" + i);
    }
  }
}
class Test{
  // 这是main 方法，程序的入口
  public static void main(String[ ] args) {
    // 创建并启动子线程
    TestThread tt = new TestThread();
    tt.setDaemon(true);          // 设置伴随线程时注意：先设置，再启动
    tt.start();
    // 主线程中还要输出 1～10 的数字
    for (int i = 1; i <= 10 ; i++) {
      System.out.println("主线程----" + i);
    }
  }
}
```

创建 TestThread 线程类，在测试类中首先创建子线程对象，并将子线程对象设置为守护线程，在主线程中同时执行 1～10 数字的输出。主线程中 1～10 数字的输出非常快就结束了，此时子线程为守护线程，即可以理解为“同生共死”，主线程结束的同时，子线程也即刻结束，运行结果如图 12-11 所示。

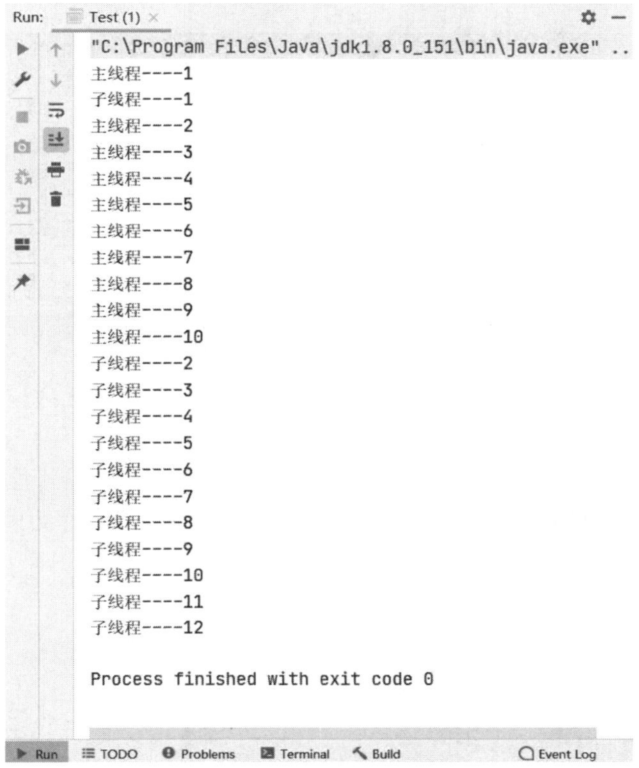

图 12-11　示例 12-11 运行结果

从图 12-11 中的运行中结果发现，在主线程 1～10 数字输出后，子线程并没有立即结束，即利用结束的间隙又执行了一些逻辑。需要注意的是，要先设置守护线程再启动线程。

6. 停止线程的执行

利用 stop()方法可终止线程的执行，该方法属于已过时的方法。

【示例 12-12】stop() 方法的使用。

```
public class Test07 {
  public static void main(String[ ] args) {
    for (int i = 1; i <= 100 ; i++) {
      // 当 i 遍历到 6 时，终止线程
      if(i == 6){
        Thread.currentThread().stop();            // 过时的方法，不建议使用
      }
      System.out.println(i);
    }
  }
}
```

示例 12-12 的运行结果如图 12-12 所示。

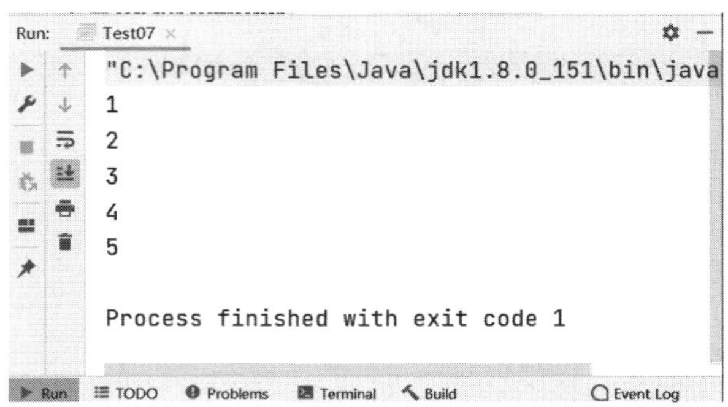

图 12-12　示例 12-12 运行结果

当 i 的值遍历到 6 时执行 stop()方法，线程将终止。

7. join()方法

当某个线程对象调用了 join()方法，该线程就会被优先执行，当它执行结束后才会去执行其他线程，如示例 12-13 所示。

【示例 12-13】join() 方法的使用。

```
public class DemoThread extends Thread {
  @Override
  public void run() {
    for (int i = 1; i <= 5 ; i++) {
      System.out.println("子线程----" + i);
    }
  }
}
class Test08{
  // 这是main 方法，程序的入口
  public static void main(String[ ] args) throws InterruptedException {
    for (int i = 1; i <= 5 ; i++) {
      System.out.println("主线程----" + i);

      if(i == 2){
        // 创建子线程
        TestThread tt = new TestThread();
        tt.start();
        tt.join();
      }
    }
  }
}
```

创建 DemoThread 线程类，在测试类的主线程中执行数字 1～5 的输出，当 i 遍历到 2 的时候，创建子线程并调用 join() 方法。程序运行结束后，我们发现子线程会被优先执行完，再继续执行主线程，运行结果如图 12-13 所示。

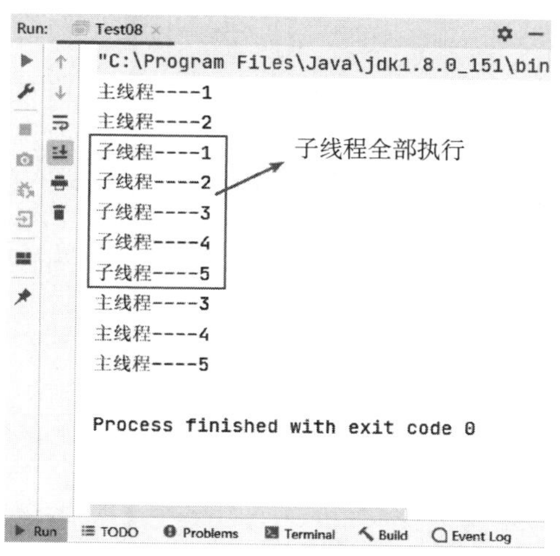

图 12-13　示例 12-13 运行结果

12.5　线程安全问题

当多个线程执行争抢 CPU 的资源时，很有可能出现“脏数据”“错乱数据”的问题。下面通过多个窗口买火车票的案例进行错误效果的演示，首先分析一下多个窗口买票的情景，如图 12-14 所示。

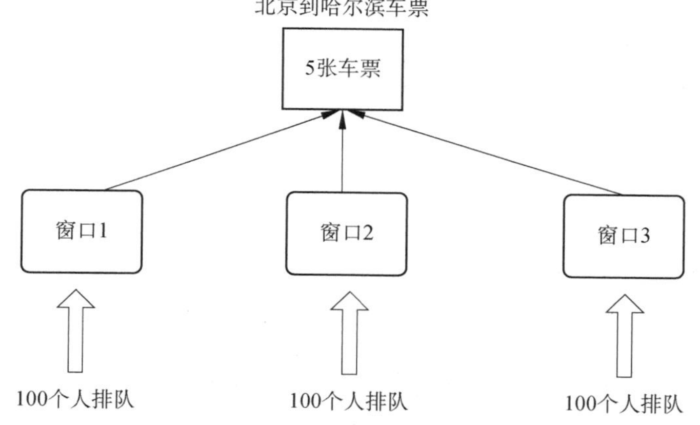

图 12-14　多窗口买票案例分析

例如，现在从北京到哈尔滨的火车票只剩下 5 张，有 3 个窗口可以买票，每个窗口前有 100 个人在排队，创建买火车票的线程类如示例 12-14 所示。

【示例 12-14】创建买火车票的线程类。

```
public class BuyTicketThread extends Thread {
  // 一共 5 张票
  static int ticketNum = 5;        // 加 static 修饰，多个对象共享 5 张票

  // 每个窗口都是一个线程对象：每个对象执行的代码放入 run()方法中
```

```
    @Override
    public void run() {
        // 每个窗口前面有100 个人在抢票
        for (int i = 1; i <= 100 ; i++) {
            if(ticketNum > 0){          // 对票数进行判断，票数大于0 时才抢票
                System.out.println("我在"+this.getName()+"买到了从北京到哈尔滨的第" + ticketNum-- + "张车票");
            }
        }
    }
}
```

示例12-14创建了线程类，在类中定义静态成员 ticketNum 作为余票数量，使用static 修饰，可以确保不同对象共享这个变量。每个线程任务下有100 人在排队买票，只有余票数量大于0 时才可以买票，买票后余票数量做减1 的操作。

【示例12-15】创建3 个窗口买票。

```
public class Test {
    public static void main(String[ ] args) {
        // 多个窗口抢票：3 个窗口3 个线程对象
        BuyTicketThread t1 = new BuyTicketThread();
        t1.setName("窗口1");
        t1.start();
        BuyTicketThread t2 = new BuyTicketThread();
        t2.setName("窗口2");
        t2.start();
        BuyTicketThread t3 = new BuyTicketThread();
        t3.setName("窗口3");
        t3.start();
    }
}
```

示例12-15在测试类中创建了3 个购票线程对象，每个线程对象对应一个窗口，经过多次运行，发现结果中出现脏数据和数据错乱的问题，如图 12-15 所示。

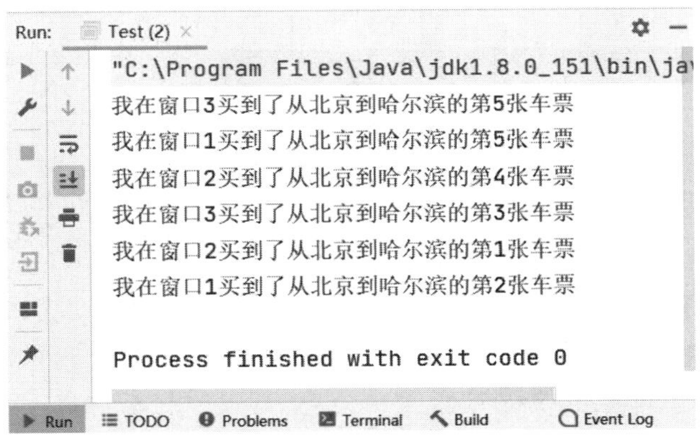

图12-15　示例12-15 运行结果

从运行结果发现，正常买票顺序应该是买到了第5、4、3、2、1 张车票。但以上数据错乱，同时第5 张车票出票两次，即出现脏数据。出现上述问题的原因是多线程争抢资源导致。例如，窗口1 买

第2张车票，还没买完时窗口2就抢走了CPU资源来买第1张车票，并抢先一步出票，导致数据错乱。又例如，窗口3在买第5张车票，还没出票进行自减操作时，ticketNum依然是5，此时窗口1抢到了CPU资源开始买票，同样买到的也是第5张车票，就会出现有两个窗口出票都是第5张车票的情况，即出现脏数据问题。

所以解决问题的根本原因就是“加锁”，一个窗口在出票时就将票“锁住”，这样其他线程来时，发现“有锁”，只能等待，什么时候“释放锁”，什么时候才可以进行买票。这样就避免了多线程之间因争抢资源出现的数据错乱和脏数据问题。

“加锁”也叫“同步”，“加锁”方式在实际生活中非常常见。例如，学校的录音室，讲师需要到录音室录音，进入录音室以后将门“锁住”，其他讲师看到门被锁，表示里面有人就等待，何时里面的讲师出来了，下一个等待的讲师才可以进入录音室录音。在Java中“加锁”方式有3种，接下来逐一讲解。

12.5.1　同步代码块

同步代码块格式如下。

```
synchronized(同步监视器){
    线程任务
}
```

同步代码块中的同步监视器就是所说的“锁”，该“锁”必须为引用数据类型，并且要将多个线程共享的内容定义为“锁”，在上述购买火车票的案例中加入同步代码块，即加入“锁”。

在购票逻辑外加入同步代码块，如示例12-16所示。

【示例12-16】同步代码块的使用。

```
public class BuyTicketThread extends Thread {
  // 一共5张车票
  static int ticketNum = 5;        // 加static修饰，多个对象共享5张车票

  // 每个窗口都是一个线程对象：每个对象执行的代码放入run()方法中
  @Override
  public void run() {
     // 每个窗口前面有100个人在抢票
     for (int i = 1; i <= 100 ; i++) {
        synchronized (ticketNum){
           if(ticketNum > 0){        // 对票数进行判断，票数大于0才抢票
              System.out.println("我在"+this.getName()+"买到了从北京到哈尔滨的第" + ticketNum-- + "张车票");
           }
        }
     }
  }
}
```

同步代码块的语法非常简单，难点在于如何确定“锁”，这个“锁”一定要是多个线程可以共享的、唯一的内容，此时利用BuyTicketThread类的字节码对象作为“锁”，因为字节码对象是唯一的，所以只要这个“锁”是唯一的，那么甚至可以自定义这个“锁”，但必须是引用数据类型的。加入同步代码块后再次运行示例12-15，发现脏数据、数据错乱的问题得到了解决，如图12-16所示。

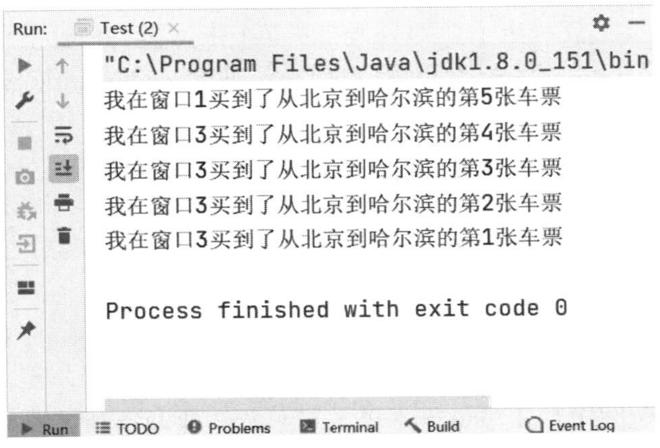

图12-16　示例12-15运行结果

同步代码块的执行原理如下。

（1）第一个线程来到同步代码块，发现同步监视器是open状态，需要close状态，然后执行其中的代码。

（2）第一个线程执行的过程中，如果发生了线程切换（如阻塞事件），那么第一个线程会失去CPU调度，但是没有开锁，同步监视器依然是close状态。

（3）第二个线程如果获取了CPU调度，来到了同步代码块，发现同步监视器是close状态，无法执行其中的代码，第二个线程也进入阻塞状态。

（4）第一个线程再次获取CPU调度，接着执行后续的代码。同步代码块执行完毕，释放锁，同步监视器变为open状态。

（5）第二个线程也再次获取CPU调度，来到了同步代码块，发现同步监视器是open状态，拿到锁并且上锁，由阻塞状态进入就绪状态，再进入运行状态，重复第一个线程的处理过程（加锁）。

12.5.2　同步方法

同步方法的原理跟同步代码块一致，都是为了“上锁”。创建同步方法，在线程任务中调用该方法。

【示例12-17】同步方法的使用。

```
public class BuyTicketThread extends Thread {
  // 一共5张车票
  static int ticketNum = 5;        // 加static修饰，多个对象共享5张车票

  // 每个窗口都是一个线程对象：每个对象执行的代码放入run()方法中
  @Override
  public void run() {
    // 每个窗口前面有100个人在抢票
    for (int i = 1; i <= 100 ; i++) {
      buyTicket();
    }
  }
  // 创建同步方法
  public static synchronized void buyTicket(){
```

```
    if(ticketNum > 0){              // 对票数进行判断，票数大于 0 才抢票
      System.out.println("我在"+Thread.currentThread().getName()+"买到了从北京到哈尔滨的第" + ticketNum--
+ "张车票");
    }
  }
}
```

在普通方法前加入修饰符synchronized 即可变成同步方法，在线程体中调用buyTicket()方法即可。之所以加入static 修饰是要保证该方法是唯一的，这样才能起到“锁”的作用。因为3 个窗口3 个线程对象，调用该方法的是3 个线程对象，如果将方法变为static 修饰，多个线程对象共享这个静态方法。上述代码同样可以实现图12-16 中的效果，即解决脏数据、数据错乱的问题。

12.5.3　Lock 锁

JDK1.5 后新增了一种线程同步方式：Lock 锁。与采用synchronized 相比，Lock 锁是API级别的，提供了相应的接口和对应的实现类，使用更加灵活。

以下是利用 Lock 锁完成购买火车票的示例。

【示例12-18】Lock 锁的使用。

```
import java.util.concurrent.locks.Lock;
import java.util.concurrent.locks.ReentrantLock;

public class BuyTicketThread extends Thread {
  // 一共5 张车票
  static int ticketNum = 5;// 加static 修饰，多个对象共享5 张车票

  // 拿来一把锁
  Lock lock = new ReentrantLock(); // 多态   接口=实现类   可以使用不同的实现类

  // 每个窗口都是一个线程对象：每个对象执行的代码放入run() 方法中
  @Override
  public void run() {
    for (int i = 1; i <= 100 ; i++) {
      // 打开锁
      lock.lock();
      try{
        if(ticketNum > 0){
          System.out.println("我在"+Thread.currentThread().getName()+"买到了北京到哈尔滨的第" + ticketNum--
+ "张车票");
        }
      }catch (Exception ex){
        ex.printStackTrace();
      }finally {
        // 关闭锁：--->即使有异常，这个锁也可以得到释放
        lock.unlock();
      }
    }
  }
}
```

利用多态形式创建一个 Lock 锁的对象，通过 lock()方法打开锁，线程体中可能会出现异常。为了避免因异常中断程序导致锁没有关闭的情况，需要使用 try-catch-finally 进行异常捕获，在 finally 代码块中调用 unlock()方法进行锁的关闭。

Lock 是显式锁，需要自己手动开启和关闭，synchronized 是隐式锁，Lock 只有代码块锁，synchronized 有代码块锁和方法锁。

使用 Lock 锁，JVM 将花费较少的时间来调度线程，性能更好，且具有更好的扩展性（提供更多的子类）。

12.5.4 线程同步的优缺点

解决线程同步问题，可以加入"锁"使不同线程在争抢资源过程中避免了脏数据、数据错乱的问题，这是解决实际应用问题明显的优点。

但这个优点也伴随着缺点，加入"锁"以后，一个线程持有"锁"，其他线程就需要等待，那执行效率自然就降低了，即线程安全、效率低，线程不安全、效率高。

线程同步还有一个缺点，不同的线程分别占用对方需要的同步资源不释放，都在等待对方释放自己需要的同步资源，这就导致了线程的死锁。出现死锁以后，无提示、无报错、无异常，只是所有的线程都处于阻塞状态，无法继续执行。示例 12-19 将展示死锁问题。

【示例 12-19】死锁问题。

```
public class TestDeadLock implements Runnable {
  // 定义 flag 变量
  public int flag = 1;
  // 定义两个 Object 类型对象
  static Object o1 = new Object(),o2 = new Object();

  // 重写 run()方法
   public void run(){
      // 输出 flag 结果
      System.out.println("flag=" + flag);
      // 当 flag==1 锁住 o1
      if (flag == 1) {
         synchronized (o1) {            // 同步代码块 1
            try {
               Thread.sleep(500);
            } catch (Exception e) {
               e.printStackTrace();
            }
            // 在同步代码块内，锁住 o2
            synchronized (o2) {
               System.out.println("2");
            }
         }
      }
      // 当 flag==0 锁住 o2
      if (flag == 0) {
         synchronized (o2) {            // 同步代码块 2
```

```
            try {
               Thread.sleep(500);
            } catch (Exception e) {
               e.printStackTrace();
            }
            // 在同步代码块内，锁住o1
            synchronized (o1) {
               System.out.println("3");
            }
         }
      }
   }


   public static void main(String[ ] args) {
      // 实例两个线程类
      TestDeadLock td1 = new TestDeadLock();
      TestDeadLock td2 = new TestDeadLock();
      td1.flag = 1;
      td2.flag = 0;
      // 开启两个线程
      Thread t1 = new Thread(td1);
      Thread t2 = new Thread(td2);
      t1.start();
      t2.start();
   }
}
```

示例12-19中设置了flag变量，将td1线程对象的flag设置为1，将td2线程对象的flag设置为0。启动两个线程，两个线程开始争抢资源执行，td1线程会进入flag==1的分支，td2线程会进入flag==0的分支，进入分支以后才遇到同步代码块，td1线程锁住了o1，td2线程锁住了o2，但是在同步代码块1的内部需要锁住o2，在同步代码块2的内部需要锁住o1，td1线程和td2线程分别占用对方需要的同步资源不释放，它们都在等待对方释放自己需要的同步资源，造成死锁现象，程序进入阻塞状态且不会继续执行，运行结果如图12-17所示。

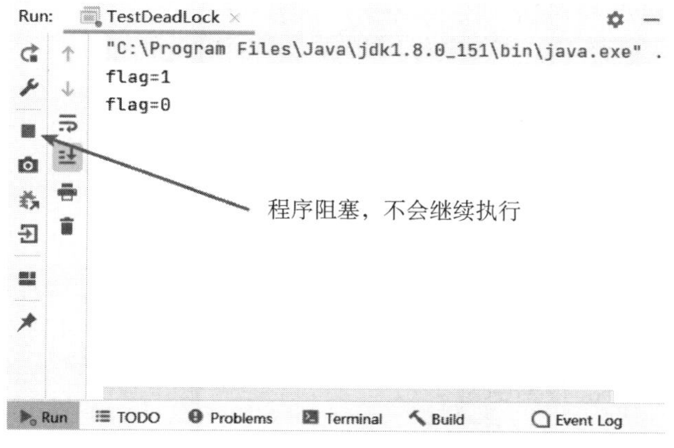

图12-17　示例12-19运行结果

12.6 项目驱动——生产者消费者模型

当多个线程共同协作完成某一功能时，需要线程之间进行通信，确保高效解决问题。最经典的一个应用场景就是生产者和消费者问题，本节通过该问题完成线程间的通信。生产者消费者模型如图12-18所示。

图 12-18 生产者消费者模型

例如，仓库中只有一件商品，生产者生产商品放入仓库，消费者看到商品后进行消费，如果仓库中没有商品，消费者等待商品生产。消费者消费商品后，生产者继续生产商品放入仓库，如果消费者没有消费，那么生产者等待商品被消费这就是生产者和消费者问题。

基于生产者和消费者问题，完成项目驱动——生产者消费者模型，对上述模型进行分析，利用面向对象思想抽取，首先定义出商品类，生产者是一个线程，消费者是另一个线程。

【项目目标】

通过本章的项目驱动案例学习代码同步知识，理解锁的重要性。

【项目任务】

建立生产者消费者模型，模拟进行生产和消费过程。理解为什么会发生数据错乱，以及如何用线程同步解决数据错乱问题。

【项目技能】

通过这个项目，掌握以下知识点。

- Java 线程。
- 线程安全问题。
- 线程锁。

【项目步骤】

第一步，创建商品类。
第二步，创建生产者。
第三步，创建消费者。
第四步，利用线程同步解决数据错乱。

【项目过程】

首先定义生产者线程和消费者线程共享的商品类。

【示例 12-20】商品类的定义。

```
public class Product {
  // 品牌
  private String brand;
  // 名字
  private String name;
  // setter,getter 方法
  public String getBrand() {
    return brand;
  }
  public void setBrand(String brand) {
    this.brand = brand;
  }
  public String getName() {
    return name;
  }
  public void setName(String name) {
    this.name = name;
  }
}
```

商品类定义好以后，生产者生产商品。例如，让生产者生产 10 个商品，其中 5 个为费列罗巧克力，5 个为哈尔滨啤酒。

【示例 12-21】生产者线程。

```
public class ProducerThread extends Thread{          // 生产者线程
  // 定义共享商品
  private Product p;
  // 定义构造器，参数为共享商品
  public ProducerThread(Product p) {
    this.p = p;
  }
  @Override
  public void run() {
    for (int i = 1; i <= 10 ; i++) {        // 生产 10 个商品 i:生产的次数
      // i 是偶数时，生产费列罗巧克力
      if(i % 2 == 0){
        // 生产费列罗巧克力
        p.setBrand("费列罗");
        // 加入睡眠，模拟线程切换，给其他线程抢资源的机会（该线程睡眠阻塞，其他线程争抢资源）
        try {
          Thread.sleep(100);
        } catch (InterruptedException e) {
          e.printStackTrace();
        }
        p.setName("巧克力");
      }else{                              // i 是奇数时，生产哈尔滨啤酒
        // 生产哈尔滨啤酒
        p.setBrand("哈尔滨");
        // 加入睡眠，模拟线程切换，给其他线程抢资源的机会（该线程睡眠阻塞，其他线程争抢资源）
        try {
```

```
            Thread.sleep(100);
          } catch (InterruptedException e) {
            e.printStackTrace();
          }
          p.setName("啤酒");
        }
        // 将生产信息打印
        System.out.println("生产者生产了：" + p.getBrand() + "---" + p.getName());
      }
    }
}
```

消费者线程负责消费 10 个商品。

【示例 12-22】消费者线程。

```
public class CustomerThread extends Thread{        // 消费者线程
  // 共享商品
  private Product p;
  // 定义构造器，参数为共享商品
  public CustomerThread(Product p) {
    this.p = p;
  }
  @Override
  public void run() {
    for (int i = 1; i <= 10 ; i++) {        // i:消费次数
      // 加入睡眠，模拟线程切换，给其他线程抢资源的机会（该线程睡眠阻塞，其他线程争抢资源）
      try {
        Thread.sleep(100);
      } catch (InterruptedException e) {
        e.printStackTrace();
      }
      // 打印消费信息
      System.out.println("消费者消费了：" + p.getBrand() + "---" + p.getName());
    }
  }
}
```

生产者消费者线程定义好以后，启动线程，并定义共享商品传入线程中使用。

【示例 12-23】线程启动。

```
public class Test {
  // 这是main 方法，程序的入口
  public static void main(String[ ] args) {
    // 共享的商品
    Product p = new Product();
    // 创建生产者和消费者线程
    ProducerThread pt = new ProducerThread(p);
    CustomerThread ct = new CustomerThread(p);
    // 启动线程
    pt.start();
    ct.start();
  }
}
```

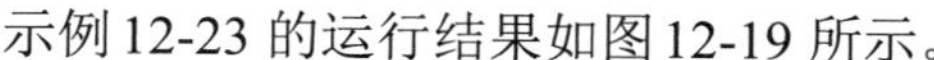

示例 12-23 的运行结果如图 12-19 所示。

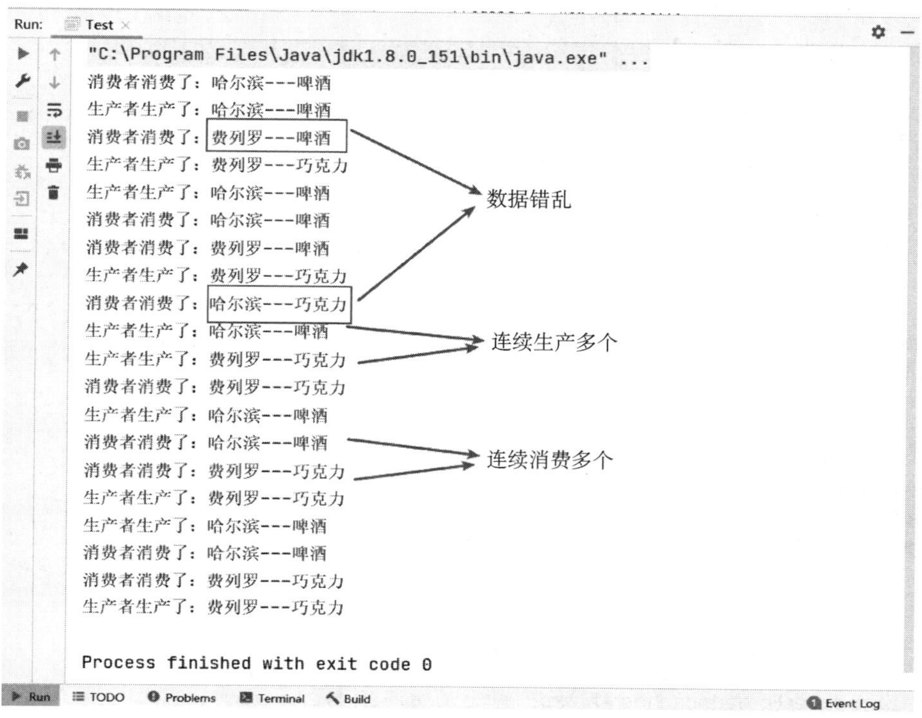

图 12-19　示例 12-23 运行结果

从示例 12-23 运行结果可以看出如下两个问题。

（1）数据发生错乱，出现费列罗啤酒，哈尔滨巧克力的问题。

（2）出现连续生产商品，或连续消费商品的问题。

我们先解决数据错乱问题，加入线程同步，利用共享的商品对象作为锁即可，如示例 12-24～示例 12-26 所示，加入线程同步方法，依次修改商品类、生产者和消费者。

【示例 12-24】利用同步方法解决问题，修改商品类。

```
public class Product {
  // 品牌
  private String brand;
  // 名字
  private String name;
  // setter,getter 方法
  public String getBrand() {
    return brand;
  }
  public void setBrand(String brand) {
    this.brand = brand;
  }
  public String getName() {
    return name;
  }
```

```
  public void setName(String name) {
    this.name = name;
   }
  // 加入同步方法
  // 生产商品
  public synchronized void setProduct(String brand,String name){
    // 生产商品
    this.setBrand(brand);
    try {
      Thread.sleep(100);
    } catch (InterruptedException e) {
      e.printStackTrace();
    }
    this.setName(name);
    // 将生产信息打印
    System.out.println("生产者生产了：" + this.getBrand() + "---" + this.getName());
  }
  // 消费商品
  public synchronized void getProduct(){
    // 消费商品
    System.out.println("消费者消费了：" + this.getBrand() + "---" + this.getName());
  }
}
```

【示例 12-25】利用同步方法解决问题，修改生产者线程。

```
public class ProducerThread extends Thread{          // 生产者线程
  // 定义共享商品
  private Product p;
  // 定义构造器，参数为共享商品
  public ProducerThread(Product p) {
    this.p = p;
  }
  @Override
  public void run() {
    for (int i = 1; i <= 10 ; i++) {        // 生产 10 个商品  i:生产的次数
      if(i % 2 == 0){
        p.setProduct("费列罗","巧克力");
      }else{
        p.setProduct("哈尔滨","啤酒");
      }
    }
  }
}
```

【示例 12-26】利用同步方法解决问题，修改消费者线程。

```
public class CustomerThread extends Thread{          // 消费者线程
  // 共享商品
  private Product p;
  // 定义构造器，参数为共享商品
  public CustomerThread(Product p) {
    this.p = p;
  }
```

```
    @Override
    public void run() {
        for (int i = 1; i <= 10 ; i++) {        // i:消费次数
            p.getProduct();
        }
    }
}
```

在加入同步方法，并修改代码结构后，示例 12-23 中测试类的运行结果如图 12-20 所示。

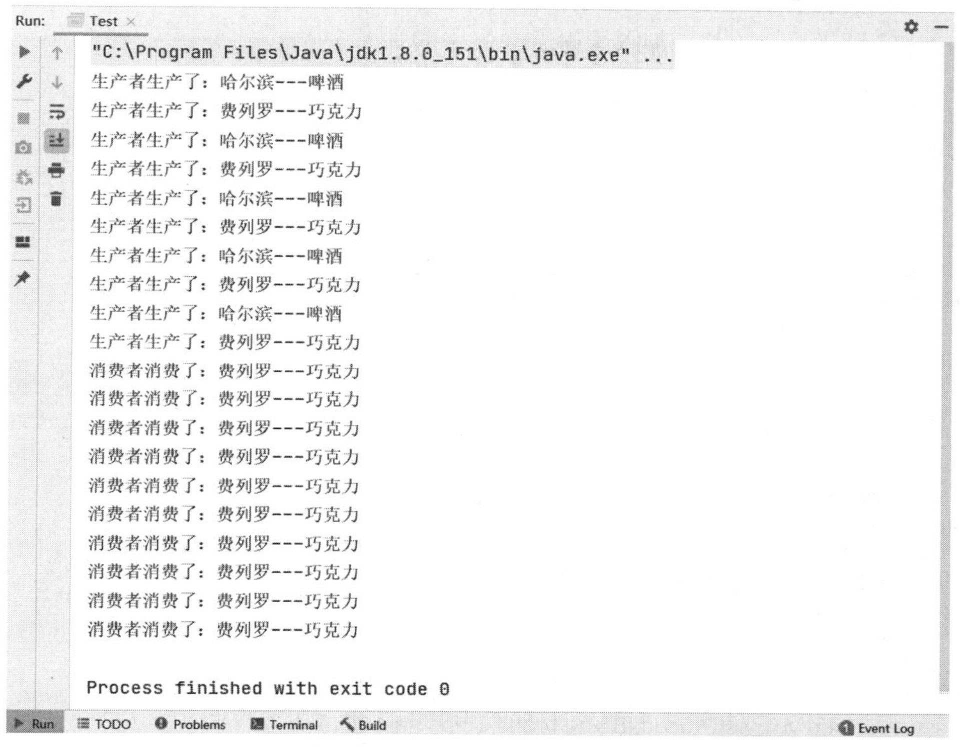

图 12-20　加入同步方法后示例 12-23 运行结果

从结果发现，数据错乱问题得到了解决，但是依然出现连续生产多个商品、连续消费多个商品的问题，且这个问题更加明显了。此时就需要线程之间进行通信，即生产者生产商品后告诉消费者，消费者消费商品后告诉生产者，互相沟通才可以使产品无积压，确保整个流程顺利进行。那么如何沟通呢？示意图如图 12-21 所示。

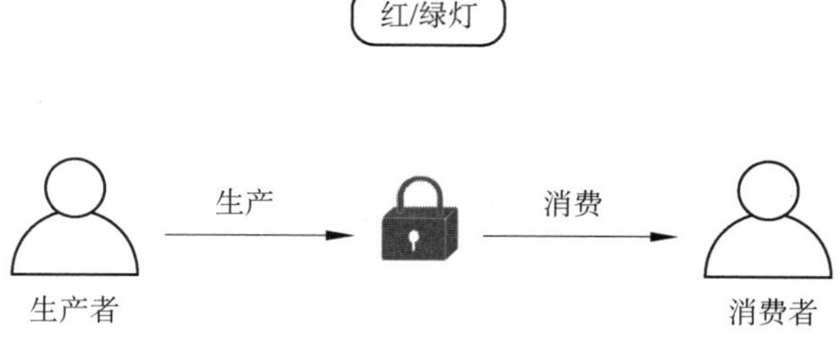

图 12-21　生产者消费者模型中加入一个指示灯

在模型中加入指示灯，指示灯有两个颜色：红色，绿色。生产者生产商品，将指示灯变为红色，等待消费者消费，消费者看到红灯就知道可以消费了，消费后将指示灯变为绿色，等待下一次生产；生产者看到指示灯为绿色，就开始生产。那么指示灯在代码中如何体现呢？指示灯只有两个颜色，程序中可以利用布尔变量来替代指示灯的效果，变量值为false，代表绿灯：无商品，等待生产；变量值为true，代表红灯：有商品，等待消费。线程通信的方法有两个：一个是wait()方法，表示线程一直等待，直到其他线程通知；另一个是notify()方法，唤醒在同一把“锁”上的另一个等待的线程。通过这两个方法即可完成线程通信，如示例12-27 所示。

【示例12-27】修改同步方法，加入线程通信。

```
public class Product {
  // 品牌
  private String brand;
  // 名字
  private String name;
  // 引入一个灯：true 红色，false  绿色
  boolean flag = false;     // 默认情况下没有商品,让生产者先生产
  // setter,getter 方法
  public String getBrand() {
    return brand;
  }
  public void setBrand(String brand) {
    this.brand = brand;
  }
  public String getName() {
    return name;
  }
  public void setName(String name) {
    this.name = name;
  }
  // 加入同步方法
  // 生产商品
  public synchronized void setProduct(String brand,String name){
    if(flag == true){         // 灯是红色证明有商品，生产者不生产，等着消费者消费
        try {
          wait();
        } catch (InterruptedException e) {
          e.printStackTrace();
        }
    }
    // 灯是绿色的，就生产
    // 生产商品
    this.setBrand(brand);
    try {
      Thread.sleep(100);
    } catch (InterruptedException e) {
      e.printStackTrace();
    }
    this.setName(name);
    // 将生产信息打印
    System.out.println("生产者生产了：" + this.getBrand() + "---" + this.getName());
```

```
        // 生产完以后，灯变色，变成红色
        flag = true;
        // 告诉消费者赶紧来消费
        notify();
    }
    // 消费商品
    public synchronized void getProduct(){
        if(!flag){          // flag == false 没有商品，等待生产者生产
            try {
                wait();
            } catch (InterruptedException e) {
                e.printStackTrace();
            }
        }
        // 消费商品
        System.out.println("消费者消费了：" + this.getBrand() + "---" + this.getName());
        // 消费完：灯变色
        flag = false;
        // 通知生产者生产
        notify();
    }
}
```

示例 12-27 的运行结果如图 12-22 所示。

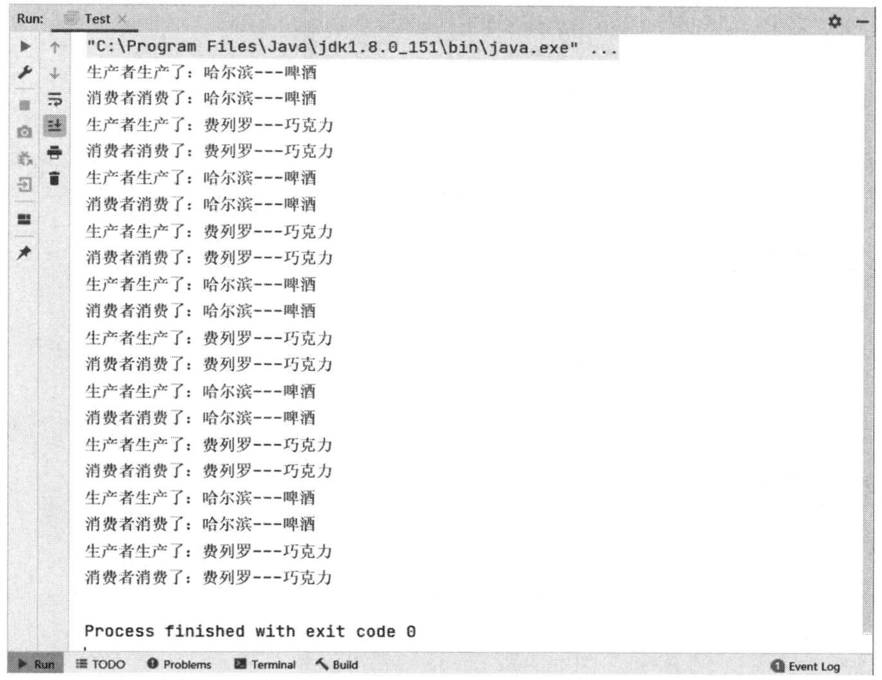

图 12-22　示例 12-27 运行结果

至此，生产者消费者模型完成，其中加入同步方法解决了数据错乱问题，加入线程通信的逻辑解决了连续生产、连续消费的问题。

【项目拓展】

相信读者都有过在12306网站上购买火车票的经历吧？当购买车票的乘客非常多时，12306网站是如何解决大数据量的问题呢？请读者思考。

12.7 项目驱动——坦克大战之分解 3

【项目过程】

截止到10.9节坦克大战完成了89个步骤，坦克和子弹之间可以正常行走、正常碰撞，接下来完成最后一步：在碰撞后加入碰撞声音，此步骤需要通过线程完成。

（90）首先加入声音线程类，如示例12-28所示。

【示例12-28】Audio线程类。

```
import javax.sound.sampled.*;
// 90.加入声音线程类
public class Audio extends Thread{
  private AudioFormat audioFormat = null;
  private SourceDataLine sourceDataLine = null;
  private DataLine.Info dataLine_info = null;

  private AudioInputStream audioInputStream = null;

  public Audio(String fileName)   {
    try {
      audioInputStream = AudioSystem.getAudioInputStream(Audio.class.getClassLoader().getResource(fileName));
      audioFormat = audioInputStream.getFormat();
      dataLine_info = new DataLine.Info(SourceDataLine.class, audioFormat);
      sourceDataLine = (SourceDataLine) AudioSystem.getLine(dataLine_info);
    } catch (Exception e) {
      e.printStackTrace();
    }
  }
  @Override
  public void run() {
    try {
      byte[] b = new byte[1024];
      int len = 0;
      sourceDataLine.open(audioFormat, 1024);
      sourceDataLine.start();
      while ((len = audioInputStream.read(b)) > 0) {
       sourceDataLine.write(b, 0, len);
      }
      audioInputStream.close();
      sourceDataLine.drain();
      sourceDataLine.close();
    } catch (Exception e) {
      e.printStackTrace();
    }
```

```
  }
}
```

在程序中加入audio 包，里面导入声音文件：explode.wav，如图 12-23 所示。

audio
explode.wav

图 12-23　导入声音文件

（91）一旦发生碰撞就加入声音线程启动即可。

【示例 12-29】在 Explode 类构造器中加入线程启动。

```
import java.awt.*;
// 78.定义爆炸类
public class Explode {
  // 79.定义爆炸效果图片的宽
  public static int WIDTH = ExplodeImages.explodeImages[0].getIconWidth();
  // 80.定义爆炸效果图片的高
  public static int HEIGHT = ExplodeImages.explodeImages[0].getIconHeight();
  // 81.定义爆炸位置
  private int x,y;
  // 82.集成 GamePanel 面板
  GamePanel p ;
  // 83.记录画爆炸数组图片步骤
  private int step = 0;
  // 84.定义构造器
  public Explode(int x, int y, GamePanel p){
    this.x = x;
    this.y = y;
    this.p = p;
    // 91.加入爆炸声音
    new Audio("audio/explode.wav").start();
  }
  // 85.画入爆炸效果，画入每一张图片
  public void paint(Graphics g){
    ExplodeImages.explodeImages[step++].paintIcon(p,g,x, y);
    // 89.step 加出范围了，就会停止，并且爆炸结束，从爆炸集合中移除
    if(step >= ExplodeImages.explodeImages.length)
      p.explodes.remove(this);
  }
}
```

再次运行示例 10-33，StartGame 测试类即可在碰撞成功后出现爆炸声音效果。

【项目拓展】

至此，经过 3 个章节的讲解，坦克大战项目终于完成。大家可以尝试将坦克改为飞机，进行一场飞机大战。

12.8 线程池

在学习了 12.3 节后可知，线程生命周期从新生状态→就绪状态→运行状态→死亡状态，每个环节都会消耗一定的时间。在一个应用程序中，需要多次使用线程，也就意味着，需要多次创建并销毁线程，而创建并销毁线程的过程势必会消耗内存。为了提高效率，可将线程运行状态前、运行状态后的时间节省出来，此时引入线程池的概念。线程池的作用就是减少线程创建和消亡的时间，方便地管理线程，从而减少内存的消耗。

Java 中已经提供了创建线程池的类——Executor 类，而创建线程池的时候，一般使用它的子类——ThreadPoolExecutor。图 12-24 演示了线程池 ThreadPoolExecutor 类的使用原理。

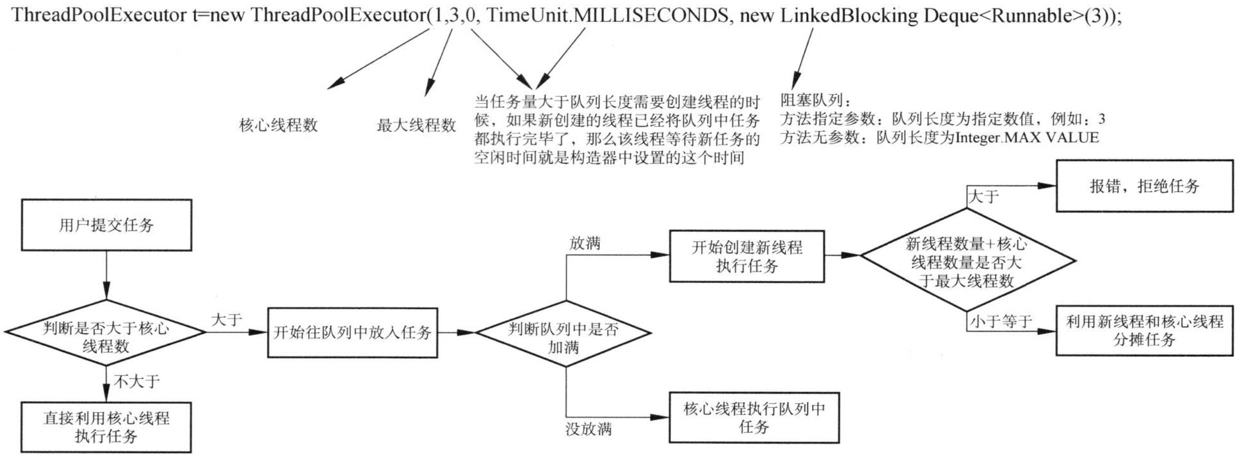

ThreadPoolExecutor t=new ThreadPoolExecutor(1,3,0, TimeUnit.MILLISECONDS, new LinkedBlocking Deque<Runnable>(3));

核心线程数

最大线程数

当任务量大于队列长度需要创建线程的时候，如果新创建的线程已经将队列中任务都执行完毕了，那么该线程等待新任务的空闲时间就是构造器中设置的这个时间

阻塞队列：
方法指定参数：队列长度为指定数值，例如：3
方法无参数：队列长度为Integer.MAX VALUE

用户提交任务

判断是否大于核心线程数

大于

不大于

直接利用核心线程执行任务

开始往队列中放入任务

判断队列中是否加满

放满

没放满

开始创建新线程执行任务

核心线程执行队列中任务

新线程数量+核心线程数量是否大于最大线程数

大于

小于等于

报错，拒绝任务

利用新线程和核心线程分摊任务

图 12-24 线程池 ThreadPoolExecutor 使用原理

在测试类 Test 中创建一个最大线程数为 2 的线程池，使用线程池完成任务，如示例 12-30 所示。

【示例 12-30】验证线程池的使用。

```
import java.util.concurrent.LinkedBlockingDeque;
import java.util.concurrent.ThreadPoolExecutor;
import java.util.concurrent.TimeUnit;

public class Test {
    public static void main(String[ ] args) {
      // 创建一个线程池
      ThreadPoolExecutor t
          =new ThreadPoolExecutor              // 利用有参构造器创建对象
          (1,// 设置核心线程数为1
           2,// 最大线程数2
           3, TimeUnit.MILLISECONDS,          // 3 毫秒，新创建的线程等任务最多等待3 毫秒，如果3 毫秒内没
                                                有等到，这个新创建的线程就会自动销毁
          new LinkedBlockingDeque<>(3));      // 利用阻塞队列，长度为3
      // 执行任务
```

```
        // 放入第 1 个任务
        t.execute(new TestThread());
        // 放入第 2 个任务：---》在核心线程忙着的时候，放入队列
        t.execute(new TestThread());
        // 放入第 3 个任务：---》在核心线程忙着的时候，放入队列
        t.execute(new TestThread());
        // 放入第 4 个任务：---》在核心线程忙着的时候，放入队列
        t.execute(new TestThread());
        // 放入第 5 个任务：---》这个时候队列满了，创建新的线程来执行第 5 个任务
        // 并且与核心线程一起分摊任务
        t.execute(new TestThread());
        // 放入第 6 个任务：报错，拒绝执行任务：RejectedExecutionException
        t.execute(new TestThread());
        // 关闭线程池
        t.shutdown();
    }
}
class TestThread implements Runnable {
  // 这个 run() 方法中的内容就是执行的任务
  @Override
  public void run() {
    System.out.println("当前执行任务的线程为："+Thread.currentThread().getName());
  }
}
```

当放入第 6 个任务时，因为新线程数量与核心线程数量之和大于最大线程数，程序会报错。

本章小结

多线程一章对初学者来说相对较难，需要慢慢理解。本章首先讲解线程、进程、程序之间的关系，随后讲解了线程创建的三种方式。线程从生到死的生命周期也要明确掌握。另外，线程同步经常用来解决实际场景问题，其应用非常广泛。线程间通信问题也要清晰掌握。线程池部分的内容初学者作为了解即可，有基础的同学可以研究一下。

练习题

一、填空题

1. 处于运行状态的线程在某些情况下，如执行了 sleep()方法，或等待 I/O 设备等资源，将让出 CPU 并暂时停止自己的运行，进入____________状态。

2. 处于新建状态的线程被启动后，将进入线程队列排队等待 CPU，此时它已具备了运行条件，一旦轮到享用 CPU 资源就可以获得执行机会。上述线程是处于____________状态。

3. 在线程控制中，可以调用____________方法阻塞当前正在执行的线程，等插队线程执行完后再执行阻塞线程。

4. 在线程通信中，调用 wait()方法可以使当前线程处于等待状态，而为了唤醒一个等待的线程，需要调用的方法是____________。

二、选择题（单选/多选）

1. 下列关于 Java 线程的说法正确的是（　　）。

A. 每一个 Java 线程可以看成由代码、一个真实的 CPU 以及数据三部分组成

B. 创建线程的两种方法中，从 Thread 类中继承方式可以防止出现多父类的问题

C. Thread 类属于 java.util 程序包

D. 使用 new Thread(new X()).run();方法启动一个线程

2. 以下选项中可以填写到横线处，让代码正确编译和运行的是（　　）。

```
public class Test implements Runnable {
  public static void main(String[ ] args) {
    ______________________________
    t.start();
    System.out.println("main");
  }
  public void run() {
    System.out.println("thread1!");
  }
}
```

A. Thread t = new Thread(new Test());

B. Test t = new Test();

C. Thread t = new Test();

D. Thread t = new Thread();

3. 当线程调用 start()方法后，其所处状态为（　　）。

A. 阻塞状态　　B. 运行状态

C. 就绪状态　　D. 新建状态

三、实操题

编写两个线程，一个线程打印 1～52 的整数，另一个线程打印字母 A～Z。打印顺序为 12A34B56C…5152Z，即按照整数和字母的顺序从小到大打印，并且每打印两个整数后打印一个字母，字母和数字交替循环打印，直到打印到整数 52 和字母 Z 结束。

要求：

（1）编写打印类 Printer，声明私有属性 index，初始值为 1，用来表示是第几次打印。

（2）在打印类 Printer 中编写打印数字的方法 print(int i)，3 的倍数就使用 wait()方法等待，否则就输出 i，使用 notifyAll()方法进行唤醒其他线程。

（3）在打印类 Printer 中编写打印字母的方法print(char c)，不是3 的倍数就等待，否则就打印输出字母c，使用notifyAll()方法进行唤醒其他线程。

（4）编写打印数字的线程NumberPrinter，继承 Thread 类，声明私有属性private Printer p；在构造方法中进行赋值，实现父类的run() 方法，调用 Printer 类中的输出数字的方法。

（5）编写打印字母的线程 LetterPrinter，继承 Thread 类，声明私有属性private Printer p；在构造方法中进行赋值，实现父类的run() 方法，调用 Printer 类中的输出字母的方法。

（6）编写测试类 Test，创建打印类对象，创建两个线程类对象，启动线程。

第 13 章

网络编程

本章学习目标

- 了解 IP 地址、端口号、通信协议。
- 了解 TCP 编程。
- 了解 UDP 编程。

13.1 网络编程之网络通信三要素

将不同地域、相互独立的计算机通过有线或无线的方式与外部设备关联到一起，共同组成了计算机网络。通过计算机网络可以使不同计算机设备之间进行通信和数据交换，称之为网络编程。网络编程之网络通信的三要素为 IP 地址、端口号、通信协议。

13.1.1 IP 地址

为了区分不同的人，每个人都有一个身份证号可以唯一标识一个人。网络中的计算机也是同样的道理，如果要唯一标识一台计算机，就需要给每台计算机分配一个 IP 地址，IP 地址的作用类似于人的身份证号。

通过 ipconfig 命令，可以查看本机的 IP 地址，如图 13-1 所示。

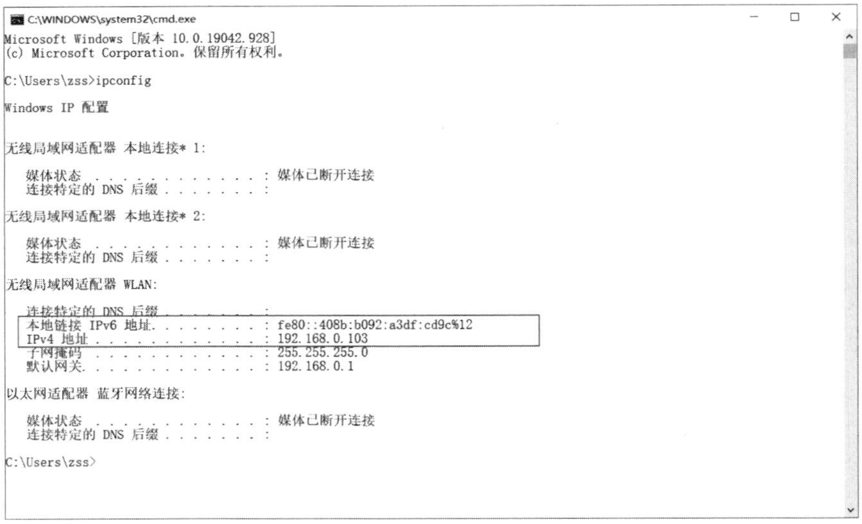

```
C:\WINDOWS\system32\cmd.exe
Microsoft Windows [版本 10.0.19042.928]
(c) Microsoft Corporation。保留所有权利。

C:\Users\zss>ipconfig

Windows IP 配置


无线局域网适配器 本地连接* 1:

   媒体状态  . . . . . . . . . . . . : 媒体已断开连接
   连接特定的 DNS 后缀 . . . . . . . :

无线局域网适配器 本地连接* 2:

   媒体状态  . . . . . . . . . . . . : 媒体已断开连接
   连接特定的 DNS 后缀 . . . . . . . :

无线局域网适配器 WLAN:

   连接特定的 DNS 后缀 . . . . . . . :
   本地链接 IPv6 地址. . . . . . . . : fe80::408b:b092:a3df:cd9c%12
   IPv4 地址 . . . . . . . . . . . . : 192.168.0.103
   子网掩码  . . . . . . . . . . . . : 255.255.255.0
   默认网关. . . . . . . . . . . . . : 192.168.0.1

以太网适配器 蓝牙网络连接:

   媒体状态  . . . . . . . . . . . . : 媒体已断开连接
   连接特定的 DNS 后缀 . . . . . . . :

C:\Users\zss>
```

图 13-1 本机 IP 地址查看

通过图13-1可以发现IP地址分为两类，一类是IPv4、另一类是IPv6，那么它们有什么区别呢？IPv4由4个字节组成，一个字节等于8位，所以IPv4由32位组成。如IPv4地址为192.168.0.103，则二进制的表示形式为11000000.10101000.00000000.01100111，但是二进制形式不容易记，所以常用十进制形式表示，但是在2011年IPv4所分配的地址已经不够用了，由此IPv6出现了，IPv6由16个字节组成，大大提高了地址数量。如果要表示本机IP地址，不用费力查询，用“127.0.0.1”这个回环地址即可表示本机地址。

13.1.2　端口号

通过IP地址可以唯一标识一台计算机，但是计算机上的应用程序非常多，如何标记不同的应用程序呢？利用端口号（Port）。每个应用程序都有自己唯一的端口号，如我们常用的MySQL服务默认的端口号为3306，Oracle服务默认的端口号为1521，Tomcat服务默认的端口号为8080。端口号分布于0～65535，一般0～1023用于系统或常见应用，如果是自定义应用程序，尽量不要设置为0～1023，以免引起端口号冲突。

13.1.3　网络参考模型与通信协议

如果要访问到一台设备上的应用，可以通过IP地址+端口号的方式进行访问。设备之间在进行数据传输的时候，必须遵守一定的规则——通信协议，就像人过马路一定要遵守交通规则一样，现在数据在设备间传输也要遵守一定的规则，即网络通信协议。网络通信协议对数据是否打包、传送速率、纠错功能等都做了标准的制定。

因为网络通信协议过于复杂，所以采用了分层的思想，即每一层解决每一层的问题。将网络分为不同层，就形成了网络参考模型，最经典的模型是ISO组织在1985年研究的OSI参考模型，该模型标准定义了7层框架，OSI参考模型如图13-2所示。

OSI参考模型

应用层	程序实现需求
表示层	解决不同系统之间的通信问题
会话层	自动发包，自动寻址功能
传输层	当传输的内容过大时，对发出去的数据进行封装
网络层	传输过程中选择最优路径
数据链路层	确保数据传输正确，提供检测和纠错功能。
物理层	定义物理设备的标准：网线的接口类型，光纤的接口类型，各种传输介质的传输速率 变成010101从物理设备中传输出去

图13-2　OSI参考模型

OSI参考模型实际上只停留在实验室阶段，是一个非常理想的参考模型，但实施困难，实际上应用落地采用的都是TCP/IP协议，TCP/IP协议将网络划分为4层，TCP/IP参考模型如图13-3所示。

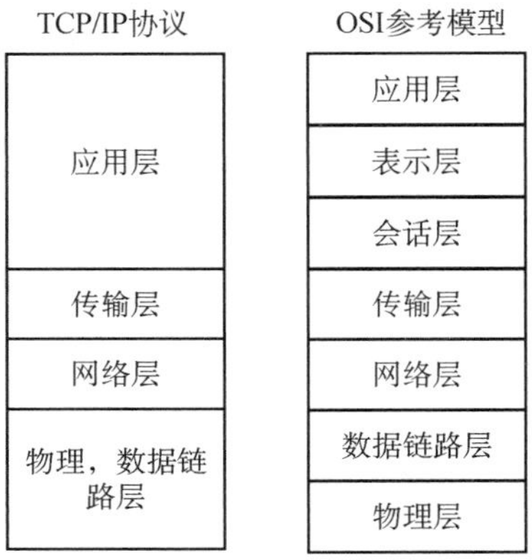

TCP/IP协议	OSI参考模型
应用层	应用层
	表示层
	会话层
传输层	传输层
网络层	网络层
物理，数据链路层	数据链路层
	物理层

图 13-3　TCP/IP 参考模型

其中各层对应的协议如图 13-4 所示。

TCP/IP协议	各层对应协议
应用层	HTTP、FTP、Telnet、DNS...
传输层	TCP、UDP...
网络层	IP、ICMP、ARP...
物理，数据链路层	Link

图 13-4　各层对应协议

各层之间数据是可以传输的，例如，一个数据首先通过应用层传输到传输层，然后传输到网络层，最后传输到物理层、数据链路层，这是数据的封装。另一台设备接收这些数据，首先通过物理层、数据链路层到网络层，然后到传输层，最后到应用层，这是数据的拆分。

众多分层中，与应用层关系最密切的是传输层，因此传输层的协议是学习时应给予关注的，其中传输层的 TCP 协议和 UDP 协议是本章学习的重点。

13.2　TCP 协议与 TCP 通信

13.2.1　TCP 协议

TCP 协议又称为传输控制协议。使用 TCP 协议时必须先建立 TCP 连接，形成传输数据通道，采用“三次握手”的方式进行点对点进行通信。它是一种可靠的、面向连接的协议。

TCP 协议进行通信的两个进程分别为客户端和服务器端，TCP“三次握手”的方式如图 13-5 所示。

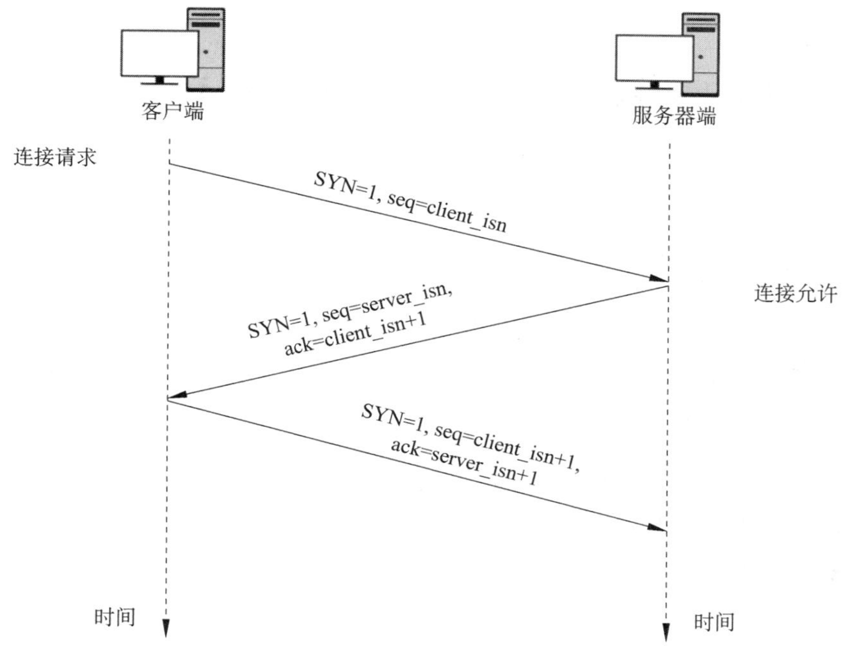

图 13-5　TCP“三次握手”方式

首先客户端向服务器端发送请求报文，服务器端接收连接后回复ack 报文，并为这次连接分配资源，客户端接收到ack 报文后也向服务器端发送ack 报文，并分配资源，这样经过“三次握手”后 TCP 连接就建立了，“三次握手”后可以确保网络传输的可靠性。通过使用 TCP 协议，在连接中可以进行大数量的传输，当传输完毕时需要将已建立的连接释放，因此相对于 UDP 通信来说效率会低一些。

13.2.2　TCP 通信

TCP 通信即实现 TCP 协议的网络编程。客户端和服务器端在进行数据交互时，用户认为的信息之间的传输只是建立在两个应用程序上，实际上在 TCP 连接中是通过套接字作为通信桥梁的，如图 13-6 所示。

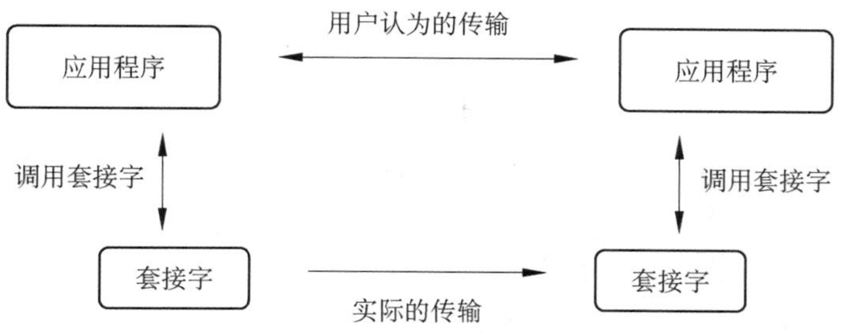

图 13-6　套接字作为通信桥梁

IP 地址和端口号组合得到一个套接字（Socket），在 JDK 中客户端使用 Socket 套接字表示，服务器端使用 ServerSocket 套接字表示。

13.3　项目驱动——模拟网站登录

【项目目标】

本节通过项目驱动——模拟网站登录功能讲解 TCP 通信。

【项目任务】

项目功能分解为客户端首先向服务器端发送一条字符串类型数据，服务器端接收到客户端的数据后进行回复。

【项目技能】

通过这个项目，掌握以下知识点——TCP。

【项目步骤】

第一步，编写客户端。
第二步，编写服务器端。
第三步，启动客户端和服务器端，并进行通信。

【项目过程】

客户端部分要求如下。

（1）创建客户端套接字，指定服务器端的 IP 地址和端口号。

（2）开发者直观感受到的过程是，首先通过 I/O 流向服务器端传送数据，然后从套接字中获取输出流，最后利用输出方法向外发送数据。

（3）接收服务器端的回话。

（4）关闭流，关闭网络套接字资源。

【示例 13-1】客户端编写。

```
import java.io.*;
import java.net.Socket;

public class TestClient {
  public static void main(String[ ] args) throws IOException {
    System.out.println("客户端启动");
    // 1.创建套接字：指定服务器的 IP 和端口号
    Socket s = new Socket("127.0.0.1",8888);
    // 2.对于开发者来说，感受利用输出流向外发送数据
    OutputStream os = s.getOutputStream();
    DataOutputStream dos = new DataOutputStream(os);
    // 利用这个 OutputStream 就可以向外发送数据了，但没有直接发送 String 的方法
    // 所以我们又在 OutputStream 外面套了一个处理流：DataOutputStream
    dos.writeUTF("在吗？");
    // 3.接收服务器端的回话--》利用输入流
```

```
        InputStream is = s.getInputStream();
        DataInputStream dis = new DataInputStream(is);
        String str = dis.readUTF();
        System.out.println("服务器端对我说："+str);
        // 4.关闭流和网络资源
        dos.close();
        os.close();
        s.close();
    }
}
```

服务器端部分要求如下。

（1）创建服务器端套接字，指定服务器的端口号。

（2）服务器端等待接收客户端传送过来的数据。

（3）利用套接字得到输入流接收数据。

（4）读取客户端传送的数据。

（5）向客户端返回数据。

（6）关闭流、网络套接字资源。

【示例 13-2】服务器端编写。

```
import java.io.*;
import java.net.ServerSocket;
import java.net.Socket;

public class TestServer {
    // 这是一个main 方法，是程序的入口
    public static void main(String[ ] args) throws IOException {
        System.out.println("服务器启动");
        // 1.创建套接字： 指定服务器的端口号
        ServerSocket ss = new ServerSocket(8888);
        // 2.等着客户端发来的信息
        // 阻塞方法:等待接收客户端的数据，什么时候接收到数据，什么时候程序继续向下执行
        Socket s = ss.accept();
        // accept()返回值为一个 Socket，这个 Socket 其实就是客户端的 Socket
        // 接到这个 Socket 以后，客户端和服务器端才真正产生了连接，才真正可以通信
        // 3.感受到的操作流
        InputStream is = s.getInputStream();
        DataInputStream dis = new DataInputStream(is);
        // 4.读取客户端发来的数据
        String str = dis.readUTF();
        System.out.println("客户端发来的数据为："+str);
        // 5.向客户端输出一句话：---》操作流---》输出流
        OutputStream os = s.getOutputStream();
        DataOutputStream dos = new DataOutputStream(os);
        dos.writeUTF("你好，我是服务器端，我接收到你的请求了");
        // 6.关闭流和网络资源
        dos.close();
        os.close();
        dis.close();
        is.close();
```

```
        s.close();
        ss.close();
    }
}
```

程序运行，先开启服务器端，如图 13-7 所示。

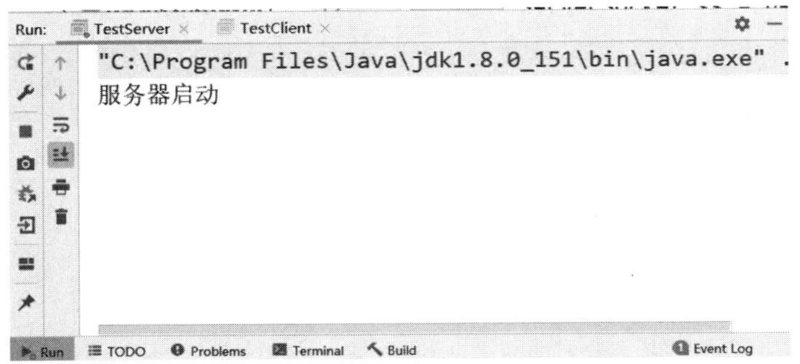

图 13-7　服务器端开启

开启客户端后，客户端向服务器端发送数据，服务器端接收数据，如图 13-8 所示。

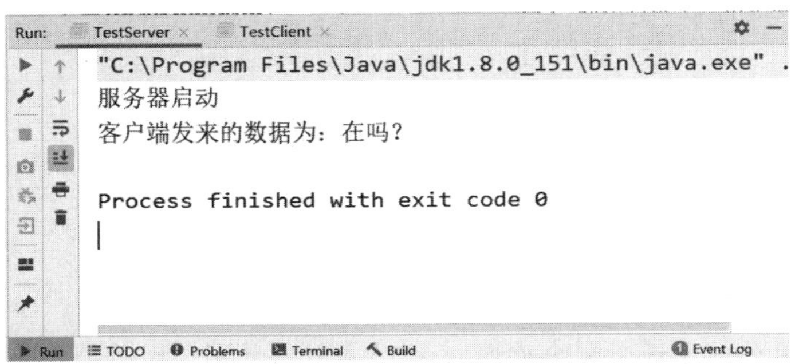

图 13-8　客户端开启后服务器端接收数据

服务器端接收数据后向客户端返回数据，如图 13-9 所示。

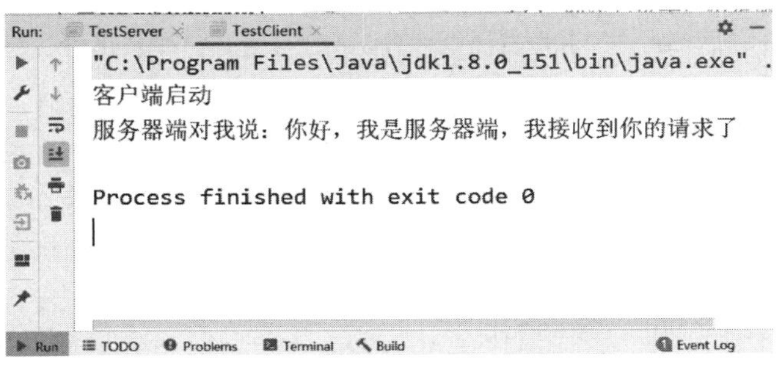

图 13-9　客户端接收到服务器端的返回数据

由此可见，客户端和服务器端已经完成了双向通信，即客户端可以向服务器端发送数据，服务器端也可以向客户端发送数据。接下来进行下一步分解：客户端增加账号和密码的录入功能，同时将账号和密码封装为用户对象，将用户对象传送到服务器端进行判断。

【示例 13-3】登录功能定义用户类。

```
import java.io.Serializable;

public class User implements Serializable {
   private static final long serialVersionUID = 9050691344308365540L;
   private String name;
   private String pwd;
   public String getName() {
      return name;
   }
   public void setName(String name) {
      this.name = name;
   }
   public String getPwd() {
      return pwd;
   }
   public void setPwd(String pwd) {
      this.pwd = pwd;
   }
   public User(String name, String pwd) {
      this.name = name;
      this.pwd = pwd;
   }
}
```

用户类用于网络传输，需要进行序列化操作。

【示例 13-4】在登录功能客户端中加入账号和密码的录入功能。

```
import java.io.*;
import java.net.Socket;
import java.util.Scanner;

public class TestClient {
   // 这是一个main 方法，是程序的入口
   public static void main(String[ ] args) throws IOException {
      System.out.println("客户端启动");
      // 创建套接字：指定服务器的 IP 和端口号
      Socket s = new Socket("127.0.0.1",8888);
      // 录入用户的账号和密码
      Scanner sc = new Scanner(System.in);
      System.out.println("请录入您的账号：");
      String name = sc.next();
      System.out.println("请录入您的密码：");
      String pwd = sc.next();
      // 将账号和密码封装为一个 User 的对象
      User user = new User(name,pwd);
      // 对于开发者来说，向外发送数据 感受 --》利用输出流
      OutputStream os = s.getOutputStream();
      ObjectOutputStream oos = new ObjectOutputStream(os);
      oos.writeObject(user);
      // 接收服务器端的回话--》利用输入流
      InputStream is = s.getInputStream();
```

```
      DataInputStream dis = new DataInputStream(is);
      // 接收服务器端数据，布尔类型判断
      boolean b = dis.readBoolean();
      if(b){
        System.out.println("恭喜，登录成功");
      }else{
        System.out.println("对不起，登录失败");
      }
      // 3.关闭流和网络资源
      dis.close();
      is.close();
      oos.close();
      os.close();
      s.close();
  }
}
```

【示例 13-5】服务器端加入对用户账号和密码的处理。

```
import java.io.*;
import java.net.ServerSocket;
import java.net.Socket;

public class TestServer {
  // 这是一个main 方法，是程序的入口
  public static void main(String[ ] args) throws IOException, ClassNotFoundException {
    System.out.println("服务器启动");
    // 创建套接字： 指定服务器的端口号
    ServerSocket ss = new ServerSocket(8888);
    // 等着客户端发来的信息
    // 阻塞方法:等待接收客户端的数据，什么时候接收到数据，什么时候程序继续向下执行
    Socket s = ss.accept();
    // 感受到的操作流
    InputStream is = s.getInputStream();
    ObjectInputStream ois = new ObjectInputStream(is);
    // 读取客户端发来的数据
    User user = (User)(ois.readObject());
    // 对对象进行验证
    boolean flag = false;
    // 判断用户名是否为管理员，密码是否为123456 --》此处模拟从数据库中查询数据，将账号密码写死为固定值
    if(user.getName().equals("管理员")&&user.getPwd().equals("123456")){
            flag = true;
    }
    // 向客户端输出结果：---》操作流---》输出流
    OutputStream os = s.getOutputStream();
    DataOutputStream dos = new DataOutputStream(os);
    dos.writeBoolean(flag);
    // 5.关闭流和网络资源
    dos.close();
    os.close();
    ois.close();
    is.close();
    s.close();
```

```
        ss.close();
    }
}
```

再次运行程序，开启服务器，如图13-10 所示。

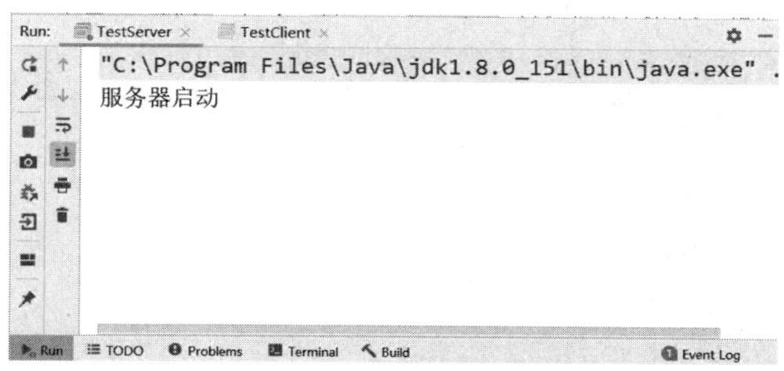

图13-10　服务器端开启

客户端输入账号和密码，有两种结果：客户端登录失败、客户端登录成功，分别如图13-11 和图13-12 所示。

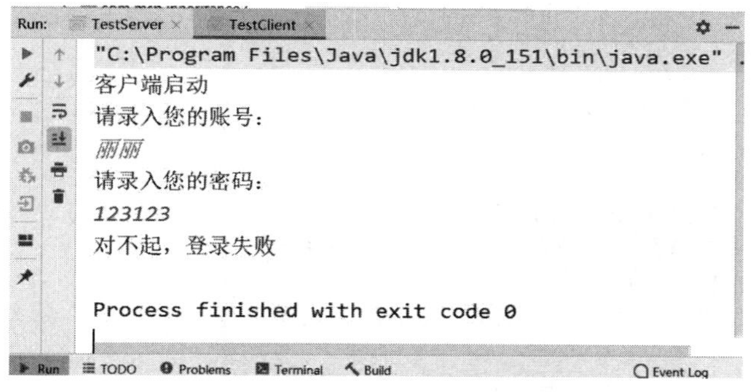

图 13-11　客户端登录失败

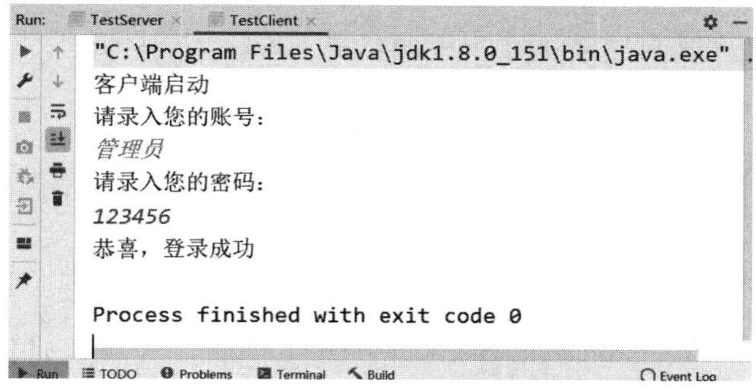

图 13-12　客户端登录成功

上述实现过程中在客户端进行账号和密码的录入，然后在服务器端进行判断，但是当前服务器端接收一个用户后程序立即就停止。这是不允许发生的现象，为保证服务器端一直启动且客户端随时访问，可以利用多线程来实现用户的登录，即同时将客户端、服务器端用try-catch-finally 捕获异常机制来处理异常。

在客户端加入 try-catch-finally 捕获异常机制，如示例 13-6 所示。

【示例 13-6】客户端加入异常处理机制。

```
import java.io.*;
import java.net.Socket;
import java.util.Scanner;

public class TestClient {          // 客户端
  // 这是一个 main 方法，是程序的入口
  public static void main(String[] args){
    System.out.println("客户端启动");
    // 创建套接字：指定服务器的 IP 和端口号
    Socket s = null;
    OutputStream os = null;
    ObjectOutputStream oos = null;
    InputStream is = null;
    DataInputStream dis = null;
    try {
      s = new Socket("127.0.0.1",8888);
      // 录入用户的账号和密码
      Scanner sc = new Scanner(System.in);
      System.out.println("请录入您的账号：");
      String name = sc.next();
      System.out.println("请录入您的密码：");
      String pwd = sc.next();
      // 将账号和密码封装为一个 User 的对象
      User user = new User(name,pwd);
      // 对于开发者来说，向外发送数据 感受 --》利用输出流
      os = s.getOutputStream();
      oos = new ObjectOutputStream(os);
      oos.writeObject(user);
      // 接收服务器端的回话--》利用输入流
      is = s.getInputStream();
      dis = new DataInputStream(is);
      boolean b = dis.readBoolean();
      if(b){
        System.out.println("恭喜，登录成功");
      }else{
        System.out.println("对不起，登录失败");
      }
    } catch (IOException e) {
      e.printStackTrace();
    } finally{
      // 3.关闭流和网络资源
      try {
        if(dis!=null){
          dis.close();
        }
      } catch (IOException e) {
        e.printStackTrace();
      }
      try {
```

```
            if(is!=null){
                is.close();
            }
        } catch (IOException e) {
            e.printStackTrace();
        }
        try {
            if(oos!=null){
                oos.close();
            }
        } catch (IOException e) {
            e.printStackTrace();
        }
        try {
            if(os!=null){
                os.close();
            }
        } catch (IOException e) {
            e.printStackTrace();
        }
        try {
            if(s!=null){
                s.close();
            }
        } catch (IOException e) {
            e.printStackTrace();
        }
    }
  }
}
```

加入服务线程，用于处理客户端发来的请求，如示例 13-7 所示。

【示例 13-7】加入线程处理每个客户端的请求。

```
import java.io.*;
import java.net.Socket;

public class ServerThread extends Thread {     // 线程：专门处理客户端的请求
  InputStream is = null;
  ObjectInputStream ois = null;
  OutputStream os = null;
  DataOutputStream dos = null;
  Socket s = null;
  public ServerThread(Socket s){
    this.s = s;
  }
  @Override
  public void run() {
    try{
      // 2.等着客户端发来的请求
      is = s.getInputStream();
      ois = new ObjectInputStream(is);
      // 4.读取客户端发来的数据
```

```
        User user = (User)(ois.readObject());
        // 对对象进行验证
        boolean flag = false;
        if(user.getName().equals("管理员")&&user.getPwd().equals("123456")){
            flag = true;
        }
        // 向客户端输出结果：---》操作流---》输出流
        os = s.getOutputStream();
        dos = new DataOutputStream(os);
        dos.writeBoolean(flag);
    }catch (IOException | ClassNotFoundException e) {
        e.printStackTrace();
    }finally {
        try {
            if(dos!=null){
                dos.close();
            }
        } catch (IOException e) {
            e.printStackTrace();
        }
        try {
            if(os!=null){
                os.close();
            }
        } catch (IOException e) {
            e.printStackTrace();
        }
        try {
            if(ois!=null){
                ois.close();
            }
        } catch (IOException e) {
            e.printStackTrace();
        }
        try {
            if(is!=null){
                is.close();
            }
        } catch (IOException e) {
            e.printStackTrace();
        }
    }
  }
}
```

在服务器端加入 try-catch 捕获异常机制，如示例 13-8 所示。

【示例 13-8】服务器端处理。

```
import java.io.*;
import java.net.ServerSocket;
import java.net.Socket;

public class TestServer {          // 服务器
```

```
    // 这是一个main 方法，是程序的入口
    public static void main(String[] args) {
        System.out.println("服务器启动");
        // 1.创建套接字： 指定服务器的端口号
        ServerSocket ss = null;
        Socket s = null;
        int count = 0;              // 定义一个计数器，用来计数客户端的请求
        try {
            ss = new ServerSocket(8888);
            while(true){            // 加入死循环，服务器一直监听客户端是否发送数据
                s = ss.accept();  // 阻塞方法:等待接收客户端的数据，什么时候接收到数据，什么时候程序继续向下执行
                // 每次发过来的客户端的请求靠线程处理
                new ServerThread(s).start();
                count++;
                // 输入请求的客户端的信息
                System.out.println("当前是第"+count+"个用户访问我们的服务器,对应的用户是："+s.getInetAddress());
            }
        } catch (IOException   e) {
            e.printStackTrace();
        }
    }
}
```

示例 13-8 的代码实现以后，即可实现服务器一直启动，等待客户端随时连接，并可以在服务器端区分出客户端来源，如图 13-13 所示。

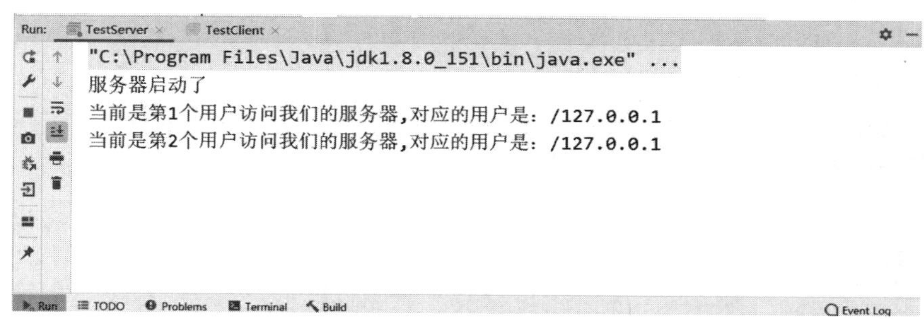

图 13-13　服务器端一直启动等待接收客户端信息

【项目拓展】

登录是网站非常重要的功能，有的网站使用短信验证码功能来提高用户登录的安全性，这个功能该如何分解并实现呢？

13.4　UDP 协议与 UDP 通信

13.4.1　UDP 协议

UDP 协议又称为用户数据协议，在通信中将数据、源、目的封装为数据包，不需要建立连接，每

个数据包的大小限制在64k以内，发送数据时不管对方是否准备好，接收方收到数据时也不会确认，所以UDP是一种不可靠的传输协议。数据发送完毕时不需要释放连接，开销小，相对于TCP通信来说效率高。

13.4.2 UDP 通信

UDP 通信即实现 UDP 协议的网络编程。UDP 协议进行通信的两个进程分别为发送方和接收方，发送方和接收方都是用套接字 DatagramSocket 类来表示。利用套接字传送数据包，数据包用 DatagramPacket 进行封装。

1. 利用发送方发送数据

如示例 13-9 所示，发送方发送数据需要实现如下两个步骤。

（1）创建套接字，指定发送方的端口号。

（2）准备数据包，数据包的封装需要如下4个参数。

- 将传送数据转为字节数组。
- 字节数组的长度。
- 封装接收方的 IP。
- 指定接收方的端口号。

【示例 13-9】发送方定义。

```
import java.io.IOException;
import java.net.*;

public class TestSend {           // 发送方：
  // 这是一个main 方法，是程序的入口
  public static void main(String[ ] args) throws IOException {
    System.out.println("发送方");
    // 1.准备套接字：  指定发送方的端口号
    DatagramSocket ds = new DatagramSocket(8888);
    // 2.准备数据包
    String str = "发送方数据传送";
    byte[] bytes = str.getBytes();
    /*
    需要4 个参数：
    1.将传送数据转为字节数组
    2.字节数组的长度
    3.封装接收方的 IP
    4.指定接收方的端口号
    */
    DatagramPacket dp = new DatagramPacket(bytes,bytes.length, InetAddress.getByName("localhost"), 9999);
    // 发送
    ds.send(dp);
    // 关闭资源
    ds.close();
  }
}
```

2. 接收方接收数据

如示例 13-10 所示，接收方接收数据需要实现如下四个步骤。

（1）创建套接字，指定接收方端口。

（2）用一个空数据包接收发送方传送的数据包。

（3）取出发送方传来的数据。

（4）关闭资源。

【示例 13-10】接收方定义。

```
import java.io.IOException;
import java.net.DatagramPacket;
import java.net.DatagramSocket;

public class TestReceive {        // 接收方
  // 这是一个main 方法，是程序的入口
  public static void main(String[ ] args) throws IOException {
    System.out.println("接收方接收数据");
    // 1.创建套接字：指定接收方的端口
    DatagramSocket ds = new DatagramSocket(9999);
    // 2.有一个空的数据包，打算用来接收对方传过来的数据包
    byte[] b = new byte[1024];
    DatagramPacket dp = new DatagramPacket(b,b.length);
    // 3.接收对方的数据包，然后放入dp 数据包中填充
    ds.receive(dp);                  // 接收完以后 dp 里面就填充好内容了
    // 4.取出数据
    byte[] data = dp.getData();
    String s = new String(data,0,dp.getLength());     // dp.getLength()数组包中的有效长度
    System.out.println("发送方的数据为："+s);
    // 5.关闭资源
    ds.close();
  }
}
```

发送方和接收方的关系是“平等的”，所以无须接收方必须先启动程序。如果接收方在未启动的情况下发送方发送数据，会出现数据丢失的情况，这表明 UDP 传输的不可靠性。如果在接收方启动后发送方发送数据，即可正常传送数据。接收方等待接收数据、发送方发送数据、接收方接收数据的结果分别如图 13-14、图 13-15、图 13-16 所示。

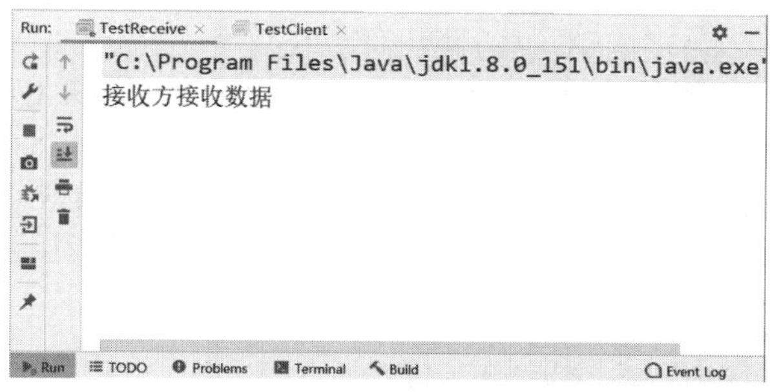

图 13-14　接收方等待接收数据

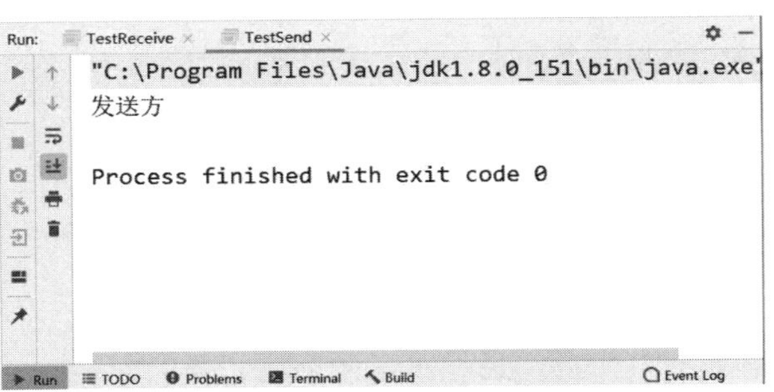

图 13-15　发送方发送数据

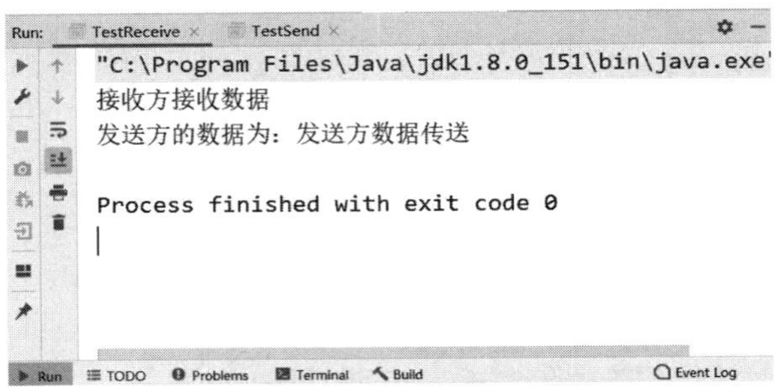

图 13-16　接收方接收数据

本章小结

本章首先讲解了网络通信的三要素：IP 地址、端口号、通信协议。在讲解通信协议时通过网络模型引入了通信协议。重点讲解了 TCP 协议与 TCP 通信、UDP 协议与 UDP 通信。

练习题

一、填空题

1. TCP 的全称是____________。

2. UDP 的全称是____________。

3. 在 Socket 编程中，IP 地址用来标识一台计算机，但是一台计算机上可能提供多种应用程序，使用____________来区分这些应用程序。

4. 在 Java Socket 网络编程中，开发基于 TCP 协议的服务器端程序使用的套接字是____________。

5. 在 Java Socket 网络编程中，开发基于 UDP 协议的程序使用的套接字是____________。

二、选择题（单选/多选）

1. 以下协议都属于 TCP/IP 协议，其中位于传输层的协议是（　　）。

A. TCP　　B. HTTP　　C. SMTP　　D. UDP

2. 在 TCP 网络通信模式中，客户与服务器程序的主要任务是（　　）。

A. 客户程序在网络上找到一条到达服务器的路由

B. 客户程序发送请求并接收服务器的响应

C. 服务器程序接收并处理客户请求，然后向客户发送响应结果

D. 如果客户程序和服务器都会保证发送的数据不会在传输途中丢失

3. ServerSocket 的监听方法 accept()的返回值类型是（　　）。

A. Socket　　B. void

C. Object　　D. DatagramSocket

三、实操题

1. 使用基于 TCP 的 Java Socket 编程，完成如下功能。

（1）要求从客户端录入几个字符，发送到服务器端。

（2）由服务器端将接收到的字符进行输出。

（3）服务器端向客户端发出“您的信息已收到”作为响应信息。

（4）客户端接收服务器端的响应信息。

2. 使用 UDP 的方式，完成对象的传递。